矿热炉设计与应用

杨树明　石富　李峰　杨洋　岳广明　编著

北京

冶金工业出版社

2024

内 容 提 要

本书从矿热炉冶炼工艺角度剖析了矿热炉装备，以通过优化矿热炉装备提升冶炼工艺的水平，全面介绍了矿热炉冶金原理、设备及自动化，着重介绍了矿热炉电热原理和熔池结构、矿热炉工艺计算、矿热炉参数计算和选择，并给出了矿热炉计算示例，探讨了矿热炉的节能技术以及余热余能的利用。

本书可作为矿热炉设计、建设、研发单位技术人员，矿热炉冶炼生产企业技术人员，岗位操作人员的参考用书；也可作为高等职业院校相关专业的教学用书。

图书在版编目(CIP)数据

矿热炉设计与应用/杨树明等编著 . —北京：冶金工业出版社，2014.3
(2024.1 重印)
ISBN 978-7-5024-6493-6

Ⅰ . ①矿⋯ Ⅱ . ①杨⋯ Ⅲ . ①埋弧电炉—研究 Ⅳ . ①TF748.41

中国版本图书馆 CIP 数据核字(2014)第 031618 号

矿热炉设计与应用

出版发行	冶金工业出版社	电　话	(010)64027926
地　址	北京市东城区嵩祝院北巷 39 号	邮　编	100009
网　址	www.mip1953.com	电子信箱	service@mip1953.com

责任编辑　王梦梦　美术编辑　吕欣童　版式设计　孙跃红
责任校对　禹　蕊　责任印制　窦　唯
北京建宏印刷有限公司印刷
2014 年 3 月第 1 版，2024 年 1 月第 3 次印刷
710mm×1000mm　1/16；20.5 印张；397 千字；314 页
定价 **69.00 元**

投稿电话　(010)64027932　投稿信箱　tougao@cnmip.com.cn
营销中心电话　(010)64044283
冶金工业出版社天猫旗舰店　yjgycbs.tmall.com
(本书如有印装质量问题，本社营销中心负责退换)

序

　　获悉西安电炉研究所有限公司杨树明高级工程师编著的《矿热炉设计与应用》一书即将面世，深感欣慰！

　　我国虽然是矿热炉设备和产品的生产大国，但用户分散、小炉子多、装备水平较低、资源消耗大，因此，非常有必要对国内的矿热炉现状进行系统地研究和总结。

　　本书作者根据多年从事矿热炉冶炼设计、生产及研发工作的经验，并结合国内外相关的研究成果，对矿热炉设计与实用进行了系统地整理，提出矿热炉冶炼工艺是设计及建设好矿热炉的基础，而熟悉矿热炉冶炼工艺和设备是操作好矿热炉的关键。本书全面介绍了矿热炉冶金原理、设备及自动化等内容，着重围绕建立合理的熔池结构和节能减排、综合利用来指导矿热炉的优化设计，以达到矿热炉生产的产品取得最佳技术经济指标这一目标，既有学术价值，又有实用意义。

　　本书对矿热炉的冶金及电热原理、工艺计算、设备组成及特点、排放物的处理和节能减排等方面做了详细的介绍，并将矿热炉冶炼工艺与设备有机地联系在一起，以工艺剖析设备，以优化设备更好地服务于工艺，视角独特，实用性强。

　　推动我国矿热炉行业的持续发展，不断提高行业的整体水平，提高企业的经济效益和社会效益，是我们每位从业者责无旁贷的义务和责任。我相信，本书的出版将对提高我国矿热炉行业的整体水平起到积极的推动作用。

全国工业电热设备标准化技术委员会主任　

2014.1

前　言

<<<<<<<<<<<<<<<<<<<<<<<<<

　　矿热炉生产的产品已多达上百种，涉及钢铁冶金、有色冶金、化工、机械、电子、航空航天、军工等诸多行业。虽然矿热炉炉体容量、炉型随冶炼产品的不同各有差异，但其产品都属于高耗能、具有高污染可能性的资源型产品，能否合理有效利用资源、保持与改善生态环境，是关系到人类可持续发展的根本，意义重大，也是每位矿热炉相关工作者的责任和义务。

　　本书是作者在三十多年的矿热炉设计、建设、改造、维护、生产管理及研究、试验的基础上，参考国内外文献资料编写而成的。本书全面介绍了矿热炉冶炼的冶金原理、机电设备、自动化控制等内容，同时还着重介绍了矿热炉冶炼的电热原理、熔池结构，列举了部分工艺计算，探讨了矿热炉参数的计算与选择、矿热炉节能技术和余热余能的利用，以期在矿热炉设计、建设过程中将冶炼品种的冶炼工艺贯穿于整个过程之中，建成或改造成功符合此种产品冶炼工艺要求的矿热炉，指导操作者在满足冶炼工艺要求的同时合理发挥设备效能，准确驾驭设备，使矿热炉在冶炼生产中取得最佳技术经济指标的同时取得良好的社会效益。

　　本书在编写过程中参考了国内外文献资料，得到了多个厂家、有关院所的多位专家和同仁的鼎力相助，在此深表感谢，恕不一一列出。

　　本书是否符合或接近矿热炉的本质，请明辨以鉴并积累完善，若如此，我国矿热炉行业之大幸也，当不胜感激之至。书中不妥之处，也恳请广大读者及同行批评、指正。

西安电炉研究所有限公司

（邮箱：yangsm5276@163. com）

2014. 1

目　　录

1 矿热炉概述

1.1 矿热炉的用途

矿热炉是一种利用电极端部的电弧热和炉料或炉渣的电阻热将电能转变成热能，使金属等有用元素从矿石或氧化物中被还原出来的电冶金设备，由于它主要用于金属氧化矿石的还原冶炼，所以称为矿热炉或矿热还原电炉。此外，由于矿热炉的电弧大多是深埋于炉料之中，又称为潜弧炉或埋弧炉。

矿热炉用于生产铁合金时称为铁合金炉；用于生产电石时称为电石炉；用于生产黄磷时称为黄磷炉；用于生产冰铜时称为冰铜炉；用于铁合金精炼时称为矿热精炼炉；用于将预还原炉料进行熔化、金属与渣分离时，则称为熔分炉。

矿热炉生产铁合金时，大多数以焦炭作还原剂，根据生产品种的不同采用不同的原料，如以硅石、氧化锰矿、氧化铬矿作原料，则分别得到硅铁、锰铁、铬铁等系列的铁合金产品。矿热炉生产电石时，仍以焦炭作还原剂，氧化钙（石灰）作原料，经过炉内冶炼得到电石（主要成分为碳化钙）产品。矿热炉以钒钛磁铁矿为原料，煤基作还原剂时，经过炉内冶炼在得到钛渣的同时得到含钒铁水等产品。因此，矿热炉是涵盖铁合金、化工、黑色金属、有色金属等多个行业的冶炼设备。

1.2 矿热炉的基本结构

矿热炉是一种复杂的电冶金设备，它由电炉本体、炉用变压器、大电流导体（短网）、电极系统、矿热炉加料系统、冷却系统、高低压配电系统、监控及自动化系统、出铁和出渣系统、排烟除尘等系统组成。

矿热炉的基本结构如图1-1所示。电网提供的高压电能经过矿热炉用特种变压器转化成低电压、大电流，经过大电流导体将电流送到电极上，通过炭质电极输入炉内，在电极周围的炉料间产生电阻热和电极末端产生的电弧热将电能转换成热能，从而在炉体内形成高温反应区，进行金属氧化物矿石的还原反应。通常使用焦炭等炭质还原剂，将焦炭和被还原的金属氧化物矿石原料持续不断地加入炉内，反应区的还原反应连续进行，得到的液态产品积存在熔池内，定期打开出炉口将其放出，将金属液浇注、精整后得到合金产品，将炉渣水淬或浇注后再利用。

矿热炉主要分为圆形矿热炉与矩形矿热炉。由于矿热炉冶炼生产时要产生大

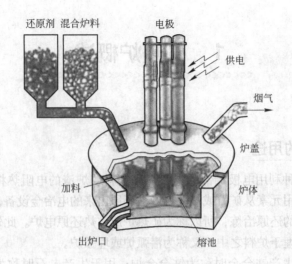

图 1-1 矿热炉基本结构

量的炉气（即烟气），根据烟气捕集方式，圆形矿热炉又分为高烟罩敞口炉、半密闭炉和密闭炉，炉体又有固定和旋转之分。矩形矿热炉一般为固定炉体的密闭结构。

高烟罩敞口炉由于烟罩高悬在炉体上方，环境污染严重，能源消耗高，不符合国家劳动安全卫生相关规定，现已逐步被淘汰。

半密闭矿热炉（即低烟罩炉）用烟罩将炉口密闭起来，仅在烟罩侧面开设操作门，加料系统和排烟除尘系统如同密闭炉，故称为半密闭炉。这种炉子炉面上的燃烧火焰仍较大，但减少了炉面上的辐射散热。根据生产企业的管理水平及炉子设计参数的选择的差异性，该类型矿热炉各项消耗指标差别较大，能源的利用率存在着较大差距，生产过程所释放烟气的治理水平也不同，一部分企业的烟气净化装置可利用高温烟气生产蒸汽以实现余热利用，能源利用率有了较大的提高。

密闭矿热炉由于炉盖与炉体完全密闭而隔绝了空气，因此炉面上不发生燃烧，炉内产生的气体用抽气设备抽出后加以净化。密闭炉炉容量普遍较大、自动化程度高，烟气量由于炉子的密闭而大大减少，从而使烟气除尘系统的能耗降低，一般都进行烟气的综合利用，如生产蒸汽、余热发电、烘干原料、作为燃气使用，除尘器收集的粉尘可以重新利用，因此综合能耗低、元素回收率高。

高烟罩敞口式、矮烟罩半密闭式、密闭式圆形矿热炉分别如图 1-2a～c 所示。矩形矿热炉如图 1-3 所示。

矿热炉的大小以矿热炉专用的特种变压器额定容量来衡量，如变压器额定容量为 25.5MV·A 的矿热炉，生产硅铁时就称为 25.5MV·A 硅铁炉、生产电石时

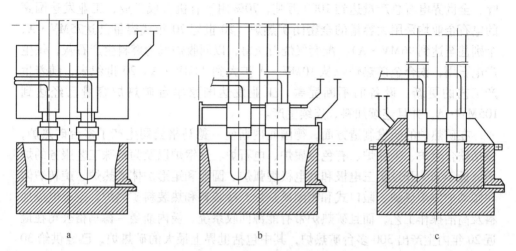

图 1-2 圆形矿热炉示意图

a—高烟罩敞口式；b—矮烟罩半密闭式；c—密闭式

就称为 25.5MV·A 电石炉、用预还原后的炉料生产生铁时就称为 25.5MV·A 生铁熔分炉。

矿热炉通过炉体形式（圆形或矩形，烟气捕集方式，炉体是否旋转），变压器及短网布置形式（一次电压，单相变压器或三相变压器，板式短网或管式短网，是否对

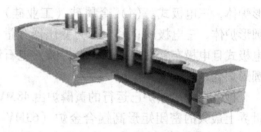

图 1-3 矩形矿热炉示意图

称布置），电极柱系统（自焙电极或预焙电极，铜瓦或导电元件与电极的接触方式，电极升降、压放形式），自动化控制程度，出炉方式及其浇铸形式，可以基本反映出该矿热炉的基本装备水平。

1.3 矿热炉的发展

矿热炉诞生于 19 世纪末，主要生产电石和部分铁合金，当时炉容量很小，只有 0.1~0.3MV·A，而且是单相，间歇操作，生产技术处于萌芽阶段。进入 20 世纪，随着生产氰氨化钙（石灰氮）的工艺问世，电石生产向前迈进了一步。1909 年，挪威索得别尔格（C. T. Soederberg）发明了自焙电极，此后相继采用了敞口式矿热炉、低烟罩式的半密闭矿热炉，电炉容量得以扩大。第二次世界大战以后，挪威和联邦德国先后发明了埃肯（Elekm）型和德马格（Demag）型密闭炉，此后世界上许多国家均采用这两种形式设计并建设密闭矿热炉。20 世纪中

叶，全世界电石总产量达到 1000 万吨，70% 用于有机合成工业，工业发达国家的电石企业均采用大容量的全密闭矿热炉（20 世纪 70 年代容量已达 75MV·A，个别甚至达到 96MV·A），配套气烧石灰窑，以回收炉气为燃料生产石灰，供生产电石用，铁合金矿热炉也从 10MV·A 扩大到 70MV·A。20 世纪末，随着生产工艺的更新、设备的不断完善，工业发达国家单台矿热炉容量已经达到 105MV·A，并且连续加料、连续生产。

　　在矿热炉的研发制造方面，德国曼内斯曼 - 德马格公司生产了多台矿热炉，包括铁合金炉、生铁炉、有色金属炉、电石炉、炼钢炉以及为特殊工艺服务的炉子。近年来，开发了三电极和六电极埋弧炉、圆形和矩形炉体矿热炉、旋转炉体和倾动炉体矿热炉、敞口式和密闭矿热炉、冷装料和热装料矿热炉、空心电极加料及高洁操作工艺，而且矿热炉带有能源回收系统。曼内斯曼 - 德马格公司在最近 20 年内生产出 300 多台矿热炉，其中包括世界上最大的矿热炉，已经供给 30 多个国家，分为：（1）镍铁炉，变压器容量 84MV·A，密闭式，矩形炉体，六电极式且电极布置在一条直线上。（2）硅铬合金炉，变压器容量 60MV·A，密闭式，圆形炉体，三电极式。（3）硅铁炉，变压器容量 67MV·A，密闭式，圆形炉体，三电极式。（4）金属硅（工业硅）炉，一种为变压器容量 45MV·A，圆形炉体，三电极式；另一种为变压器容量 46MV·A，密闭式，矩形炉体，六电极式且电极布置在两条直线上。（5）电石炉，变压器容量 70MV·A，密闭式，圆形炉壳，三电极式。

　　俄罗斯的矿热炉已运行的黄磷炉由 48MV·A 发展到 80MV·A，成功研制了世界上最大的密闭矩形高锰合金炉（63MV·A），成功试制了变压器容量超过 100MV·A 的巨型矿热炉，并开发出冶炼硅锰合金的 2MV·A 等离子竖式炉。在大型炉子的设计中，全部利用计算机最优数学模型来计算确定大型矿热炉的最优参数和最佳工作状态。矿热炉电极的自动调节按照恒电导率的原理控制。在规定任务条件下，最优系统是保证冶炼的最优电力条件，即在规定的金属消耗和低电能消耗条件下，要保证炉子的电导率恒定（设定值）、稳定电功率、控制熔池面高度、自动升降电极。

　　南非矿热炉采用新型调节系统，调节器的控制对象（工作设定点）是炉料（熔池）的电阻，即该调节器的工作原理是采用恒电阻控制来移动电极，而且该电阻同炉料电阻率成正比，也就是说应控制炉料电阻率为恒定值。功率控制是靠改变变压器抽头来实现的，操作者可以随时改变的设定量包括炉子工作点（炉子电阻值）的设定、炉子功率的设定（依靠改变变压器抽头来实现）、调节器不灵敏区（死区）的设定、最大允许电流的设定等。

　　我国矿热炉行业也经历了从小到大、从敞口式到密闭式的发展过程，目前已有各种容量的矿热炉 3000 多座，成为矿热炉冶炼产品生产大国。矿热炉冶炼产品消耗的电能已占全国电能的 4% 左右。进入 21 世纪后，新建的矿热炉正在向大型化、密闭化、机械化、自动化、高效、低耗、清洁生产方面发展，使矿热炉具有热效率高、单位产品投资低、产品质量高、节省劳动力、合金元素挥发损失少、操作稳定、电耗低、运行成本低以及有利于烟尘净化和余热利用的优点。

目前，矿热炉采用先进技术的新进展主要有：

(1) 矿热炉向高功率、大型化方向发展，以提高热效率、生产率和满足高功率集中冶炼的工艺要求；

(2) 采用低频（0.3~3Hz）电流冶炼，可节省能源和提高产品质量；

(3) 设置排烟除尘及能源回收装置，如硅铁企业开发的新式布袋除尘系统，既能起到排烟除尘作用，又能有效地从烟尘中回收价值昂贵的微硅粉，使环境得到了保护，资源得到了回收利用；

(4) 开发空心电极系统，较小颗粒精细料可从空心电极中加入，能够节能、降低电极消耗，使炉子熔池工作稳定；

(5) 采用炉体旋转结构，对于生产高纯度硅铁的大型炉子必须采用此结构；

(6) 开发水冷炉体结构，延长熔池使用寿命；

(7) 研制开发适合各种矿热炉工艺要求的计算机工艺软件系统，以指导冶炼，使冶炼达到最优状态，从而提高产品质量、降低能耗及提高产量。

2　矿热炉的冶金原理

◀◀◀◀◀◀◀◀◀◀◀◀◀◀◀◀◀◀◀◀◀◀◀◀◀◀◀◀◀◀◀◀◀◀◀

　　矿热炉生产的基本任务就是把金属等有用元素从矿石或氧化物中提取出来。矿热炉生产过程中的化学反应主要是氧化物的还原反应，同时也有元素的氧化反应。

　　矿热炉生产的基本原理是基于选择性氧化还原反应热力学，其本质是所需元素的氧化物与还原剂反应生成所需元素和还原剂中主要元素的氧化物。

2.1　还原反应的通式

　　矿热炉冶炼产品的品种十分繁杂，其冶炼方法也比较多样。但从其根本上来讲，矿热炉冶炼就是利用适当的还原剂，在一定温度范围内，从含有所需元素氧化物的矿石中还原出所需元素的氧化还原过程。

　　例如，冶炼电石、硅铁、高碳锰铁和高碳铬铁时，基本反应式分别为：

$$CaO + 3C \longrightarrow CaC_2 + CO$$
$$SiO_2 + 2C \longrightarrow Si + 2CO$$
$$MnO + C \longrightarrow Mn + CO$$
$$Cr_2O_3 + 3C \longrightarrow 2Cr + 3CO$$

　　以上产品在矿热炉中用电热法生产，都是以炭作还原剂，炭分别夺取了氧化物 CaO、SiO_2、MnO、Cr_2O_3 中的氧而生成 CO，元素 Ca、Si、Mn、Cr 从各自的氧化物中被还原出来，组成化合物或适当的合金。

　　再如，冶炼中低碳锰铁和金属铬时，基本反应式分别为：

$$2MnO + Si \longrightarrow 2Mn + SiO_2$$
$$Cr_2O_3 + 2Al \longrightarrow 2Cr + Al_2O_3$$

　　此时则分别用 Si 和 Al 作还原剂，冶炼方法也不同。生产中低碳锰铁用硅质还原剂，在精炼电炉中冶炼，采用电热法和金属热法；生产金属铬用铝质还原剂，在筒式炉中冶炼，采用金属热法。

　　尽管各种冶炼产品的生产方法不同、选用的还原剂性质不同，但其冶炼实质相同，可用一通式表达：

$$yMe_mO_x + nxM \longrightarrow myMe + xM_nO_y \tag{2-1}$$

式中　Me_mO_x——矿石中含所需元素的氧化物；

　　　　M——所用的还原剂；

Me——所需提取的元素；

M_nO_y——还原剂被氧化后生成的新氧化物。

还原反应的通式意味着还原剂 M 对氧的亲和力大于被还原金属对氧的亲和力，这就是金属氧化物还原的热力学条件。

由于各种元素在矿石中富集程度不同、存在状态不一样，冶炼过程就产生了区别。如果石灰和硅、锰、铬矿中的有用元素含量较高、杂质含量少，可将其直接入炉冶炼。如果所用金属氧化物矿较贫且杂质多，则需富集后才能冶炼，如锰铁比低而磷含量高的贫锰矿，必须先在高炉或电炉中冶炼，将矿石中的磷、铁还原成高磷生铁，使锰在炉渣中富集，用其生成的富锰渣代替部分或全部锰矿来进行锰合金的冶炼；还有一些矿石，其中有用元素的含量很低，则必须先经过选矿富集成精矿，对于多元素化合物共生矿还必须采用化学方法富集所需元素，然后才能用于冶炼生产；而有些多元素化合物共生矿如钒钛磁铁矿则采取选择性还原进行冶炼生成或富集。

在矿热炉冶炼生产中，由于矿石带入杂质，大多数品种的冶炼需要采用有渣法。有渣法冶炼需在炉料中配入适当的熔剂，使矿石带入的杂质在冶炼过程中生成熔点低、碱度适宜且流动性能良好的炉渣，出炉后便于炉渣与产品的分离操作。此时，冶炼者的主要任务是掌握好炉渣成分、熔点和流动性等，通过对炉渣的控制来保证产品的成分及质量，但其冶炼本质仍然是金属氧化物矿石被还原的过程。

2.2 反应的热效应

当物质发生化学反应和物理变化时，放出或吸收的热称为这个过程的热效应，用 ΔH 表示。反应的热效应是一个重要的热力学函数，它表示物质发生化学反应和物理变化时所需要或放出的热。

在利用矿热炉进行铁合金的生产中，炉内的主要物质和各相主要成分见表2-1。炉内各相是互相联系的，彼此进行着物质、热量和能量的交换。因此，用热效应研究和分析反应进行的可能性及金属氧化物可还原性的顺序，对冶金生产具有重要意义。在冶金生产过程的热平衡计算中，热效应计算及结果也是重要内容和主要依据。

表 2-1 铁合金炉内使用的主要物质和各相主要成分

物 质 名 称	主 要 成 分	炉 内 的 相
空气、氧气	O_2、CO、N_2、H_2O	炉气
熔剂、氧化物	CaO、SiO_2、Al_2O_3、MnO	炉渣
铁合金液	Fe、C、Si、Mn、Cr、P	金属
耐火材料	C、MgO	固体

实验和统计分析表明，反应的热效应可以通过标准生成热进行计算。对于反应通式（2-1），在温度为 298K（25℃）时，反应的热效应可以用式（2-2）计算：

$$\Delta H_{298}^{\ominus} = \sum n_j H_{298,生成物}^{\ominus} - \sum n_i H_{298,反应物}^{\ominus} \tag{2-2}$$

式中 $\sum n_j H_{298,生成物}^{\ominus}$——生成物标准生成热的代数和；

$\sum n_i H_{298,反应物}^{\ominus}$——反应物标准生成热的代数和。

即在标准状态下，反应的热效应等于生成物标准生成热的代数和与反应物标准生成热的代数和之差。

若 Me 和 M 都是稳定单质，它们的标准生成热等于零，则式（2-2）可简化为：

$$\Delta H_{298}^{\ominus} = x\Delta H_{298,M_nO_y}^{\ominus} - y\Delta H_{298,Me_mO_x}^{\ominus} \tag{2-3}$$

在任意温度下反应的热效应，可以利用基尔霍夫公式的积分式计算：

$$\Delta H_T^{\ominus} = \Delta H_{298}^{\ominus} + \int_{298}^{T} \Delta c_p dT + \Delta H_{T_相}^{\ominus} + \int_{298}^{T} \Delta c_p' dT \tag{2-4}$$

式中 Δc_p——生成物和反应物相变前的比定压热容之差；

$\Delta H_{T_相}^{\ominus}$——反应过程相变热；

$\Delta c_p'$——生成物和反应物相变后的比定压热容之差；

T——反应温度；

$T_相$——相变温度。

各种物质的标准生成热、比定压热容和相变热，可以从有关的物理化学数据表中查得。将查得的数据代入式（2-4）即可算出反应的热效应。

2.3 反应的标准自由能变化

反应的标准自由能变化 $\Delta G^{\ominus}$ 是一个重要的热力学函数，用它可以判断过程自动进行的方向，生产中可以创造条件使反应沿着预期的方向进行，以达到预期的目的。

欲使反应式（2-1）向冶炼需要的方向进行，即向生成物 Me 的方向进行，则反应的标准自由能变化必须是负值，即 $\Delta G^{\ominus} < 0$。$\Delta G^{\ominus}$ 可以根据标准生成自由能数据计算，即：

$$\Delta G^{\ominus} = \sum n_j G_{生成物}^{\ominus} - \sum n_i G_{反应物}^{\ominus} \tag{2-5}$$

式中 $\sum n_j G_{生成物}^{\ominus}$——生成物标准生成自由能的代数和；

$\sum n_i G_{反应物}^{\ominus}$——反应物标准生成自由能的代数和。

同时，还规定了稳定单质的标准生成自由能等于零，将式（2-5）简化为：

$$\Delta G^{\ominus} = x\Delta G_{M_nO_y}^{\ominus} - y\Delta G_{Me_mO_x}^{\ominus} \tag{2-6}$$

各种氧化物的标准生成自由能 $\Delta G^{\ominus}$ 可以从有关的物理化学数据表中查得。

将查得的数据带入式（2-6）即可算出反应的标准自由能变化数值，据此判断任意氧化还原反应在一定温度下进行的方向：当 $\Delta G^{\ominus}$ 为负值时，还原反应能自发进行；当 $\Delta G^{\ominus}$ 为正值时，还原反应不能自发进行；当 $\Delta G^{\ominus}=0$ 时，则反应处于正反相对平衡状态。

2.4　氧化物的稳定性

2.4.1　氧化物的分解压

矿热炉冶炼过程主要是还原各种氧化物得到所需元素。氧化物的稳定性可用氧化物的分解压来表示。氧化物受热时分解，反应式为：

$$Me_mO_{2x} \rightleftharpoons mMe + xO_2$$

在一定温度下，平衡常数为：

$$K = \frac{a[Me]^m p_{O_2}^x}{a(Me_mO_{2x})} \tag{2-7}$$

当 Me、Me_mO_{2x} 为纯物质时，$a[Me]=1$，$a(Me_mO_{2x})=1$，则：

$$K = p_{O_2}^x$$

式中　p_{O_2}——该氧化物在该温度下的平衡分解压。

在一定温度下，分解压越小，该氧化物越稳定，越不容易分解和被还原；分解压越大，该氧化物越不稳定，越容易分解和被还原。

2.4.2　氧化物的 $\Delta G^{\ominus}-T$ 图

各种氧化物的稳定性及其还原的难易程度也可用氧化物标准生成自由能表示。1mol 氧与某单质化合的生成自由能负值越大，该氧化物就越稳定。

为了使用方便，把冶金过程中常见的以消耗 1mol 氧为基准的氧化物标准自由能变化 $\Delta G^{\ominus}$ 与温度 T 的关系作成 $\Delta G^{\ominus}-T$ 图（图2-1）。

根据图2-1中各曲线的位置，可以判断在任意温度下各氧化物的稳定性。氧化物在 $\Delta G^{\ominus}-T$ 图中的位置越低，$\Delta G^{\ominus}$ 负值越大，其稳定性越高。

矿热炉冶炼中主要氧化物稳定性依次递减的顺序为：CaO、MgO、Al_2O_3、TiO_2、SiO_2、V_2O_5、MnO、Cr_2O_3、FeO、P_2O_5。

从图2-1可知：

（1）图2-1中下面的元素可以作为还原剂来还原上面的金属氧化物，以此作为选择还原剂的依据。

（2）绝大多数金属氧化物的稳定性是随温度的升高而降低的，即温度越高越容易被还原，但 CO 的稳定性却随温度升高而增加。可见，只要有足够的温度，碳就能还原任意金属氧化物。

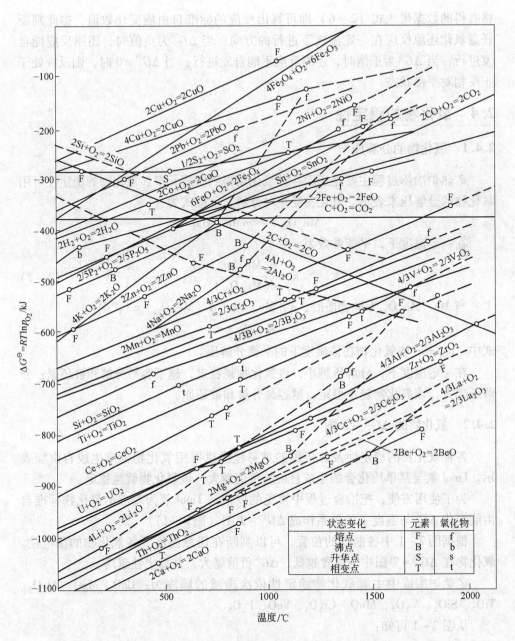

图 2-1 氧化物的 $\Delta G^{\ominus} - T$ 图

（3）用碳还原各种金属氧化物的理论开始还原温度，就是图中 CO 标准自由能变化曲线与被还原金属氧化物标准自由能变化曲线交点处的温度。当温度低于交点的温度时，碳不能还原该金属氧化物；当温度高于交点处温度时，碳能还原该金属氧化物。

在实际生产中，不但要考虑还原剂的还原性能，还必须考虑还原剂的资源和价格，由于碳质还原剂质优价廉，因此得到广泛应用。

由图 2-1 还可以看出：硅可以还原 V_2O_5、MnO、Cr_2O_3 等氧化物，故硅或硅锰合金也广泛用作生产中低碳锰铁、中低碳铬铁和钒铁的还原剂；铝不但可以作为生产金属锰、金属铬的还原剂，还可以作为还原更加稳定的 TiO_2 的还原剂来生产钛铁。

由于碳与许多金属元素的亲和力很大，而且碳化物在金属中的溶解度也很大。因此，用碳作还原剂一般得到含碳比较高的高碳合金。对于含硅合金，因为硅元素的碳化物在金属中溶解度很小，因此获得硅合金的碳含量也低，而且合金中的硅含量越高、碳含量越低。生产中常用提高硅元素含量的方法来降低合金中的碳含量。

高碳铬铁、锰铁中含有大量的碳化物和硅化物，而硅铁、硅铬合金、硅锰合金、硅钙合金等含有大量的硅化物和少量碳化物。各种金属在不同气氛条件下，可以生成不同的化合物。和分析氧化物的稳定性一样，可以根据碳化物、氮化物、硫化物等的 $\Delta G^{\ominus} - T$ 图分析它们的稳定性。当然，同一元素同时与氧、硫、氮、碳等发生反应，哪一种化合物最为稳定并首先生成，需要对同一元素不同化合物的稳定性进行比较。

对同一元素来说，各种化合物的稳定性依次递减的顺序为：氧化物、硫化物、氮化物、碳化物。

2.5　平衡常数与选择还原

还原剂的选择只是矿热炉生产的第一步，还需要确定氧化物的还原程度，以期在生产中获得最大产量、提高矿石的利用率或提高有用元素回收率。

所谓平衡常数，就是化学反应达到相对平衡时各物质的数量关系，在一定温度、压力、浓度下它可以用一个常数 K 来表示。可以用它来衡量化学反应的程度，平衡常数的值越大，表示在给定条件下生成物的数量越多。因此，可以通过改变温度、压力、浓度等条件来提高还原程度。

对于单一氧化物还原，当用碳作还原剂时，反应式为：

$$Me_mO_x + xC \Longrightarrow mMe + xCO \qquad (2-8)$$

平衡常数为：

$$K = \frac{a[Me]^m \cdot p_{CO}^x}{a(C)^x \cdot a(Me_mO_x)} \qquad (2-9)$$

当 Me、C、Me_mO_x 为纯物质时，$a[Me] = 1$，$a(C) = 1$，$a(Me_mO_x) = 1$，则：

$$K = p_{CO}^x \qquad (2-10)$$

可见, 用碳作还原剂时, 气相产物为 CO, 在一定温度下其平衡压力 p_{CO} 也为常数。因此, 减少 CO 的数量, 使其气相压力 p'_{CO} 小于 p_{CO}, 则有利于还原反应的进行, 使反应物向生成物 Me 的方向移动, 可增大氧化物的还原程度, 获得最大产量。因为 CO 是气体, 为保证 CO 能顺利离开反应区, 生产中要求炉料有良好的透气性。所以, 在其他条件不变时, 用碳作还原剂提高产量的方法之一是提高炉料的透气性。

实际生产过程都是在多种氧化物组成的体系中加入某种还原剂的还原过程, 若有由两种不同氧化物组成的理想溶液, 当用碳还原时, 为简化, 可以写作如下的两个反应式:

$$AO + C \Longrightarrow A + CO$$
$$BO + C \Longrightarrow B + CO$$

它们的平衡常数分别为:

$$K_A = \frac{a[A] \, p_{CO,A}}{a[AO]}, K_B = \frac{a[B] p_{CO,B}}{a[BO]} \tag{2-11}$$

以上反应在同一个体系内平衡时, 气相压力 $p_{CO} = p_{CO,A} = p_{CO,B}$ 故有:

$$p_{CO} = \frac{K_A \cdot a(AO)}{a[A]} = \frac{K_B \cdot a(BO)}{a[B]} \tag{2-12}$$

式 (2-12) 表明, 体系内各物质数量组成是不能任意改变的, 即还原剂同时还原多种氧化物时, 各氧化物被还原的数量有一定比例关系。假定 BO 的稳定性比 AO 大, BO 不易被还原, 则 $K_A > K_B$。设反应开始前熔体内 $a(AO) = a(BO)$, 当反应达到平衡时, 因为 $K_A > K_B$, 为保持式 (2-12) 成立, 应有:

$$\frac{a(AO)}{a[A]} < \frac{a(BO)}{a[B]} \tag{2-13}$$

即平衡时渣相中的 $a(AO)$ 小, 合金液中 $a(A)$ 大; 渣相中的 $a(BO)$ 大, 合金液中的 $a(B)$ 小。为了保持体系内的平衡, A 被还原出来的数量一定比 B 多, 也就是说分配用于还原 AO 的碳比分配用于还原 BO 的碳要多。由以上推导可得出如下结论:

(1) 在多种氧化物中加入还原剂后, 不管各种氧化物的稳定性大小如何, 它们都同时被还原。

(2) 还原剂并不是平均分配还原各氧化物, 而是具有选择性, 根据各氧化物的稳定性不同有不同的分配。氧化物的稳定性越差, 被还原出来的金属数量就越多; 反之, 氧化物稳定性越好, 被还原出来的金属数量就越少。

(3) 当体系内的还原剂数量逐步增加, 不同氧化物逐步被还原, 渣中氧化物数量不断减少。但是, 由于稳定性差的氧化物比稳定性好的氧化物减少的速度快, 当达到一定程度时, 渣中稳定性好的氧化物浓度大大高于稳定性差的氧化物浓度。因此，稳定性好的氧化物被还原的数量将大大增加，从而氧化物稳定性好的元素也被还原出来，即还原剂的数量越多，难还原氧化物被还原的数量也越多。

（4）温度越高，金属氧化物的稳定性越差，越容易被还原，而它们的稳定性差别也越小，因此各氧化物被还原的程度相差也就越小。

实际生产时，炉料中都含有多种氧化物，因此冶炼过程就是还原剂对各种氧化物的选择性还原过程。只要控制矿石中各氧化物的含量、适当的还原剂用量、合适的温度和正确的操作，就能将需要的合金元素从矿石中还原出来，而将不需要的元素留在渣中。但不可避免的是其他氧化物也或多或少地被还原，因此合金中都有一定数量的杂质。

实践已证明，用碳还原一种 SiO_2 含量较高、磷和铁含量也不低的锰矿石，若用碳量和温度不同，则可以得到不同的产品，见表 2－2。

表 2－2　碳还原锰矿石的产品

冶炼温度/℃	用碳量	氧化物	氧化物还原开始温度/℃	得到的产品
1300	仅够还原 FeO 和 P_2O_5	FeO 和 P_2O_5	约 600	富锰渣和高磷生铁
1500	还够还原 MnO	MnO	约 1400	高碳锰铁
1700	还够还原 SiO_2	SiO_2	约 1650	硅锰合金
2000	还够还原 Al_2O_3	Al_2O_3	约 2000	硅锰铝合金

2.6　化学反应速率

反应的标准自由能变化 $\Delta G^{\ominus}$ 和平衡常数 K，分别表示了反应进行的方向和限度，这是两个重要的热力学函数。然而热力学只能指明反应的可能性，而反应的现实性需用反应速率等动力学函数来解决。化学反应速率通常用一个参与反应的物质的浓度随时间的变化速率来表示，通式为：

$$\frac{-\mathrm{d}c}{\mathrm{d}t} = kc^n \tag{2－14}$$

式中　c——反应物的浓度；

　　　n——反应的级数；

　　　k——反应速率常数，与温度、压力、扩散速度、相界面大小等因素有关。

　　　－——负号，表示反应物浓度逐渐减少的方向，即当用反应物表示浓度时，前面加负号；当用生成物表示浓度时，前面不加负号。

化学反应速率不仅与物质的本性有关，还与催化剂、浓度、压力、温度、扩散速度和相界面大小等因素有关，如扩散速度大、相界面大，反应速度就快。为了扩大相界面，选用的还原剂粒度要适当小些；同时采用各种手段进行搅拌，以增大相界面面积和扩散速度；而温度越高，熔体的流动性就越好。矿热炉冶炼主要是熔体与还原剂的反应，要获得流动性良好的熔体，必须将熔渣过热到一定的温度，实际生产时冶炼温度通常比熔渣的熔点要高出 $100 \sim 200 \, ^{\circ}\!\mathrm{C}$。

3 矿热炉的电热原理

<<<<<<<<<<<<<<<<<<<<<<<<<<<<<<<<<<<<<<<<<<<<<<<<<<<<<<<<

在矿热炉内部同时存在着电弧导电和电阻导电。电极把大电流输送到炉内，在电极末端产生电弧热，通过炉料或炉渣产生电阻热，两者所产生的高温使炉内氧化还原反应顺利进行。由于电热的高功率集中的特点，矿热炉内高温反应区的大小和温度分布对氧化还原反应的进程以及各项技术经济指标起着决定性的作用，并与矿热炉的电气工作参数、设备结构参数和操作技术水平也有直接关系。

3.1 矿热炉中的电弧现象

矿热炉的许多重要冶金特性如温度分布、能量传递、电极消耗、矿热炉特性等都与电弧有关。

电弧是气体导电形成的。通常，气体由中性原子和分子组成，不导电。但当气体中某些组分在外界条件作用下发生电离时，气体便具备导电能力。电弧导电必须满足如下两个条件：

(1) 气体中有大量可移动的电荷。所有气体中都存在一定数量的离子和电子，均呈现微弱的导电性。在电场和温度作用下气体发生离解和电离作用，导电粒子数量大增。气体原子在室温下以 400m/s 速度运动，而同一温度下电子则以 100000m/s 运动。温度越高，粒子运动速度越快。

(2) 存在使电荷做定向运动的力。在电场的作用下，带电粒子加速运动，从而提高带电粒子的能量。

电场强度为零时，气体的残余电离十分有限。在外电场作用下，带电粒子将做定向运动。由于气体中游离电荷非常少，电流十分微弱，当电压提高到一定程度时，带电粒子从电场获得能量，随着电离程度的增加，带电粒子数量迅速增加，这时，气体被击穿，由绝缘体变为导体，该电压称为击穿电压 V_b。

击穿电压 V_b 与电场强度 E、气体压力 p 和放电间隙 d 的关系如下：

$$V_b = (E/p)pd = Ed \qquad (3-1)$$

气体压力数值很小时，电场中气体电离数量很少，击穿电压很高。气体的击穿电压与气体的种类和温度有关。埋弧炉中炉气的击穿电压为 30kV/cm。

当电压高于击穿电压的初期，电压会维持不变，电流很小；当气体被电流强烈加热，温度达到一定程度时，阴极具备发射电子的能力；当气体温度高到几千摄氏度时气体开始热离解，快速运动的分子相互碰撞产生大量的离子，这时气体导电能力迅速增强，电弧电压迅速降低，气相中电流速度增加，电流集中于一个通道，这就是电弧，这个通道就是电弧柱。

在矿热炉两电极之间施加一定的电压就可使气体电离，随着电离程度增加，导电粒子数量迅速增加，电极间气体被击穿而形成导电通道，即生成电弧。电极端部局部电流密度大于 $12A/cm^2$ 时就可能起弧，是在电极端部距熔体最近的位置上起弧的；在炉料颗粒之间、炭质还原剂与金属之间也存在电弧。炉料颗粒之间能否产生电弧主要取决于放电间隙的电压梯度。由于炉料在高温下具有导电性，试验可以观察到混合炉料中产生的电弧现象，但矿石之间很难形成电弧。

交流电的方向在一个周期内变换两次，在每半个周期内，交流电弧都经历起弧、长大、衰减和灭弧几个步骤。因此，交流电弧是不稳定的。交流矿热炉电弧在电极端部经常跳跃，在磁场作用下，三相交流电弧与电极呈一定角度，电弧总是向炉墙一侧偏转。

电弧柱中气体电离起因于阴极斑点的热电子发射，这些斑点是电极尖端达到白热状态的区域，由于电子的动能大于阴极材料的逸出功，就能向四周空间发射电子。在电场作用下，电子向阳极加速运动，在靠近阳极的区域内获得很大的动能，所以当它们和气体分子及原子碰撞时，足以使后者电离。同时，电弧的高温使气体分子平均动能增大，气体分子不断碰撞也产生热电离。电流的迁移是由电子趋向阳极和正离子趋向阴极的运动造成的，两者相比，电子的迁移率远远超过正离子。抵达阳极的电子释放出它们的动能，使阳极产生大量的热，故阳极的温度远高于阴极。因此，在直流矿热炉中，电极作阳极，炉底作阴极。

在电弧柱中同时存在着和电离相反的过程（即消电离），包括带正、负电荷的质点相遇后的复合和离子在温度、压力梯度作用下向周围空间扩散。显然，单位时间内进入电弧的电子数目和形成的离子数目，等于由于复合和扩散所丧失的电荷数目。复合过程往往在限定气体容积的表面上进行。因此，复合速率反比于电弧的截面积，扩散速率则正比于电极直径。电弧周围介质的温度及传热条件、气体种类、电极材料等，对电弧电离和消电离过程有决定性的影响，如环境温度越高，散热条件越差，电极材料熔点越高，电离条件越好，电弧燃烧越稳定。另外，在环境条件和电极材料都相同时，电弧的截面积正比于电弧的电流，因此电流越大，消电离速率越小，电弧燃烧越稳定。

工业生产中常把电弧看作纯电阻，实际上电弧是复杂的非线性现象，很难建立准确的数学模型。有时也用电阻和电抗并联组合电路来代表电弧。沿电弧长度的电位分布如图 3-1 所示，这也就是电弧中的功率分布。阴极区和阳极区的长度很小，对大气中的电弧长度约为 $1\mu m$，因而其电位梯度都很大，能使电子获得很大的电能。电弧电压 U_h 和电弧长度 l 呈线性关系：

$$U_h = \alpha + \beta l \tag{3-2}$$

式中 α——阴极区电压降和阳极区电压降的和，它随着电极和炉料的不同而改
变，实验值为 10 ~ 20V；

β——电弧柱中的电位梯度，在低电流（1 ~ 10kA）时为 1V/mm，在 40 ~
80kA 大电流范围内为 0.9 ~ 1.2V/mm。

若设电弧电压 U_h = 134V，约 20V 的压降发生在长度为 1μm 左右的阳极区和
阴极区，其余的压降落在电弧柱上，则 15% 的电弧功率在电极端面和熔池面上
放出，而 85% 的电弧功率由电弧柱放出。交流电弧的能量平衡可用图 3 - 2 所示
的例子来说明。

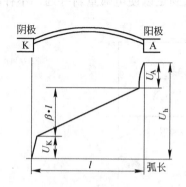 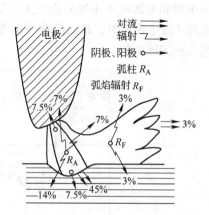

图 3 - 1 沿电弧长度的电位分布　　图 3 - 2 107A、134V 交流电弧的能量平衡

电弧是一个气体导体，在其受到由本身电流造成的磁场作用下，电弧在径向
受到一个压缩力，而将沿轴向传递出去，于是作用在电极和熔池面上的力
$F(N)$ 为：

$$F = 5 \times 10^8 I^2 \qquad\qquad (3-3)$$

式中 I——电弧电流，A。

电弧气体可推开熔池液面并使其形成弯月面，对熔体进行搅动和对流传热。
电流流过熔体也产生磁场，使熔体发生搅动。因此，气体对流是电弧最主要的传
热方式，电弧四周的气体被吸入电弧区，经电弧加热后由电弧推动气体和熔体运
动。对流传热占电弧总能量的 50% 以上。

在三相矿热炉中，每相电弧受到其他两相电弧所建立磁场的作用，在电磁力
作用下移至电极端部靠近炉壁的外侧而产生电弧外吹，使电弧柱和熔池面间夹角
减小至 45° ~ 75°。由于电子的撞击，大量的阳极材料会从电极表面剥落下来，
电极末端的形状也随之改变。电弧外吹的高温气流（即电弧焰）冲向外侧，高
速抛出金属、渣、炭粒等质点，使电弧附近上方的坩埚壁形成热点。

3.2 电弧特性

直流电和交流电都可以产生电弧，在矿热炉中为了获得强大的电功率，一般采用交流大功率电弧。交流电弧常用波形如图 3-3 和图 3-4 所示。若外电路中电抗 $x=0$，电弧电流 I 和电源电压 U 同相位，当 U 小于所需的电弧电压 U_h 时，$I=0$，即电弧熄灭。在电源电压过零点的前后一段时间间隔 Δt 内，电弧熄灭，电极和周围空间被冷却，这就是交流电弧不稳定的根源。若外电路中存在电抗 $x>0$，电弧电流 I 和电源电压 U 之间有一相位差 φ，当 U 减小近于零、电抗产生的感应电势和电源电压相加后仍然大于所需的 U_h 时，可维持电弧继续导通。当电弧电流 I 减小到零时，U 已经在相反方向增大到足以使电弧重新导通，不存在电弧熄灭的间隔时间。

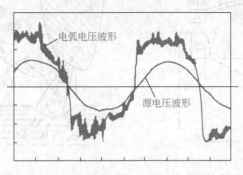

图 3-3　交流电弧电压波形图 (50Hz)

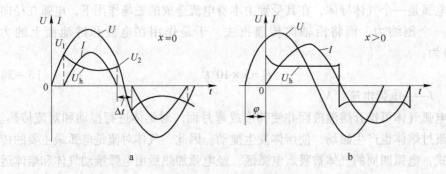

图 3-4　交流电弧波形图

a—$x=0$，I 和 U 同相位；b—$x>0$，I 和 U 之间有一相位差 φ

为了使电弧电流 I 的波形连续，需要满足条件：

$$U_h < U_m \sin\varphi \tag{3-4}$$

式中　U_m——电源电压峰值。

假设电弧电压正弦波形的峰值为 U_{hm}，则电路的功率因数为：

$$\cos\varphi = U_{hm}/U_m \tag{3-5}$$

对于矩形的电弧电压波形，其 U_h 可看作是正弦波形的平均值，即：

$$U_h = U_{hm}/(\pi/2) \tag{3-6}$$

将式（3-4）~式（3-6）联立，可得：

$$\cos\varphi = \frac{\pi}{2} \cdot \frac{U_h}{U_m} \tag{3-7}$$

以及

$$\sin\varphi = \sqrt{1 - \cos^2\varphi} = \sqrt{1 - \left(\frac{\pi}{2} \cdot \frac{U_h}{U_m}\right)^2} \geqslant \frac{U_h}{U_m} \tag{3-8}$$

求解不等式（3-8）可得出：电弧连续导通的条件是 $\dfrac{U_h}{U_m} < 0.537$，即电路的电抗百分数 $x\% = \sin\varphi \times 100\% > 53.7\%$，或 $\cos\varphi = \dfrac{\pi}{2} \cdot \dfrac{U_h}{U_m} < 0.84$。外电路中存在一定电阻，为了使电弧波形连续，要求电抗百分数的值更大些。

在电弧的阴极区和阳极区，带电粒子对阴极和阳极冲击而产生大量热量的现象，称为电极效应。电极效应所放出的热量与电弧电流成正比，其热量占电极发出总能量的15%左右。电极效应所放出的热量有一半在熔池面上，另一半则直接向熔池辐射。

电弧弧光的辐射热也有一半直接作用于熔池，另一半对炉料、炉渣和炉气加热。弧光的辐射能力与温度、压强、电弧长度和形状有关。同时，坩埚内表面也对熔池进行辐射热交换，辐射传热可以达到电弧能量的30%以上。

电弧弧光波长在 $360 \sim 560\mathrm{nm}$ 之间，电弧电子浓度为 $4 \times 10^{16}/\mathrm{cm}^3$，电弧温度可达 10000K。矿热炉中传热条件不同时，电极表面和电弧柱的温度也不同。对于石墨，阴极为3500K，阳极为4200K；对于钢，阴极为2400K，阳极为2600K；电弧柱温度可在 $3000 \sim 20000\mathrm{K}$ 之间。硅铁矿热炉中，电弧电流密度可达 900 $\mathrm{A/cm}^2$，电弧表面温度约3950℃。

冶炼条件下，电弧特性与电气制度、炉料特性和炉况有关。试验数据证明，电弧长度 l 与电弧电压 U 存在如下线性关系：

$$l = aU + b \tag{3-9}$$

电弧直径 D 与电弧电流 I 之间存在线性关系：

$$D = cI + d \tag{3-10}$$

式中 a，c——系数；

　　　b，d——常数。

由于弧长是电压的函数，故可用电弧电压表示弧长，推荐为 $U = 4.12I + 40$。

电弧电压由两部分组成：

（1）阴极和阳极的间隙电压，约40V。

（2）等离子部分电压。该电压与电流成正比，对于特定的冶炼工艺条件，不管功率大小，电弧体的阻抗是相同的。炼钢电炉和精炼电炉交流电弧电阻约为5mΩ。

精炼电炉和化渣炉的电极插于炉渣之中，炉渣的性质对电弧电压有较大影响。交流电弧电抗与电炉的操作电压有关，电压越高，电弧电抗越大。对于6.3MV·A矿热炉，工作电压在340V时电弧电抗为1.2mΩ；而工作电压在200V时，电弧电抗仅为0.2mΩ。

在矿热炉冶炼过程中，电弧位置、电弧长度和直径始终处于变化状。在交流电流不同的半周期内，由不同的材料作阴极，电弧电压的波形是上下不对称的，在电路中会产生高次谐波。稳定的交流电弧电压波形为正弦波，不稳定的电弧电压波形为方波。方波含有许多高频分量，只能传递90%的电弧能量。在冶炼条件下，只有电弧稳定才能保证电极的稳定和冶炼条件的稳定。电弧特性与电气制度、炉料特性和炉况有关。影响电弧稳定性的因素有：

（1）熔渣。熔渣存在时，电弧周围的热条件较好而散热差。特别是有碱性渣存在时，熔渣中钙的电离电位较低，电弧温度较低。电弧被熔渣包围的部分越大，电弧的波形越接近于正弦波形，越有利于稳定电弧。

（2）熔池结构。无渣冶炼时，平整的坩埚表面有助于形成稳定的电弧。

（3）电弧的几何形状。长电弧稳定性差，直径大的电弧稳定性好。

（4）电弧的电抗和功率因数。交流电路中存在电抗使得电流相位落后于电压相位，功率因数（即$\cos\varphi$）低，有助于稳定电弧。

（5）电极形状。改变电极的几何形状可改变电弧附近的磁场、电场、热平衡和气体流动状态。尖头和空心的电极电弧最稳定。电极孔处温度较高，容易形成电弧，同时，电弧路径与空心电极孔流出的气体路径是一致的。

（6）载气性质。以氢气为载气的等离子弧电压降为2V/cm，以CO、CO_2和H_2为载气吹入粉料的电弧电压降可达10V/cm。

得到稳定电弧的前提条件是维持电弧电阻不变。因此，在调整功率时为保证电弧的稳定性，电压和电流必须同步改变。

3.3 电弧传热过程

电能通过电弧向炉内传热主要有以下几种方式：

（1）辐射。电弧弧光的辐射热对炉料、炉渣和炉气进行加热。电弧辐射的能力与温度、压强、电弧长度和形状有关。电弧辐射能力很强，辐射传热占电弧热的30%以上。

（2）气体流动。对流是电弧最主要的传热方式。电弧四周的气体被吸入电弧区经电弧加热后由电弧推动气体运动。试验观察到电弧中由白色的蒸气和高速运动的物质颗粒组成的高速热气流由电极向熔池运动。对流传热占电弧总能量的50%以上。

（3）电极效应。电极效应所放出的热量与电弧电流成正比，其热量约占电极放出的总能量的10%左右。阳极效应放热比阴极效应高出 3~5 倍，因此，以炉底为阳极的直流炉能更有效地向炉内传输能量。

3.4 矿热炉电路分析

3.4.1 矿热炉炉内电流回路解析

埋弧矿热炉内部同时存在电弧导电和电阻导电。通过炉料、金属、熔池以及炉衬的电流是由无数个串联和并联的电路构成的。碳质还原剂是炉料的主要导电成分。增大还原剂的粒度会减少还原剂与矿石之间的间隙，减少炉料电阻，增加料层电流分布的比例。

有渣法矿热炉内部角形电流放出的热量用于炉料的熔化和元素的还原反应，而星形电流所放出的热量用于炉渣和金属的过热。炉渣性质的改变、焦炭层几何尺寸和形状变化都会使星形电流变化。当角形电流比例过大、星形电流过小时，炉膛温度会下降，炉渣和金属过热度减少，从炉内排出不畅。当星形电流比例过大、角形电流过小时，电极与导电良好的焦炭层相分离，电极四周的炉渣过热，矿石还原程度变差，元素回收率降低。

炉料的导电性随温度和炉料的熔化性变化很大。提高温度会使炉料电阻率显著减少，导电性增加。炉温升高时炉料膨胀，增加了炉料之间的接触压力和接触面积，也使接触电阻减小，如硅铁 75 炉料在 400℃ 时的电阻率为 $1\Omega \cdot m$ 左右，而在 1600℃ 时为 $0.2\Omega \cdot m$。

炉料中电阻导电和电弧导电交叉在一起，炉料颗粒之间出现的电弧电压与炉料性质和温度有关。料层下部主要是电阻导电。

矿热炉内电流分布状况对炉内热分布、熔池结构和炉内各部位进行的化学反应影响很大。炉内电流分布可以用以下回路来描述，如图 3-5 所示。

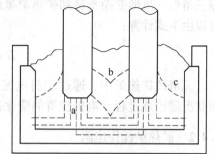

图 3-5 炉内电流回路示意图

炉内电流形成如下回路：

（1）图 3-5 所示回路 a 中，电流通过电极端部、电弧和熔池构成的星形回路；

（2）图3-5所示回路b中，电流通过电极侧面，流经炉料与另外两支电极构成的三角形回路；

（3）图3-5所示回路c中，电流通过电极侧面，流经炉料与炭砖（炭质炉衬）构成的星形回路。

若把电弧看成纯电阻，忽略矿热炉内部电抗因素和通过炉墙的电流，则炉内电流分布的等效电路如图3-6所示。

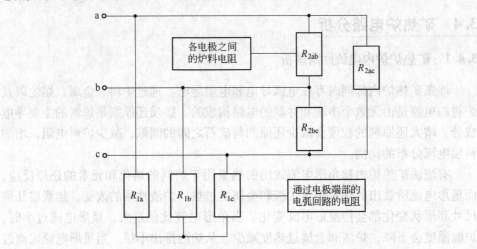

图3-6 矿热炉内电流分布的等效电路

当各相电弧电阻相等时，即有 $R_{1a} = R_{1b} = R_{1c} = R_1$；当炉料电阻也相等时，即有 $R_{2ab} = R_{2bc} = R_{2ca} = R_2$。熔池电阻 R_1 处于矿热炉星形回路内，可理解为矿热炉星形回路的相位电阻。炉料电阻 R_2 可理解为三角形回路的相位电阻，将其按照三角形 - 星形变换折算到矿热炉星形回路与 R_1 并联。因此，矿热炉负载电阻可以由下式计算：

$$R = \frac{R_1 R_2}{R_1 + R_2} \tag{3-11}$$

无渣法矿热炉中，通过炉料电流的占电极电流的 20% ~ 30%，炉内电流分布状况随冶炼过程、电极位置的变化而改变。

3.4.2 矿热炉操作电阻

3.4.2.1 操作电阻的定义

矿热炉的操作电阻 R 定义为电极和炉底之间的电阻，由电极端部对炉底中性点的电压 U 和电极电流 I 决定，即矿热炉的负载电阻（即操作电阻）为：

$$R = \frac{U}{I} = \frac{R_1 R_2}{R_1 + R_2} \quad (3-12)$$

电弧电阻即熔池电阻 R_1 是电极下面电弧反应区和熔融区的电阻，从电极下端流出的电流经过它把电能转换成热能。熔池电阻的大小取决于电极下端至炉底的距离、反应区直径的大小及该区的温度。正常情况下，熔池电阻很小，大部分电流经过它。而炉料电阻 R_2 是炉料区与相互扩散区的电阻。炉料电阻取决于炉料的组成和特性、电极插入炉料的深度、电极距离及该区温度。炉料电阻较熔池电阻大得多，电极电流只有小部分经过它。

对于容量不同的矿热炉，操作电阻主要由矿热炉的几何参数和电气参数决定，容量大的矿热炉操作电阻较小。不同容量硅锰矿热炉的操作电阻见表3-1。

表3-1 不同容量硅锰矿热炉的操作电阻

矿热炉容量/MV·A	二次电压/V	二次电流/kA	操作电阻/mΩ
9.0	136	37.2	1.69
12.5	141.5	45.0	1.37
16.5	144	66.2	0.97
25.0	158	70.0	0.83

改变冶炼品种，操作电阻也随之改变，这就需要改变二次电压和二次电流以适应冶炼要求。操作电阻可通过以下方法进行调整：

(1) 改变变压器的二次电压等级 V_2。

U 可由式（3-13）计算：

$$U = \frac{1}{\sqrt{3}} V_2 \eta \cos\varphi \quad (3-13)$$

式中　U——有效相电压，V；

　　V_2——工作电压，V；

　　η——矿热炉效率，%；

$\cos\varphi$——功率因数。

(2) 调整电极工作端的位置，改变二次电流。

(3) 调整炉料组成、还原剂配比和粒度分布。

(4) 调整炉渣渣型。

3.4.2.2 操作电阻的作用

操作电阻是一个非常活跃的电气参数，对于生产操作有以下非常重要的作用：

(1) 控制 U/I 的值。操作电阻本质上取决于炉料特性，即炉料电阻率。炉料电阻率大，操作电阻值也大。因此，控制炉料电阻率不变，即可控制操作电阻不变，使 U/I 的值恒定，从而保持输入炉内的功率稳定，以利于保持冶炼过程稳定和反应区结构稳定。优选还原剂可以增大炉料电阻率，从而提高矿热炉的操作电阻。

(2) 合理分配热能。炉内分配于炉料层的热能分配系数 C 用式（3-14）表示：

$$C = \frac{Q_料}{Q_总} = \frac{P_料}{P_总} = \frac{U^2/R_2}{U^2/R} = \frac{R}{R_2} \qquad (3-14)$$

式中　$Q_料$——炉料层热量；

　　　$Q_总$——输入炉内总热量；

　　　$P_料$——炉料层功率；

　　　$P_总$——输入炉内总功率；

　　　U——有效相电压；

　　　R——操作电阻；

　　　R_2——炉料电阻。

当炉料组成一定时，C 随 R 的变化而变化。若 R 过大，则 C 也大，用于加热炉料层的热量多，这会导致熔池温度降低，炉底堆积死料；此时电极下端削尖，电极肋片处易崩裂；电极升降时，电流表读数变化不明显。若 R 过小，则 C 也小，用于加热熔池的热最多，这会导致炉料层温度低、化料慢、电耗高、产量低，炉底形成圆坑；此时电极下端几乎保持原尺寸，反应区扩大迟缓；电极升降时，电流表读数变化大。

每种产品当炉料组成一定时，都应有最恰当的 C 值，以保持正常的热能分配。炉子的热能分配正常时，电极下端直径约为其自身直径的 0.8 倍。虽难以确知最恰当的 C 值，但可通过优选 R 达到合理分配热能的目的。

(3) 使电极保持恰当插深。理论分析和生产经验都已证明，矿热炉的几何参数、电气参数和炉料特性不变时，操作电阻值与电极插深呈反比关系。若能保持操作电阻不变，即可控制电极保持恰当插深，有利于反应区结构的稳定。

(4) 提高操作电阻可提高功率因数和电效率。操作电阻反映了熔炼区的电气特性，增大操作电阻有助于增加矿热炉输出功率。输入炉内的热能即有效功率 P_e 由电极电流 I 和电极端部对炉底中性点的电压 U 决定，即 $P_e = 3IU = 3I^2R$。在矿热炉变压器的视在功率一定时，提高操作电阻即提高了有效功率，从而提高了功率因数和电效率。但贸然提高操作电阻会使电极插深不够，因此必须全面研究矿热炉的几何参数、电气参数和炉料特性，采取适当措施增大操作电阻。

3.4.2.3　操作电阻、电导及与电流电压比的关系

长期以来，矿热炉冶炼采用电流电压比控制炉子的操作。近年来，采取恒电

阻或恒电导原理控制炉子的操作。

电极电流与矿热炉变压器的空载二次电压之比，称为电流电压比，可表示为 $B = I/V_2$。用电流电压比控制炉子操作的方便之处在于，可从炉子的二次仪表直接读取电流和电压的数值。

计算操作电阻值需测量电极的有效相电压 U 和电极电流 I。有效相电压 U 通常是以测定的电极进炉料处对炉口炭衬的电压来表示；由于测量不便，也可用测定的电极壳对地电压 U_D 来近似表示，即 $U_D = (1.07 \sim 1.09)U$；或者用二次相电压 U_2 近似表示，其关系为 $U_2 \approx 1.1 U_D = (1.177 \sim 1.199)U$。

电导是操作电阻的倒数，即 $G = 1/R = I/U = (0.8340 \sim 0.8496)I/U_2$。因为 $V_2 = \sqrt{3}U_2$，故有 $G \approx \sqrt{3}I/V_2 = \sqrt{3}B$，同时有 $R \approx 1/(\sqrt{3}B)$。

事实上操作电阻不是一成不变的，前述操作电阻作用中涉及的因素都可引起操作电阻波动，主要因素如下：

(1) 炉料性能和组成的改变，如还原剂加入量、粒度组成、炉料入炉量、炉料电阻率的改变。

(2) 电极消耗状况或电极插入深度的变化。

(3) 三相电极功率平衡情况。

(4) 渣中 CaO、MnO 的含量，如过高会降低炉渣电阻，使操作电阻减小。

(5) 反应区结构的改变。

因此，无论采用哪种方法控制炉子操作，都需经过实际运行优选出适当的控制参数（如 R、G、B 等），设定参数后，经过控制系统调节使炉子保持在该参数值附近运行。

3.4.2.4 矿热炉电流的交互作用

冶炼过程三相电极的电流之间存在一定关系。当一相电极上下移动时，不仅该相电极电流发生变化，其他两相电流也随之发生相应改变，这种现象称为电流的交互作用，如下式：

$$\Delta I_i = \Delta R_j \cdot \frac{I_i}{R_i} \cdot g \qquad (3-15)$$

式中　I——电流；

　　　R——电阻；

　　　i——电极相序；

　　　j——交互作用使电阻发生变化的相序；

　　　g——交互作用系数。

式 (3-15) 表示，当电阻发生相对改变时交互作用对电极电流所产生的影响比例。交互作用系数 g 越大，电流改变的比例越大，电极移动量也越大。功率因数越低，电流对电极移动的敏感性越小，即为增加较小的电极电流，电极要有较大的移动，这种现象称为大型矿热炉的不敏感效应。

对电极电流的交互作用认识不足会造成如下后果：

(1) 由于大型矿热炉的不敏感效应，需要频繁移动电极才能做到三相电极的电阻平衡和电流平衡，往往造成矿热炉炉况不稳定、热效率降低。

(2) 操作者不能掌握电极移动和电流变化的关系，造成三相电极插入深度不均衡，使某相电极过长或过短。三相电极长短不均衡会给操作带来严重后果。电极工作端过长会造成电极过烧，易发生电极事故；过短，会降低热利用率，使熔池温度降低，造成出铁困难。

为减轻交互作用的影响，大型矿热炉功率调节系统应采用电阻控制原理。

3.4.3 矿热炉的电抗和高次谐波分量

矿热炉的电抗主要由矿热炉短网决定，随矿热炉容量增大而增加。矿热炉在运行中电抗经常变化，熔池电抗的波动与电弧的谐波有关。由于电弧是非线性电阻，受很多条件影响，当条件发生变化时，矿热炉电流就会偏离源电压的波形，造成电弧电压波形发生畸变，产生相当于正弦交变电压基础频率的高次谐波。

矿热炉的操作电抗 X_{OP} 由短路电抗和谐波分量构成，表示为：

$$X_{OP} = \frac{U}{I} \Big[A_1 \sin(\omega t) + \frac{A_3 \sin(\omega t)}{3} + \frac{A_5 \sin(\omega t)}{5} + \cdots \Big] \tag{3-16}$$

式中　A——谐波振幅；

　　　ω——正弦波角频率；

　　　t——时间。

二次电压和电极电流决定了操作电抗的大小。操作电抗随电极电流的增大而减小，随电弧长度的增加而增大。当电流达到一定值时，功率因数达到最大值。电流低于临界电流值，会大幅度降低矿热炉的有效功率。临界电流 I_{min} 可由式 (3-17) 计算：

$$I_{min} = \frac{U}{X_{SC}} \Big(\frac{1}{X_{SC}} - \frac{1}{X_{OP}} \Big) \tag{3-17}$$

式中　X_{SC}——短路电抗。

过高的电压和过低的短路电抗，会导致电弧的不稳定。

熔池电抗与下列因素有关：

(1) 矿热炉工作电压。在出炉过程中，随铁水排出，熔池液面下降，电弧增强，电抗有较大增长。

(2) 电流分布状况。熔池结构发生变化，炉料的不均匀分布使电流路径改变，也可使电抗发生改变。

（3）炉膛结构。坩埚缩小使电极位置升高、电抗增加，使电弧稳定性变坏。

矿热炉电弧可用一个可变电阻来表示，并且这个可变电阻是时变非线性电阻，在基波正弦波电压作用下，所吸引的电流为非正弦，其中包含有 2、3、4、5、7 次等一系列的谐波分量，以 2、3 次为主。可以理解为，在基波正弦波电压作用下，电弧非线性电阻负载从系统吸收基波电流，分解出一个系统谐波电流并注入系统。所以，矿热炉可看做一个谐波电流源，如图 3-7 所示。

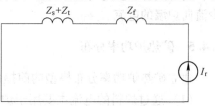

图 3-7 矿热炉谐波电流源

Z_s—从炉变一次侧向系统看的电源系统
等效电抗；Z_t—矿热炉变压器漏抗；
Z_f—炉变二次短网和电极等效电抗；
I_r—矿热炉谐波电流

谐波电流注入电力系统会对电力系统运行造成极大危害，主要有以下几方面：

（1）谐波使系统中发电、输电及用电设备产生附加的谐波有功损耗；

（2）谐波使系统中电机设备产生机械振动、噪声和过电压，使变压器局部过热，使电容、电缆设备过热等；

（3）谐波会引起系统局部并联谐振或串联谐振，甚至引起严重事故；

（4）谐波会导致继电器保护和自动装置误动作，并使电气测量仪表计量不准确；

（5）谐波会对外部通讯系统产生干扰。

3.4.4 矿热炉内各部位电压梯度

电极之间、电极与炉墙之间的电压在一定程度上影响炉膛内部的电流分布。

电极之间的电位梯度为：

$$G_e = V/L_e \qquad (3-18)$$

电极与炉墙之间的电位梯度为：

$$G_w = V_0/L_w \qquad (3-19)$$

式中　V，G_e——分别为电极之间的电压和电位梯度；

V_0，G_w——分别为电极对炉墙的电压和电位梯度；

L_e，L_w——分别为电极之间的距离和电极对炉墙的距离。

电位梯度对电极位置和炉膛内部的功率分布影响很大。三相交流矿热炉的电弧总是偏向炉墙一侧，而冶炼工艺要求矿热炉的功率集中于炉膛中部。为了避免功率分散，在矿热炉设计和建造中应该使：

$$G_e/G_w > 1$$

减少电流和功率分布偏向炉墙一侧，有助于保护炉墙。

电极与炉墙之间的电压一定程度上影响电极位置，降低炉墙炭砖高度可以减少流向炉墙的电流。

3.4.5 矿热炉功率分布

建立矿热炉功率分布模型的前提条件是：

(1) 通过炉料的电流主要用于炉料的预热；

(2) 通过电弧、焦炭层的电流用于熔体的加热和还原；

(3) 通过熔池的电流用于炉渣和金属的过热。

炉膛内部的功率分布与操作电阻和炉料电阻率有关。通过电弧和熔池的电流 I_s 以及通过炉料的电流 I_c 分别为：

$$I_s = V_e/R_s \tag{3-20}$$

$$I_c = V_e/R_c \tag{3-21}$$

式中　V_e——电极端部至炉底的电压；

　　R_s，R_c——分别为熔池电阻、等效星形炉料电阻。

电弧区的功率比 F 由式（3-22）计算：

$$F = \frac{P_C}{P} = \frac{I_s V_e}{I_s V_e + I_c V_e} \tag{3-22}$$

式中　P_C——电弧和熔池功率；

　　P——输入炉内的总功率。

将 I_s 和 I_c 代入式（3-22）得：

$$F = \frac{R_s}{R_s + R_c} = C \tag{3-23}$$

可见，炉内功率的分配就是炉内热能的分配。进入矿热炉的有效功率，一部分为熔池反应区提供热能，另一部分则用于加热和熔化炉料，两部分热能分配得是否合理，不仅是矿热炉能否正常运行的重要条件，而且也是矿热炉取得良好技术经济指标的关键因素之一。

3.5 矿热炉中的高温反应区

3.5.1 矿热炉高温区的形成

矿热炉中的热量主要是由电极和炉料之间的电弧热以及电流通过熔体和炉料所产生的电阻热所提供。如图3-8所示，炼铁炉炉内电路的电场对称于电极中心线，无论负荷是否均匀、电路中是否存在着电导率显著不同的炉料层、熔渣层或金属层，都不会破坏电场的对称。根据已有的结论，从电极侧表面流向炉料的电流约占全部电流的25%～30%，从电极端部流向熔池的电流（即电弧电流）

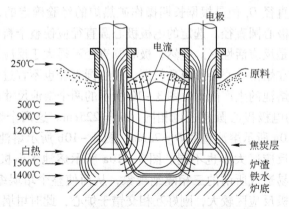

图 3-8 炉内电流分布和炉料的温度变化

约占 75% ~ 70%。

在电极末端与熔池（熔融区）之间，由于电弧作用形成坩埚区，坩埚区的大小在解剖炉体、冶炼硅铁塌料和分层加料法冶炼硅钙合金时均已发现，尤其在无渣法冶炼炉内，这个区域非常明显。坩埚区是炉内的主要工作区域，坩埚区的大小对炉况和各项技术经济指标起着决定性的作用，因此要尽量扩大坩埚区。图 3-9 所示为工业硅炉内的温度分布和反应区。

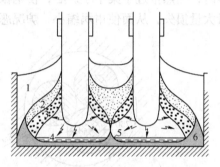

图 3-9 工业硅炉内的温度分布和反应区
1—预热区（<1300℃）；2—烧结区（即坩埚壳，1300~1750℃）；3—还原区（即坩埚区，1750~2000℃）；4—熔池区；5—电弧空腔区（2000~6000℃）；6—死料区

3.5.2 矿热炉反应区

矿热炉中反应区，即坩埚的尺寸可用式（3-14）计算。在炉底没有上涨的熔池里，每相电极反应区的体积为：

$$V = \frac{\pi}{4}D_g^2(h_0 + h_E) - \frac{\pi}{4}D^2 h_E \qquad (3-24)$$

式中　D_g——电极反应区（坩埚）直径；

　　　h_0——电极末端至熔池的距离，对于无渣熔池是指电极与炭质炉底之间的距离，对于非导电耐火炉底的熔池则是指电极至出铁口水平面上金属之间的距离；

　　　h_E——电极在炉料中的有效插入深度（不包括炉料锥体部分和料壳）；

　　　D——电极直径。

电极反应区直径 D_g 值是根据长期操作矿热炉的经验确定的，该直径应等于圆形熔池的电极极心圆直径。选定的电极极心圆直径应使整个料面，包括三相电极的中间部分都是反应活性区。显然，极心圆直径不得大于反应区直径，因为极心圆直径过大，在熔池中心会形成死料区；极心圆直径也不宜过小，因为极心圆直径过小会降低熔池的生产能力。图 3 - 10 所示的两个熔池尺寸相同，功率都为 6800kW，它们的电极极心圆直径也相同，$D_g = 225$cm。这两个熔池只有电极直径不同，图 3 - 10a 所示熔池直径 $D = 75$cm，图 3 - 10b 所示熔池直径 $D = 90$cm，造成阴影线所示反应区大小也不同。图 3 - 10a 所示熔池各电极的反应区较小，炉心热量不足，易造成所谓的三相隔绝现象，从而使整个坩埚缩小。图 3 - 10b 所示熔池的各电极反应区较大，刚好互相交错于炉心，此时坩埚大、炉温高、产量高，是最理想的情况。但当各反应区过大（或电极极心圆过小）、彼此相交太多时，因热量过于集中于炉心，使电极之间的炉料电阻降低，电极难以下插，热量大量损失，从而使坩埚缩小、炉况恶化。

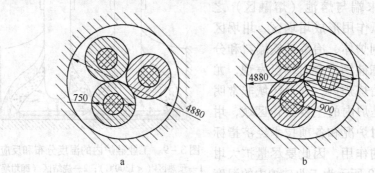

图 3 - 10　各类熔池的反应区

电极末端至熔池的距离 h_0 和电极的有效插入深度 h_E 得自矿热炉操作实践，冶炼不同产品和采用容量大小不同的各种炉子的统计平均值为 $h_0 = 0.67D$，$h_E = 1.15D$。反应区坩埚直径与电极直径的关系为 $D_g = 2.4D$。代入并简化式（3 - 24），得到没有烧损的圆柱形电极的反应区体积是 $V = 7.07D^3$；对于多数表面烧损圆锥形电极的反应区体积，近似为 $V = 6.76D^3$。

通常，在矿热炉电气参数计算中，只有输入功率是固定值，据此可计算反应区的功率密度 P_V：

$$P_V = \frac{P_e}{nV} \tag{3 - 25}$$

式中　P_e——电极输入的有效功率；

n——电极数目；

V——反应区（坩埚）体积。

由上述推导论述可知，反应区（坩埚）体积的大小与矿热炉的输入功率、电极直径、电极插入深度、冶炼品种等因素有关，具体如下：

（1）矿热炉输入功率。反应区的有效功率 P_e 越大，反应区的功率密度 P_V 越大，熔池获得的能量越多，炉温度越高，坩埚区相应增大。冶炼不同品种时，反应区的功率密度有最佳推荐值，即根据冶炼的产品确定功率密度值后，显然有效功率越大，反应区的体积越大，因此在矿热炉正常生产时要求满负荷供电。

（2）电极直径。图 3-10 和实践都表明，电极直径大时，电极电弧作用区直径大，反应区（坩埚）体积就大。在电极直径为 120cm 的固定式矿热炉熔池内冶炼硅铁 75 时，电极熔池附近的坩埚直径曾达到 180~200cm。

（3）电极插入深度。一般认为在 $h_0 = (0.6 \sim 0.7)D$ 时，电极插入深度是最近于理想的。此时电极深而稳地插入炉料中，坩埚区大，炉温高且均匀。当电极插入过浅时，由于炉底功率密度不足，会造成结瘤和炉缸变冷，这对于需要大量热能的矿石还原过程是不利的；反之，电极位置过低，会引起炉底和熔体过热，金属烧损大，料面上部变凉，下料速度变慢。

（4）冶炼品种。坩埚区的大小与冶炼的品种有关。图 3-11 所示的坩埚的大小随合金硅含量的增高而增大。在固定式炉体的熔池里，电极端部的坩埚横断面接近于圆形；在旋转式炉体的熔池内，坩埚横断面则变成近似于椭圆形。旋转还能减小坩埚的高度，这说明旋转对坩埚结构是有利的。为改善炉膛温度分布，许多大型矿热炉装设炉体旋转机构，可在水平方向上单向转动或往复 120°转动。

埋弧冶炼和明弧冶炼存在着一定差异。

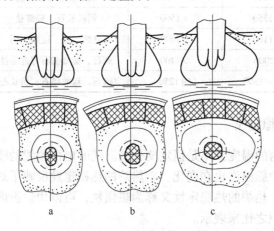

图 3-11 电极周围坩埚的形状
a—冶炼硅铁 45 的固定式矿热炉；b—冶炼硅铁 75 的固定式矿热炉；
c—冶炼硅铁 90 的慢速旋转式矿热炉

3.5.3 炉膛温度和炉膛功率密度

矿热炉反应区模型反映了平面上熔炼区的位置和大小；电极插入深度和热能分配反映了竖直方向上熔炼区的位置；炉膛温度则反映了熔炼区的能量特征。

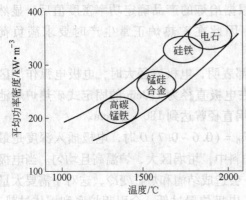

炉料在炉内经历了预热、加热、熔化、还原和分离的过程。无论矿热炉容量大小，同一种产品的炉料所经历的温度变化和物理化学变化大致是相同的，反应区单位体积炉料消耗的能量也大致相同。因此，生产特定产品的反应区单位体积功率密度基本为一常数。

反应区的温度是由合金元素的物理化学特性和炉渣性质所决定的。

图3-12 炉膛的功率密度和冶炼温度的关系

图3-12所示为炉膛的功率密度和冶炼温度的关系。表3-2列出了一些铁合金的熔炼温度以及合金、炉渣熔点和炉渣中的主要矿物组成。

表3-2 一些铁合金的熔炼温度以及合金、炉渣熔点和炉渣中的主要矿物组成

合金种类	合金熔化温度/℃	炉渣熔化温度/℃	炉渣矿物组成	熔炼区温度/℃
高碳铬铁	1500~1600	约1600	镁铝尖晶石、镁橄榄石	>1700
高碳锰铁	约1200	1200~1300	锰橄榄石等硅酸盐	1400~1500
75硅铁	约1350	>1500	钙斜长石、硅酸盐	>1800
硅钙合金	约1100	>1600	硅酸二钙、硅酸三钙	>1900
钨铁	>2000	>1400	辉石、锰橄榄石等硅酸盐	>1850
硅锰合金	1240~1300	约1250	方锰石、锰橄榄石、黄长石等	>1500

3.5.4 矿热炉热稳定性

矿热炉炉膛内的温度并不是恒定变化的。随着电极位置的改变、炉渣和铁水积存量的改变，炉膛温度也在变化。矿热炉的热稳定性反映了炉膛温度受外界条件影响的特性。矿热炉的热稳定性又称为热惯性，可以用炉膛内炉料的热容量与矿热炉炉口表面积之比来表示。

炉膛温度变化会改变炉渣-金属-炉气的化学热平衡。炉温降低时，炉渣-金属平衡向不利于金属氧化物还原的方向移动，使炉渣中的有用金属氧化物增加，化学反应速度降低，从而降低矿热炉生产率。保持炉膛温度的恒定对于稳定

矿热炉生产是很重要的。

影响矿热炉热稳定性的因素：

（1）矿热炉容量。矿热炉容量越大，矿热炉热惯性越大，热稳定性越好。矿热炉的稳定性还与电极的稳定性有关。矿热炉电抗随着矿热炉容量的增加而增大。由于操作电阻微小改变对矿热炉阻抗的影响可以用式（3－26）描述：

$$\frac{\mathrm{d}Z}{\mathrm{d}R} = \frac{\mathrm{d}\sqrt{R^2 + X^2}}{\mathrm{d}R} = \frac{1}{2\sqrt{1 + \frac{X^2}{R^2}}} \tag{3－26}$$

因此，电抗越大，操作电阻对矿热炉阻抗的影响越小，电极相对越稳定。

（2）出炉时间间隔。考虑到经济因素，有些矿热炉炉膛深度、炉膛直径设计得较大，以减少因炉渣和铁水的数量改变而引起的炉膛温度波动和电极位置波动，出炉时间间隔也应延长些。

（3）出炉持续时间。出炉过程中，炉膛通过出炉口与外界大气相通，铁水和炉渣流尽后，以 CO 为主，同时含有大量 SiO 和金属蒸气的炉气大量外溢，使炉膛损失大量显热，炉温降低。

（4）冶炼操作方法。留铁留渣操作是提高矿热炉热稳定性的有效措施。合适的留铁留渣量可以避免由于出铁、出渣而造成炉膛温度的较大波动。

4 矿热炉的熔池结构

<<<<<<<<<<<<<<<<<<<<<<<<<<<<<<<<<<<<<<<<<<<<<<<<<<<

4.1 矿热炉熔池分类

包括某些非电弧冶炼的熔炼炉，通常将整个炉膛空间称为熔池。但在有的矿热炉中，熔池则仅指熔渣和金属液积存的炉膛部分，或是电极周围炉料不断下降的工作区（坩埚），或是电弧高温所能作用到的区域。

矿热炉无论是连续冶炼或间歇性冶炼、无渣熔池或有渣熔池，在工程技术界，用得最广的要算熔池的埋弧和明弧之分（明弧又称开弧），当然包括既有埋弧又有明弧冶炼的熔池。生产实际中，常常用炉渣多少来分类。埋弧本是电弧形态的一种，因有别于自由电弧和等离子弧而得名。埋弧除有以上的涵义，通常还专指电弧能被固体炉料或熔渣覆盖的熔炼过程。由于炉料或熔渣电阻高使电极能够深插而埋住电弧。低电阻的炉料（或熔渣）电极不能深插，电弧在料面上燃烧并使与之接触的炉料发生熔化等冶金反应，这便是开弧熔炼过程。开弧并不等于是电弧敞露的，在多渣冶炼的矿热炉熔池中电弧可被涨泡的熔渣（泡沫渣）所包裹，而这种涨渣埋弧往往比炉料或熔渣埋弧会获得更高的电热效率。

矿热炉熔池还可按电极数目、排列和炉形，以及熔炼成渣量或它们兼有能量特性来分类。

4.1.1 无渣法熔池

无渣法熔池基本为埋弧冶炼。埋弧无渣法熔池熔炼的产品，在从矿石中还原有用金属时具有无渣或少渣的特点，并且具有相近的熔池结构，如硅铁、金属硅、二步法硅铬合金和含硅高的硅钙合金等矿热炉的炉膛都具有相似的坩埚形状炉膛结构，如图 4-1 所示。无渣法熔池结构往往称为坩埚，所谓坩埚，就是电极四周空腔，SiC 和 SiO_2 形成的坩埚壁、坩埚顶，以及熔融的金属和 SiC、SiO_2 为主的坩埚底组成的反应区。电弧发生在电极间和坩埚壁、坩埚底之间。坩埚中气体的主要成分是 SiC、SiO 和金属蒸气。坩埚顶部的炉料中含有大量的 SiC 和熔化的硅石。绿色 SiC 附着在焦炭颗粒周围，在下部炉料中已经无法观察到焦炭的存在。SiO 和坩埚壁上的 SiC 反应生成金属硅后落入炉底的金属熔池。坩埚壁不断地消耗和重生，维持着动态平衡。温度越高，合金中硅含量越高，坩埚的形成特征越明显。

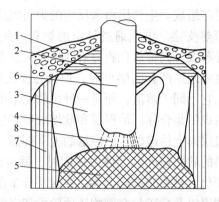

图 4 - 1　无渣法熔炼区坩埚结构示意图

1—疏松的炉料；2—混有 SiC、金属珠的熔化硅石；3—坩埚空腔；
4—熔化的硅石和结晶良好的 SiC；5—由疏松的 SiC、熔化的硅石、
孔隙中充满金属组成的炉底；6—电极；7—死料区；8—电弧

无渣法熔池坩埚区的温度分布见表 4 - 1。

表 4 - 1　无渣法熔池坩埚区的温度分布　　　　　　　　（℃）

坩埚空腔	坩埚壁	坩埚壳	炉　料
2000 ~ 3000	1800 ~ 2000	1500 ~ 1800	< 1500

硅和硅合金是由气相 SiO 生成的，新生相的晶核是在异相界面形成的。因此，硅主要是在坩埚壁上生成的。反应温度、坩埚壁的表面积大小决定了硅的产率，坩埚的大小决定了操作电阻和电极的埋入深度。过多的 SiC 在坩埚壁上积聚使坩埚区缩小，导致电极位置上移。

4.1.2　有渣法熔池

相对于无渣法，有渣法熔池熔炼的产品在从矿石中还原有用金属的同时伴随大量炉渣生成，又有埋弧有渣法和埋弧 - 明弧有渣法之分，熔池结构差异较大。

4.1.2.1　埋弧连续法有渣熔池

有渣熔池是各种各样的，其结构有的连续发生变化，有的则是周期性发生变化。这些变化是由液态产物的聚积和出炉、料面下沉、加入新炉料引起的。

对埋弧有渣熔池的结构，日本的研究者曾解剖了 50kW 炼铁试验矿热炉。首先按正常配料和电气参数进行连续有渣法操作，将炉况调整到稳定后，停电、充氮冷却使熔池"形象定格"，然后拆炉解剖分析，并将熔化和还原过程加以复原，绘制成的剖面图如图 4 - 2 所示。可见，这种熔池是由生料层、软熔层、残

炭层、熔渣层和铁水层等组成。生料层由未反应的炉料组成，炉气能够通过松散的生料层并与炉料进行热交换。电流通过导电的炉料产生热量，使料层温度升高，此时炉料发生水分蒸发、高价氧化物分解或被 CO 还原成低价氧化物。当高于矿物原料的软化温度或还原产物的熔点时，炉料会发生软熔，即形成软熔层；这种软熔层有时很厚，它不同于熔渣，而是一种由软化了的半熔融状态矿料、炉渣及浸入渣内的焦末组成的集合体。炉料层和软熔层所产生的电阻热很少，软熔层所需的热量是由残炭层向上传递的。软熔层的上下部温差较大，下部是还原反应的主要部位。当炉料的软化速度大于还原速度时，就会出现炉料的过早熔化，使熔池导电结构发生变化，导致残炭层上移。残炭层分布在电极四周软熔层与熔渣层之间，是块矿或球团以及精矿粉在固相还原阶段和在熔融层中未耗尽炭粒的沉降、聚集而成，由于炭粒与熔渣的密度差以及两者的不湿润而发生分离，残炭颗粒浮于渣层之上。

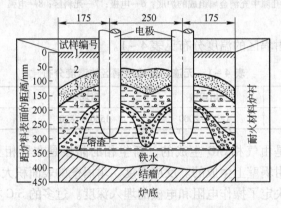

图 4-2　熔炼铁矿球团的 50kW 实验炉解剖图
1—料面；2—预热层；3—炽热层；4—软熔层；5—残炭层

这种熔池内残炭层的形成和作用，与工艺条件有关。图 4-2 所示熔池的工艺条件，其配入的还原剂就既为足量又是机械强度高和相应反应性低的焦炭（硬炭），以致才会形成块状石灰、其他未还原矿物原料与焦炭颗粒一起组成的较厚残炭层；还原的铁滴通过残炭层空隙并受到渗碳作用而达到碳饱和，然后沉积于熔池底部；由于低钛熔渣中含有大量 CaO 等溶剂组分和炉温较低，则其电阻率较高，电极可以穿过残炭层而插入渣层，但此种熔池的高温区不是在电极与熔渣的接触部位，而是在残炭层下部。

4.1.2.2　间断法多渣熔池

间断法的多渣熔池主要应用于硅热、铝热等金属热法铁合金及碳热还原的电熔耐火材料和熔炼焊剂等。间断法熔炼过程是周期性的，即一炉一炉地进行，炉料的大部分是每炉次通电前或熔炼初期一次性加入。电极能够插入料堆内并在其底部起弧，使炉料熔化和发生还原反应，生成的金属和熔渣沉入熔池底部并在两者密度差异作用下分层和分离，熔体上的炉料层也随之下降，最后成为平熔池。炉料不能自沉的主要原因是炉料的软熔点较低而导致料堆上部结壳，其凝壳通常留在下一炉次再捣落。间断法熔炼钛渣末期的熔池形态如图4-3所示。

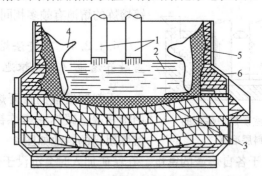

图4-3 间断法熔炼钛渣末期的熔池形态

1—电极；2—熔渣层；3—铁水与死铁层；4—凝壳；5—死料层；6—炉衬

间断法熔炼的电弧功率和电阻功率的比率取决于熔炼产品所要求的工艺条件。例如，金属热法的还原过程要放出大量热，按对微碳铬铁熔炼的热平衡计算，只有总热量的52%为输入电能供给，电能除了补偿电损失和热损失之外，大部分都消耗在炉渣电阻上，这对一定组成（即一定电阻）的熔渣就要求有一定的渣层厚度。又如电熔镁砂，为满足高的还原除铁、硅等及MgO熔化量，必须使电弧功率比例达到0.65左右。再如熔炼钛渣虽然只需将钛铁矿的铁还原，而还原氧化物又可以在较低温度即电阻制度下进行，但与上述两例不同的是，熔炼钛渣的炉料和熔渣的电阻率很低，若按电阻制度运行就得采用极小的电压电流比，这样做不仅电效率和冶金效率低下，更重要的是不能满足熔点高和短渣性强的钛渣熔体对热量的需求。因此，以能量特征为高电弧功率比率的熔池来熔炼钛渣，才是符合其自身规律的。

4.1.2.3 连续薄料层多渣熔池

连续薄料层多渣熔池的应用，可以说是始于尤代法电炉炼铁。20世纪40年代初，尤代研制成功一种直接使用铁精矿炼铁的方法，以后又出现附加预还原回转窑的改进型，如安装在委内瑞拉的33MW矿热炉。这种矿热炉的熔池结构如图4-4所示，其突出的特点是粉状炉料沿矩形矿热炉的四周炉壁加入并堆积，而电极周围的高温化料区靠堆坡下淌的炉料来始终保持渣面上的薄料层。

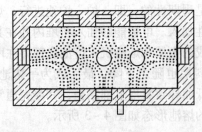

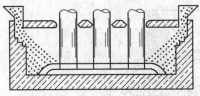

图 4 - 4　尤代法矿热炉炼铁的
连续薄料层冶炼

加拿大魁北克铁钛公司（QIT）最早将这种开弧连续薄料层的尤代法工艺创造性地应用于熔炼钛铁矿生产钛渣和生铁。可以认为，加拿大 QIT 矿热炉熔池的结构和变化及其能量特性、电弧行为、传热方式以至操作方法等，既保存有尤代法的特征，也与铜镍锍熔炼的熔池有颇多相同或相似之处。

4.1.2.4　有渣法熔炼中的无料层覆盖敞开熔池（开弧熔池）

无料层覆盖的敞开熔池在冶金中的应用很普遍。碳热法熔炼钨铁和电炉还原法熔炼粗锡的熔池如图 4 - 5 所示。由于这两种精矿的密度都大于各自熔渣的密度，在精矿加入时会沉没于熔渣层中，而精矿的还原则是靠补加于渣面上焦炭的"扩散脱氧"。

电炉炼钢在熔毕形成熔池后，都是自始至终不存在料闭状态，呈现的就是典型的敞开熔池。虽然炼钢精炼期需要加入石灰、铁矿石、合金剂和脱氧剂等，但渣面上基本没有这些物料的堆积。

利用喷吹或搅动使炉料进入熔体的熔池熔炼，算是"正宗"的敞开熔池。在空心电极加料的直流矿热炉中，已有炼铁的电熔融还原法（ELRED 法）及铬铁和钛渣的直流－空心电极电炉的熔炼，它们都是将各自的精矿与炭粉配成的混合料顺着电极中空被载气及其转化为等离子体射流送至熔渣或（和）铁液层中，成为无料层覆盖的敞开熔池并进行"熔池熔炼"。此类熔池的结构如图 4 - 6 所示。

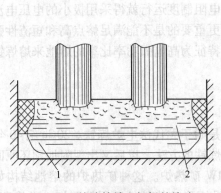

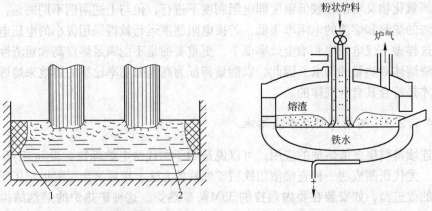

图 4 - 5　熔炼钨铁和粗锡的熔池

1—金属液；2—熔渣

图 4 - 6　电极中空加料的
直流矿热炉熔池

除了电极横置的间接加热式电弧炉的敞开熔池，其余的生产实践证明，例如炼钢精炼期的时间虽长却要比以敞露弧为主的废钢熔化期的电耗低得多，熔炼钨铁也并未因渣面无料覆盖而降低热效率，直流－空心电极矿热炉熔炼铬铁和钛渣的技术经济指标还高于常规工艺。这都是得益于熔渣特别是泡沫渣，敞开熔池虽无料层覆盖却有热导率与多种耐火材料相当的熔渣层，其保温性能本就不差于含有焦炭的料层，如再泡沫化则其热导率还要降低二三十倍，因此渣埋弧熔池并不逊于料埋弧熔池。

4.2　熔池物理模型

4.2.1　物理模拟方法

矿热炉熔池中进行着复杂的热能转换和动量传输等物理过程（或现象），而这些物理过程又与冶金过程密切相关，并直接影响到冶金效果，所以对熔池的研究与测试也就成为优化生产和提供设计不可或缺的一种手段。由于受矿热炉熔炼高温和恶劣条件的限制，很难且至少目前无法直接进行试验和测试，因此对这类工程问题就只有利用相似原理与模拟试验来近似地进行研究。模型试验即模拟，又称为仿真。它是不直接研究过程本身，而是用与这些过程相似的模型来研究的一种方法，可分为数学模拟和物理模拟。物理模拟是指在不同尺寸规模的某个实物（原型）及介质上，以物理方法再现模拟研究过程的某些特征，而这是通过在物理模型上直接试验来实现的。

模拟遵循的是相似准则。相似准则是将几何学中的相似概念推广应用于物理相似的学说。根据相似三定理，正确的模拟必须遵循以下基本条件：

（1）模型的过程和原型的过程应当属于同一类，可用同一个基本微分方程组描述；

（2）模型与原型必须呈几何相似；

（3）在模型和原型的对应断面上，相似准数在数值上必须相等；

（4）模型和原型的基本微分方程中的同名物理参数必须相似，即相应地成比例；

（5）模型和原型必须在边界条件上相似；

（6）模型的时间条件（稳定过程或非稳定过程的初始条件）必须与原型的相应条件相似。

早在 20 世纪 50 年代，人们就开始了对矿热炉熔池的各项模型试验。

4.2.2　熔池电场

4.2.2.1　熔池电场及其等效模型

由电磁学理论可知，在带电体作用的空间存在一种物质，称为电场。任何运动的电荷或电流在其周围不仅有电场，而且还有磁场，由运动的电荷或电流而形成的电场和磁场统称为电磁场。通常把不随时间而变化，静止电荷产生的电场称为静电场，在场源随时间变化的频率很低如工频（$f = 50\text{Hz}$）的情况下，也可按静电场的规律进行分析与计算。电场可以用电力线来形象地描述。一个带正电球体周围的电场电力线向外，带负电荷的电力线向内，于是一个带正电球体周围的电场就可以用许多条呈辐射状的电力线来描述。电力线是从正电荷出发，到负电荷终止；电力线必须垂直于带电体的表面，并且任何两条电力线都不会相交，也不会中断；电场中电力线与等压位正交。由于电场分布在三维空间，画在纸上的电力线就只能是三维曲线簇的二维截面图。

电能转变为热能的转化率，在很大程度上取决于熔池里电流的分布情况。利用炉体解剖方法虽可以知道熔池结构，却无法"看到"熔池内电流分布形态即电场，而模拟试验可以"探查"到熔池内电流的行踪与分布，并可用电力线进行描述，进而做出定量表征。

在矿热炉熔池的研究中，采用水模型为最多。根据相似原理，在溶液导电电场中，电流密度分布规律与溶液介质的电导率无关，仅取决于电极形状、尺寸和相对位置以及模型形状、尺寸，因此可用室温水或稀盐水溶液代替高温熔渣进行模拟试验；此外，也有以焦末、铁屑或熔融炉渣作介质的模拟试验（后者也称为火模型）。

当电流自电极进入熔池后，会因多种导电性不同的介质而使熔池磁场的形状变得复杂，但由于导电性均一，熔体组成的多渣熔池则较为简单。矿热炉的原型与模型能满足相似准则，包括几何相似（炉子的主要尺寸、电极、电极间距、熔池渣层及电极在其内插深）和电相似（电场、磁场及电压、电流、功率），而以电场相似的准数最为简单，同时又是最可靠的近似相似准数。在电场的各相似点上电压一定，这是电场相似的条件，如将电场各不同点的电压用无量纲单位表示，即用该点的电压降与相电压的百分数表示，则在相似电场中各相似的点上应有同样大小的电压降。

模型可以用塑料或钢板制作成桶形、槽形来模拟圆形、矩形矿热炉及其耐火砖衬或炭砖等导电内衬。以图4-7所示的水模型模拟熔池电场为例，讨论其等效关系。选择矿热炉实用结构为物理模型，便可以在一定的假定条件下，将矿热炉电场的问题用水模型的电流场模拟求解；或者根据电磁场理论，应用静电比拟及镜像原理将电流场问题转化为静电场问题，再用分布电荷法求矿热炉中

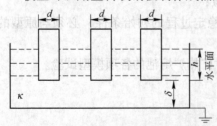

图4-7 电极按正三角分布的三相
矿热炉熔池水模型示意图

电流场的边值问题的近似解，进而推导有关场的分布及相关的电参数。镜像法是一种计算静电场或稳定电磁场的方法，其原理主要是用假想的镜像源代替不同媒质分界面对电磁场的影响。在静电场的求解中，常把电位函数 φ 作为直接求解量；边值问题是在适当的边界条件下，求解满足泊松方程或拉普拉斯方程的电位函数，即 $\nabla^2\varphi=0$（∇^2 为拉普拉斯算子）。

首先，对原型矿热炉做某些必要的假设：

（1）电极插入的熔渣是一定温度下电导率为 κ 的均匀导电介质，为似稳电磁场，满足欧拉－泊松方程 $\nabla^2\varphi=0$；

（2）由于电极的电导率远高于熔渣的电导率，故可以认为电极浸入熔渣部分为等位体；

（3）熔池底存有金属溶液，故电位为零，而矿热炉内衬炭砖或镁砖的电导率一般比熔渣高，且与零电位金属溶液相连，可作为零电位考虑；

（4）由于熔渣表面电流密度法线分量 $\delta_n=0$，故为第二类边界条件 $\partial\varphi/\partial n=0$。

图 4－7 所示的水模型是钢板外壳，内盛电导率为 κ 的电解质溶液，当接通三相电源，每个电极对参考点的电位分别为 φ_A、φ_B、φ_C，圆桶外壳接地，则水溶液中电流场边值与原型矿热炉熔池中电流场一样，可表示为：

（1）水溶液中：欧拉－泊松方程 $\nabla^2\varphi=0$；

（2）边界条件：电极电位分别为 φ_A、φ_B、φ_C；

（3）外壳电位：$\varphi=0$；

（4）水溶液表面：$\partial\varphi/\partial n=0$。

在对熔池电场的物理模拟研究中，大多是将模型通电后测得的电位降百分数相等的区域用想象线连接起来，从而构成在电极周围一层层等位面，同时又可用想象线来表示电流流通方向和大致的密度，由此便可得到一幅直观、形象的电场图。如果炉子尺寸的改变遵守几何相似的原则，同时电压降又是以百分数计算时，则其电场的形状、等电位面和电流线的位置将与实型矿热炉的工作电压、炉渣导电性、炉子尺寸无关。

4.2.2.2 单相熔池电场图

使用圆柱体电极和导电炉底的单相矿热炉（或直流矿热炉）的熔池电场最为简单。这种矿热炉的电场对称于电极中心线，无论是负荷不均还是矿热炉上存在着导电性差异极大的金属和熔渣层，都不会破坏电场的对称性。由模型（$d=20\text{cm}$、$h_0=9\text{cm}$）试验得到的熔池电场图如图 4－8 所示，图中实线表示电力线，可见电流都是从圆柱体电极的端面和侧面流出且流线方向与电极面垂直；侧面电流离开电极便迅速弯曲向下，最后几乎垂直地流入炉底。图中虚线表示等位面，它是电场空间中电位相等的点的集合组成的曲面。等位面的重要性质就是等位面

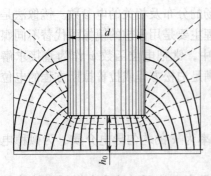

图4-8　单相熔池电场图

处处与电力线垂直，而等位面密疏程度可以反映场强的大小。各等位面几乎保持它们的相互平行性，这很像摞在一起的碗，在等位面达到炉衬面附近时与之相交而终止。

通过对电极不同部位的间隔绝缘，可以测定电极端面、侧面和垂直各段流出电流的情况；而改变电极直径和电极端至槽底间距，则可模拟出实际矿热炉熔池的某些变化规律。试验结果表明，增大电极直径及电极端部与炉底间距时，电力线变得稀疏，包括等位面在内的弯曲程度都变缓；而减小电极端部与炉底间距时，等位面趋密。

在单相炉内如果插入第二根电极，电场图会发生很大的变化，因为如此装置电极，电流不仅在电极与炉底之间通过，还要在电极-金属-电极之间通过。

4.2.2.3　三相熔池电场图

三相矿热炉熔池电场的形状更为复杂。图4-9所示为三相电极直线排列、电极直径10cm、电极插入深度分别为5cm和10cm的电场垂面。图4-10所示为电极直径10cm、电极处于导电介质面下3cm的电场平面图。

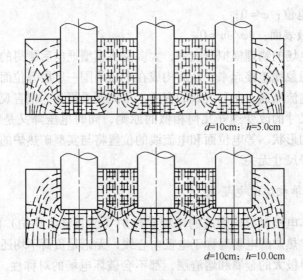

$d=10$cm；$h=5.0$cm

$d=10$cm；$h=10.0$cm

图4-9　三相熔池的电场图

从图4-9中可以看出：电流是从被埋入导电介质的电极圆柱体端面和侧面全方位地流出；等位面在电极端下部是与电极呈垂直且相互平行的分布，在电极

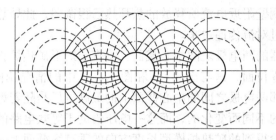

图 4 - 10 直列电极三相矿热炉水平剖面图

（电极直径 $d = 10cm$）

底面周边向外便开始向上弯曲，离开边电极外侧并斜向炉壁，而在两电极之间则是垂直向上；同时还可以看到电极各部位流出的电流走向不同，电极端头电流流向炉底。

在横面图（图 4 - 10）中实线所见的，电极相对面之间互通电流，而电极面对熔池壁的侧面电流则流向炉底，这说明边电极流向中间电极的电流只有一半。

在电场横面图看到的等位面（图 4 - 10 中虚线）分布情况，其特点是边电极外侧的分布密度明显小于电极内侧的分布密度，而且两个边电极的等位面不能与中电极等位面交叉，这说明无论电极间距如何只能改变其内的电位梯度而不能加和。

除炉底导电的单相炉和直流炉，电极插入熔池区域中的电流流动路线，如模拟试验所证明的有两条路线：一条是从电极侧表面辐向流出途经导电体进入另一支电极或另一相电极的闭合电路，即电流沿电极 A→炉渣→电极 B 通过的路线，称为角形电路，电流称为角形电流，其负载则是角形电阻；另一条是闭合在炉底或金属层的回路，它是经过电极 A→炉渣→金属→炉渣→电极 B 的路线，则相应称为星形电路、星形电流、星形电阻。由于星形回路的电阻主要是电极与熔渣接触面的气隙或电极与金属间的电弧，故常称星形电路电阻为电弧电阻。这里需要说明的是，熔池中电流的"星形"和"角形"之分，与变压器二次绕组的"星形"连接或在电极上的"三角形"连接毫不相干，完全是两回事。

4.2.2.4 三相六电极矩形熔池电场图

三相六电极矩形矿热炉与其他的三相矿热炉有些不同，它多是由 3 台单相变压器供电，每台变压器接一对电极，这样的矿热炉可以看成是由 3 个单相双极熔池组成。中南大学周子民采用水模型研究了这种熔池的电流分布等，其中在炉子宽度方向（横向）的电极中心线截面上的电流分布如图 4 - 11 所示（因图形对称性而画出熔池的一半，图中的箭形线表示电流的相对大小和方向）。由图 4 - 11 可见，横向电流分布的特点对各种炉子都基本相同，即电流密度由熔池至侧壁逐渐减小，在侧壁附近电流所释放的焦耳热已很微弱，此处热量主要靠电极附近的高温流体通过对流传递过来。

对同一变压器的两电极之间中心截面，垂直于矩形矿热炉长度方向的电流为零，因为它们是零位面，这与图4-9和图4-10中的情况相同。但实验证明，不同变压器的相邻两电极之间的中心截面上的最高电压是随着熔池的深度、电极插入深度等因素的不同而变化的，而这一电压借助于等效电路的方法分析计算是无法确定的。实验得到的矿热炉模型长度方向的垂直纵截面上一个电极附近的电流分布如图4-12所示。明显可见，由于与左右相邻两电极之间电压的大小和相位均不相同，两侧的电流分布也不一样。所以，对六电极矿热炉来讲，有一个星形电流，有两个不同的角形电流；同一变压器两电极之间的角形电流大于不同变压器两电极之间的角形电流，其比值随实验条件而变，为1.3~1.8；两个角形电流的相位也是不相同的。这是三相六电极矿热炉与其他三相电极矿热炉所不同的。

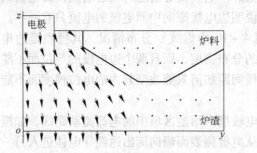 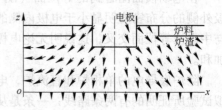

图4-11　矿热炉横截面上的电流分布　　　图4-12　矿热炉纵剖面上的电流分布

4.2.3　电极电流在熔池内的分布

水模型研究了电极电流在熔池内的分布及其与电极插深、电极间距、熔池深度等的关系。

4.2.3.1　电极插深的影响

研究单相双电极熔池由电极侧表面流出电流即角形电流 I_n 和电极端面流出电流 I_m 的比例变化，如图4-13所示。图4-13表明，随着电极插入深度（用电极端与炉底间距离 h_0 与熔池深度 h 之比 h_0/h 表示）的增加，即 h_0/h 值的减少，通过侧表面的电流 I_n 不断增大，在 $h_0/h \approx 0.25$ 时，I_n 增加到全部电流的75%；而通过电极端的电流 I_m 在全部电流中的比例值随电极插入的逐渐增大而减小，尽管电极插入时电极端面更接近于炉底（金属），但在 $h_0/h \approx 0.25$ 处却相应降至25%。由此说明，电流的分布是与插入熔池的那一段电极面积成比例的。此外，在电极插入很浅时，两种电流值不相上下，当 $h_0/h \approx 0.9$ 时，$I_n = I_m$，如图 4 – 13 中再向右延伸即电极位置达到和离开熔池表面，I_m 将急速成为主导。

4.2.3.2 熔池深度的影响

角形电流 I_n 与导体层厚度 h 的关系如图 4 – 14 所示。可见角形电流（以占总电流百分数表示）将随导体（熔池）高度的增加而依直线规律增大。

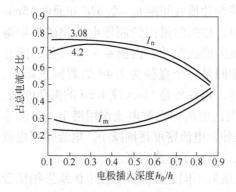

图 4 – 13 电极至熔池的电流通过情况与
电极插入深度的关系

（曲线旁数字为电极直径，cm）

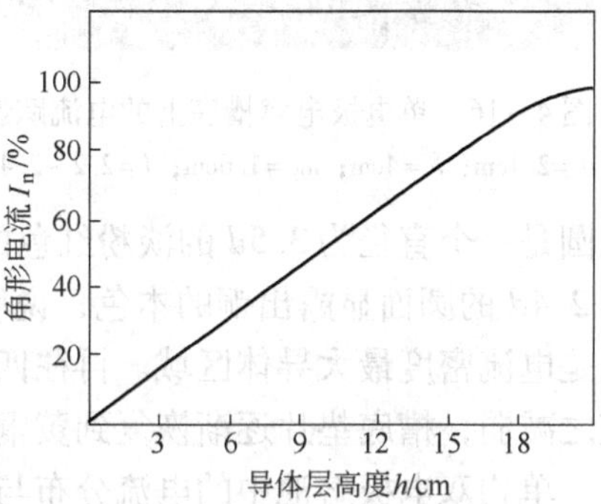

图 4 – 14 电极流过的角形电流 I_n 与
导体层高度 h 的关系

4.2.3.3 电极直径的影响

有实验结果（图 4 – 15）证明，随着电极直径 d 的增大，电极之间的电流 I_n 增大，如电极直径由 8cm 增至 11cm 时，I_n 差不多增加到两倍。相应地，I_m 却是随 d 的增大而减小，还可以从图中见到由 2 号电极通过的星形电流要比 1 号和 3 号的小得多。

4.2.3.4 电极间距的影响

电极间距对角形电流变化的影响：有实验指出，当电极中心距离从 80mm 减小到 60mm（相当于实型从 3000mm 减小到 2250mm）时，角形电流相对值大致按心距减小的同一比例增大。

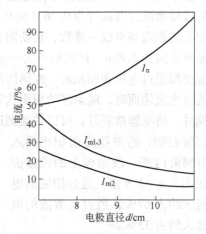

图 4 – 15 电极流过的角形电流和
星形电流与电极直径的关系

4.2.4 利用电流踪影研究的熔池电场

在实验电解槽槽底铺上黄铜（铜锌合金）片，通电，黄铜片表面上的锌首

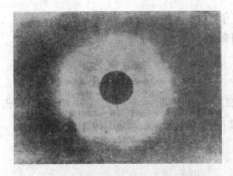

图 4 – 16 单电极电解槽底上的电流踪影
($d=2.4\text{cm}$; $h=4\text{cm}$; $h_0=1.6\text{cm}$; $I=2.2\sim2.4\text{A}$)

先被电化学溶解成锌阳离子而逐渐减少，并随着电流大小和电流作用时间的不同，黄铜片面的颜色会发生变化。利用这样的实验装置便可拍摄到电流经槽底留下的"印迹"。图 4 – 16 所示的是在溶液深度 $1.67d$、电极插深 $h_s=d$、电极端至黄铜片槽底间距 $h_0=0.67d$ 和通电 15min 时，拍摄的模拟炉底导电单相矿热炉熔池的槽底照片。由图 4 – 16 可见，照片中间是一个直径为 $2.4d$ 的紫铜色圆面，外圆是一个直径为 $3.5d$ 的淡粉红色的圆环，再往外是 11cm 或 $4.8d$ 的黑色圆圈。这 $2.4d$ 的圆面显露出铜的本色，说明它表面层的锌已被电流作用溶出，显然这正是电流密度最大导体区域。再往四周延伸，电流密度逐渐减小，电流作用也就随之减弱，槽底垫片逐渐恢复到黄铜颜色，即成了电流盲区。

单相双电极熔池中的电流分布与单电极的不同之处同样可在电流踪影拍摄看到。槽底电流显著向电极侧偏移，电流密度最大的两个铜色踪影圆区的中心都偏移到电极中心外侧，偏离度大约 10%。在两电极之间有一条不通电流的中性区（电极间距 l），其宽度在电流通过电极全表面时为 $0.26l$ 或 0.44（$l-d$），而仅电极端面通过电流时为 $0.163l$ 或 0.271（$l-d$）。电流踪影区的边缘至电极投影中心的距离基本成一常数，在朝向另一电极方向上为（$0.92\sim0.94$）d，朝向侧槽壁方向为 $1.88d$，即比前者大一倍；在垂直于纵向中心线的方向上为 $1.5d$。电流全部通过电极表面积时，踪影区的面积约等于电极截面积的 10 倍；而电流仅通过电极端面时，踪影区的面积约等于电极截面积的 6.6 倍。在电极中间加装黄铜片，将电解槽隔开，可以拍摄到通过电解液形成闭合回路的那部分电流踪影。

实验表明，这块踪影面积比插入电解液内那一段电极上的投影面积大 $3.4\sim3.8$ 倍，通过槽底的电流大约占 67%，通过电解液的电流大约占 33%。

以上这种双电极的电流分布，也基本适用于三相电极单列布置的两个边电极的情况。

从图 4 – 17 所示的电极（$d=3.2\text{cm}$）单列布置三相电解槽槽底上的电流踪影照片可见，两个

图 4 – 17 三相电解槽底上的电流踪影
（$d=3.2\text{cm}$; $h=5.4\text{cm}$; $h_0=2.2\text{cm}$;
$l=8\text{cm}$; $I=3.4\sim3.8\sim3.4\text{A}$）

边电极电流分布情况与单相双电极的基本相同，但中间电极的电流踪影面积和形状与边电极的不一样。虽然中间相的电流要大12%～15%，但中间相电极下面的电流踪影区面积却小得多，形状则呈对称的椭圆形，电极之间也具有与双电极一样的中性区段。

按等边三角形布置电极的电解槽里三块电流踪影区分布是对称的，它们的面积也相同；它们的中心是沿着电极与电解槽中心的连线向外侧偏移的。

4.2.5 输入功率在熔池内的分布

4.2.5.1 模拟实验

可以利用水模型研究矿热炉熔池内的功率分布。在实验模型中，功率以电压降百分数表示，为了能确定电极与渣层接触处的电压降，选择测定距电极100mm的区域，而这个区域可用作比较实型与模型的电场的控制点。对于为实型尺寸1/36的水模型，与实型相似的这个点的位置应在距电极2.8～3mm处。

在该水模型实验中，研究者曾发现，模拟熔渣的氯化钾溶液如果为非沸腾状态，则测得在不同的电极插入深度下、在距电极3mm处的电压降值，都比在实型相似点测到的小得多。经查明，这种情况的模型与实型不相似的原因在于，实际矿热炉中电极插入渣层的部位会在电弧推力作用下形成"气袋"（图4-18），它把熔渣与电极隔开，以致在其间产生大量微小的点状电弧形式的微弧，使此处电压大大降低和放出大量热。当改用电极附近有激烈沸腾溶液的即被称为有蒸气袋

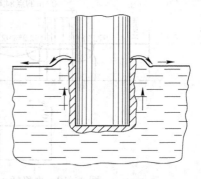

图4-18　电极与熔池
接触区形成的气袋

的模型实验时，则测量有蒸气袋的水模型在距电极3mm处的电压降时，其值就很接近实型上相似点的值了。

在溶液沸腾状态下的模型实验考查电极不同插入深度（浅、中、深）的电压降变化。对溶液厚度30mm，将电极插入其中1/30的浅插和14/30的中等插入深度的功率分布情况表示成实型矿热炉的电场，如图4-19和图4-20所示。图中的粗线代表电力线，曲线上的数字为电极和电场该点之间的电压降（以相电压的百分数表示）；细线代表等电位面。从图4-19所示的电场形状可见，在矿热炉中距电极周边100mm处的电压降达到84.4%，此值也即是相应放出的功率。而在电极插入熔池深度为14/30的距电极100mm处（图4-20），电压仅为43.4%。这表明，随着电极插入深度的增加，电极与渣层接触处放出的功率

减少，而且当电极深插至 25/30 时会降到 37.5%。总之，从模拟实验结果看，电极在熔池内的深度对功率分布的影响主要表现在电极浅插时电极与渣层接触处放出功率的激烈变化，如电极从渣层表面浅插情况下，电压降会急剧地降至 53%~55%，而电极再深插其变化很小（从 53%~55%降到 43%~47%）。

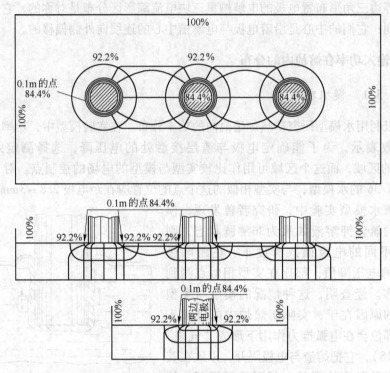

图 4-19　电极插入熔池很浅（1/30）时电流的电场

上述情况产生的原因，是由于电极浅插时气袋面积小，以致通过气袋的电流密度特别大、有效导电体积小，从而使热量高度集中于电极附近的熔池表面；而在电极插入熔池相当深时，气袋面积已经扩展为很大，所以此区域的电流密度很小，并导致了电极－熔渣接触处放出热量被分散到扩大了的熔池热区中，表现为电极附近的熔池表面电压降减小，另外也由于气袋隔层面积在电极深插的情况下已相对稳定，此区域的电阻也就不再有太大的变化，当然在同样电流通过时产生的电压降也就不会有太大变化。

除了电极插入深度影响熔池功率分布外，渣层厚度、电极直径、电极底端形状以及熔池形状等，对电场的形状也有一定的影响。熔池中渣层厚度的增大，会使等电位面稍向离开电极方向发展，以致电极－炉渣接触处放出功率有所减小，如当电极插深不变、熔渣层厚度由 700mm 增至 1400mm 时，接触处的电压降从

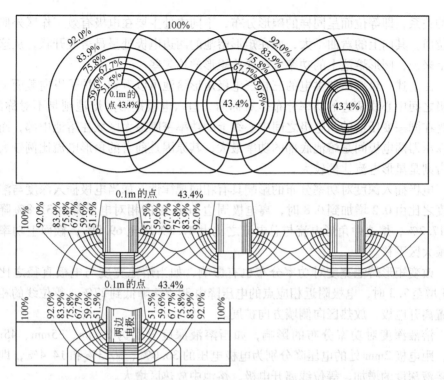

图 4－20　电极插入熔池中等深度（14/30）时电流的电场

50%减至40%；由于熔池加热区的增大，将有利于矿热炉的热工作。从图4－19和图4－20中可看到，电极在插入深度大时也会使熔渣本体加热区扩大。在电极中心距和电极插深不变时，减小电极直径会使等位面向电极中心密集，并使传导电流的熔池容积减小，但此时电场总图没有变化。电极底端形状呈笔尖状时，等电位面将以类似圆锥体的形状围绕电极笔尖面展开，因此等电位面在熔池表面上的出口比圆柱形电极的离电极要远一些，而电极至炉渣接触处的电压降会大一些，如图4－21所示。

与矩形矿热炉熔池的功率分布相比，圆形三电极熔池同样保持有电极与中心

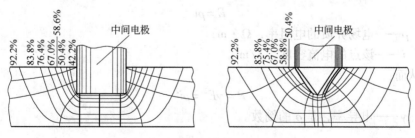

图 4－21　电极底端形状对电场的影响

线的关系，即等位面呈同样的碗形分布，不同之处主要在电极有效工作区外侧的等位面，其向上的弯曲不大，而在矩形熔池的两边电极处呈显著展开状，从这一点上来说，圆形熔池上的功率分布要比矩形的均匀些。

由上述一台变压器供电的三相三电极矩形熔池可以看到，炉子纵向截面上的电极之间中心线两边的功率分布是对称的。但六电极矩形炉熔池则是不对称的，因为在同一变压器的两电极之间中心线上的功率密度最大区域在熔池中部，而不同变压器两电极间是熔池底部的功率最大，其原因是前者的角形电流比例较大而后者则是星形电流比例较大。

电极插入深度对功率分布的影响具有相同规律性，如当电极插入深度与溶液深度之比由 0.2 增加到 0.8 时，离电极周边 2mm 处的相对电压降由 31.8% 降低到 17.2%，熔池中角形电流与总电流之比由 47.5% 增至 69.5%，截面上功率密度最大区下移。

改变矩形熔池宽度对功率分布也有影响，如当熔池宽度与电极直径之比由 5.5 增至 7.3 时，电极附近相应点的电压降由 30.7% 降低到 27%，等位线的相对位置离开电极，放热区向侧墙方向扩展。

溶液深度对功率分布的影响，如当溶液深度分别为 25mm、35mm、45mm 时，距电极 2mm 处的电压降分别为电极电压的 36.0%、30.3% 和 14.4%，即随着溶液深度的增加，等位线离开电极，熔池中放热区增大。

4.2.5.2 依电场理论推导熔池功率分布

上面介绍了利用物理模型获取熔池功率分布的方法，下面以电场理论进行定量推导与分析。

熔池电场导体中的电流分布是不均匀的，故不能利用焦耳定律公式 $P = I^2 R = \dfrac{U^2}{R}$ 进行计算。这里假设在距电极中心 r 的圆周上某点的功率密度 $P(\mathrm{W/m^3})$ 为：

$$P = \frac{\mathrm{d}P}{\mathrm{d}v}$$

根据欧姆定律，电场中某点的电场强度 E（V/m）为：

$$E = \rho i$$

式中　ρ——电场介质的电阻率，$\Omega \cdot \mathrm{m}$；

　　　i——该点的电流密度，$\mathrm{A/m^2}$。

从而：

$$P = \gamma E^2 = \rho i^2$$

式中　γ——电导率，是 ρ 的倒数。

又因为：

$$i = \frac{I}{2\pi rh}$$

式中 h——导体层高度，m。

故：
$$P = \rho i^2 = \rho \left(\frac{I}{2\pi r h} \right)^2 \frac{1}{r^2}$$

其中：
$$\rho \left(\frac{I}{2\pi r h} \right)^2 = \text{const} = k$$

则：
$$P r^2 = k$$

由于电极周边功率密度 $P_0 = \left(\frac{I}{2\pi r_0 h} \right)^2$（$r_0$ 为电极半径，m），因此电场中距电极中心 r 处的功率为：

$$P = P_0 \left(\frac{r_0}{r} \right)^2$$

由此式可知，在电极周边（$r = r_0$ 处）的功率 $P = P_0$，功率密度最大，随着距离 r 的增大，电热功率将按平方规律衰减。显然，对单电极电场，在电极周围的电热功率呈同心圆分布，且等径圆周上的功率密度是相等的。

同理，可推导出双电极电场的电热功率分布。在双电极电场中（图 4-22），在任意距离 A、B 两电极为 r_a、r_b 的 m 点上，功率密度为各自两电极产生的功率密度的叠加，即：

$$P_m = P_{ma} + P_{mb} = P_0 \left[\left(\frac{r_0}{r_a} \right)^2 + \left(\frac{r_0}{r_b} \right)^2 \right]$$

图 4-22 中的阴影区域的导体受电极电力线作用，该区域的电热功率可视为单电极作用下的功率，即 $P_m = P_0 \left(\frac{r_0}{r} \right)^2$。据上推导可知，电场（熔池）中任一点处的 P_m 与 α、β 和该点距两电极中心距离 r_a、r_b 有关。按这一关系式计算的功率曲线呈"哑铃"状，如图 4-23 所示。在各个等功率线上，各点的功率相等。等功率曲线在两电极间对称于两心连线形成的凹陷（此与模型试验得到的一致），其凹度与电极间距有关，间距大，则凹度大。

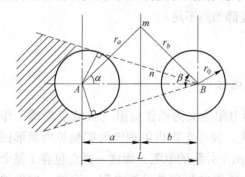
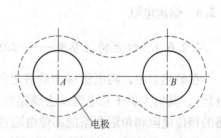

图 4-22 双电极电场示意图　　图 4-23 双电极矿热炉内功率
分布曲线示意图

与双电极熔池电场同理，在三电极熔池电场上任一点 m 的功率密度为三个电极各自产生的功率密度的叠加，即：

$$P_m = P_{ma} + P_{mb} + P_{mc} = P_0 \left[\left(\frac{r_0}{r_a} \right)^2 + \left(\frac{r_0}{r_b} \right)^2 + \left(\frac{r_0}{r_c} \right)^2 \right]$$

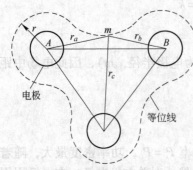

由此式计算得到三电极熔池横断面的等功率曲线，如图 4-24 所示。由图 4-24 可见，三电极对称布置的熔池等功率曲线呈"三瓣花"状。

图 4-24　三电极矿热炉内功率分布曲线

按电场理论得到的功率分布是熔池通过电流形成电场的情况，因而是电阻电热功率，其值随距电极中心 r 的增大成平方地减小。但如前所述，在多渣熔池的电热区即反应区，上面的公式也应是适用的。当然，准确地描述、计算电极端球面下反应区的功率分布，则是随距电极中心距离的增加按四次方规律衰减。对星形电路中的导电体（熔体），有：

$$P_m = \rho_m \left(\frac{I_m}{2\pi r^2} \right)$$

在电极端部球面处：

$$P_{m0} = \rho_m \left(\frac{I_m}{2\pi r_0^2} \right)^2$$

距离球面中心处：

$$P_m = P_{m0} \left(\frac{r_0}{r} \right)^4$$

这与模拟实验熔池内电极下端的等位面分布密度大，是异曲同工的。同时也说明，随着电极插入深度的减小，熔池热区将急剧向上转移，因此多渣熔池的渣层厚度一般要求在 $2.5r_0$，过大则熔池底部加热不足。

4.2.6　熔池电阻

4.2.6.1　熔池特性参数——熔池电阻

在矿热炉中，将电极端与炉底之间电阻定义为操作电阻（负载电阻或工作电阻），其值为炉子总电阻减去线路损失。操作电阻也可理解为矿热炉内星形回路的相位电阻和角形回路的相位电阻这两个并联的电阻，而这一概念包容了整个电流作用区即熔池，这样也就可以认为操作电阻即是熔池电阻。当然，准确地说，操作电阻应是熔池有效电阻。因此在某些场合下，两者能够互用。为了叙述上的方便,将操作电阻和熔池电阻皆以同一符号 R 表示。但需要指出,有的将熔池专指熔体占有的空间,故仅把炉膛内熔渣和铁水占有的空间内的电阻称为"熔池电阻"。不过这对炉料电阻很大或料层薄得多渣熔池即通过炉料的电流比例很小的情况下,这一概念也是可用的。

在开弧制度工作的矿热炉,电极电流几乎全部流经星形主回路,工作电压将绝大部分降落在电弧电阻上,因此电弧电阻也就基本反映了操作电阻的特性。就此意义而言,操作电阻即电弧电阻(如炼钢电炉即是这样称谓)。

熔池电阻是矿热炉熔炼的一个重要参数,它同时又是一个变量,在原料和操作大致相同的条件下,受电压、电流、功率以及电极直径、电极插深和电极间距等多个变量的影响。

任何的熔池电阻,都可以写成如下的计算式:

$$R = \rho k \frac{h_x}{S_x}$$

移项得:

$$k \frac{h_x}{S_x} = \frac{R}{\rho}$$

式中 ρ——整个熔池的平均电阻率即有效电阻率;

h_x, S_x——分别为熔池中电路长度和断面的几何尺寸;

  k——比例系数;

R/ρ——电阻的几何参数,其单位是计量长度的单位。

4.2.6.2 熔池电阻的物理特征

A 物理模拟的相似准数

水模型内的电流密度分布规律与被模拟的原型炉完全相同,而且两者的下述准数相等:

$$R_水 B_水 \kappa_水 = R_{熔体} B_{熔体} \kappa_{熔体}$$

$$R_水 = R_{熔体} \frac{B_{熔体} \kappa_{熔体}}{B_水 \kappa_水}$$

当两者尺寸比例1:1时,则:

$$R_水 = \frac{B_{熔体} \kappa_{熔体}}{\kappa_水}$$

式中 $R_水$, $R_{熔体}$——分别为电极间水溶液电阻和被模拟的电极间熔体电阻;

  $B_水$, $B_{熔体}$——分别为模拟试验槽和被模拟原型矿热炉对应的某个尺寸;

  $\kappa_水$, $\kappa_{熔体}$——分别为试验槽内水溶液的电导率和矿热炉中熔体在额定温度下的电导率(在电化学中通常用 κ 表示电导率,而不用 γ)。

B 单相单电极熔池电阻

多渣单相熔池的物理模型可有如图4-25所示的6种形式。

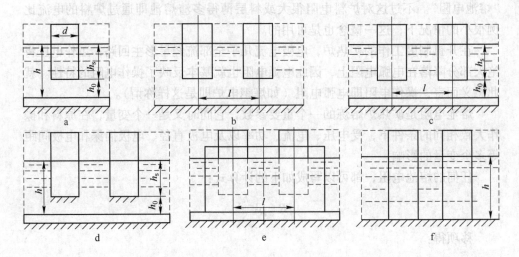

图4-25 有渣熔池模型示意图

对于单相单电极熔池（包括3台单相变压器供电的三相矿热炉），有如下的熔池电阻实验式：

$$R = \frac{R_m R_n}{R_m + R_n} = \frac{1.257 \rho h_0}{A}$$

式中 R_m，R_n——分别为熔池星形负载区和角形负载区的电阻；

ρ——熔池平均电阻率。

$$A = d^2 \left[\kappa_1^2 + \frac{h_0}{h_0 + 0.42 h_s} (\kappa_2^2 - \kappa_1^2) \right]$$

式中

$$\kappa_1 = 1.75 \left(\frac{h_0}{d_1} \right)^{0.4}$$

$$\kappa_2 = 1.67 \left(\frac{h}{d_2} \right)^{0.75}$$

对炭素电极和自焙电极，d_1、d_2 可分别取 $0.8d$、$0.88d$；石墨电极可分别取 $0.9d$、$0.94d$。

采用 $d = 3.2$cm、$l = 9$cm、$h = 8$cm 的上述6种模型实验，得出在不同电极插深（h_0/h）时各个熔池电阻，如图4-26所示。

一根电极的单相熔池是绝大多数直流矿热炉所采用的形式。如图4-26中的曲线所示，它的熔池电阻最小，且随电极插深的减小而变大的趋势也较小。其熔池电阻仅取决于电极直径和电极插深，又因其电场对称于电极垂直中心线，故可通过几何简化的方法求出熔池的电阻参数。电流只从电极端面通过的熔池电阻为：

$$R_m/\rho = 0.42 \frac{h_0^{0.2}}{d^{1.2}}$$

而电极侧表面通过电流时的熔池电阻，实验中采用在电极端面涂上一层石蜡使之绝缘，结果如图 4-27 中的虚线所示。可见两种情况的熔池电阻有很大的差别，而且是电极直径越小、电极插入深度越大，则差别也越大；在电极插入熔池很浅时（如 $h_0/h > 0.9$），电流将几乎全部通过电极端面，角形负载区的熔池电阻将统一到星形负载区。

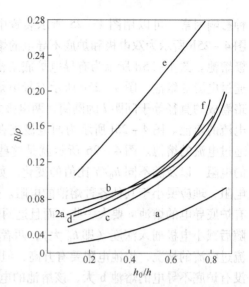

图 4-26　6 种单相熔池的电阻及其随电极插深的变化
（曲线编号与图 4-25 的熔池对应）

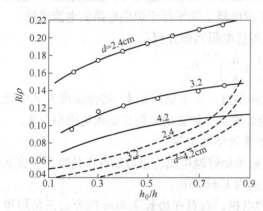

图 4-27　通电时单相熔池的电阻
（实线表示只从电极端面通过；虚线表示电流只从电极侧表面通过）

C　单相双极熔池

加拿大 QIT 和南非 RBM 的钛渣炉，都是采用类似于熔炼铜镍锍的直列式六电极矿热炉，每对电极分别接于 3 台单相变压器，即炉子熔池是由 3 个单相双电极熔池组成，因此有必要探讨单相双电极熔池的电阻参数。

插入第二根电极的熔池电阻计算，除了 d、h、h_0 等参数外，还要考虑两电极中心线之间距离 l。虽然还难以把双电极熔池的电场比作一种具有导体参数的体积，但考虑到两电极之间电压等于任一电极与炉底之间电压的两倍，也就可以把双电极熔池当成由两个相同而彼此无关的串联单电极回路所组成，这样一来，如忽略不计熔池中两电极侧表面之间的电路，那该两路的电阻就容易计算了。然而实验结果证明，两个单电极熔池串联的电阻之和大于所有双电极熔池的电阻（参见图 4-26 中的曲线 2a 和曲线 a），而且是电极间距越小，两者之差越大。这说明，双电极熔池中还存在着在电极上闭合回路和通过炉底的并联回路这两个因素的影响。这种影响因素，可以用图 4-25 所示装置中的 b~f 五种情况的实验结果来说明：图 4-25b 所示为双电极和炉底不导电的熔池。图 4-25c 所示为炉底导电的双电极熔池。图 4-25d 所示为有导电炉底熔池，但电极端面绝缘即只有电极侧表面通过电流的熔池。图 4-25e 所示有导电炉底熔池，但在两电极套上两个用赛璐珞卷成的直径等于间距 l 的圆筒，两电极之间完全绝缘，即为只有电极端面通过电流的熔池。图 4-25f 所示为两电极支在非导电炉底上，也是只有电极侧表面通过电流的熔池。图 4-26 所示就是这些熔池（d = 3.2cm、l = 9cm、h = 8cm）的电阻，以及随不同 h_0/h 比值的变化。如前所阐明的，炉底导电的单电极熔池电阻，理应要小于其他各种熔池的电阻。熔池 b 无导电炉底，它的电阻自然要比有炉底导电的熔池 c 要大一些，而且这两个熔池电阻之差，在 h_0 越小时则越大，随后减小电极插入深度（即 h_0 大），两者差距逐渐缩小。熔池 d 属于电极端面不流过电流的情况，熔池电阻要有升高，但在电极插深很大时，电阻的增加额度则没有炉底不导电的熔池 b 大，该熔池的电阻是随着电极插入深度的减小（h_0 增大）而大幅上升。由此点可以证明，在电极插入深度较浅即电极侧表面相对小的情况下，基本负荷在电极端部，随着插入深度的增加，电极侧表面的作用增大，端部的作用相应减小。对两支电极之间绝缘的熔池 e，其电阻最大，并表现出与 h_0 成正比，这是由于完全隔断了两电极之间平行于炉底电路的电流通过。

模型实验得到如下的单相双电极熔池电阻回归方程：

$$R = \left(\frac{l}{h} \times \frac{h_0}{h_s} \right)^{0.33} \frac{\rho}{\pi d}$$

电极直径 d 是计算熔池电阻的主要参数，而电极间距 l、熔池深度 h 和电极相对位置 h_s 则不起多大作用。电极至炉底这一回路的电阻比熔池电阻小一半。

D 三相三电极按等边三角形布置的熔池电阻

三相熔池既可看作是由 3 个单电极单相熔池组成，也可以看作是由 3 个独立的双电极熔池所组成，两者的相电阻应为 $R = 0.5R'$。

实验模型有 3 根直径为 3.2cm 的电极，布置在边长 7.8cm 的等边三角形顶点上，极心圆直径 $d_p = 9cm$，$d_p : d = 2.81$。熔池相电阻按回归方程得到如下的实验式：

$$R/\rho = \beta 0.5 \left(\frac{l}{h} \times \frac{h_0}{h_s} \right)^{0.33} \frac{l}{\pi D}$$

根据实验数据，该计算公式中的系数 $\beta = 0.92$；在双电极单相熔池实验中，此系数 $\beta = 1$。

4.2.6.3 熔池电阻与其他电气参数的关系

作为矿热炉负载的熔池电阻，既是熔池内的星形电流负载区电阻和角形电流负载区电阻的等效并联电阻，也是矿热炉有效相电压与电极电流之比。假设从插入熔池中的电极放出的电流，其机理与直径为 d 的半球状接地装置放出电流一样，则熔池电阻为：

$$R = \frac{U_B}{I} = \frac{\rho}{\pi d}$$

式中　U_B——有效相电压或电极端与炉底之间的电压；

　　　I——电极电流；

　　　ρ——熔体电阻率。

在一定功率下，电压电流比表明电阻值，或者其倒数表明电导。熔池电阻是指与理想的稳定的熔炼条件相对应的电阻值，它说明矿热炉电气制度的性质。而最好的电气制度即为最适宜的熔池电阻，是与最高产量相对应的，此时的电单耗和物单耗也最低。

根据矿热炉的阻抗三角形：

$$\cos\varphi = \frac{R + r}{Z}$$

可知，在一定的线路电阻 r 及炉子总阻抗 Z 下，操作电阻 R 越大则功率因数越大。

由于电效率：

$$\eta = \frac{R + r}{Z}$$

因此，高的操作电阻可以获得高的电效率 η。

挪威的威斯特里（Westly J.）通过对大量的不同规格矿热炉的研究，得出结论：对熔炼既定产品的矿热炉，在同种原料条件下，炉内熔池电阻 R 与入炉熔池功率 P 的 1/3 次方成反比，即：

$$R = C_W / P^{1/3}$$

C_W 称作炉内产品特性常数，随产品种类或所用炉料电阻率的不同而异。操作电阻随矿热炉有效功率的增大而降低，既表明了通常炉子单容越大其操作电阻越低，同时也回答了大炉子的功率因数比小炉子偏低的原因。

4.2.6.4　熔池电阻的冶金特性

熔池电阻除决定于电压电流比和几何、电气参数外，也与冶金条件密不可分。

炉料电阻是影响熔池电阻的一个重要冶金条件。高电阻率的炉料是实施炉料埋弧熔炼，包括具有料堆结构的间断法工艺熔炼钛渣，所希望具备的冶金条件。因为炉料的电阻率高，既能使电极深插又能使通过料层的支路电流减小，这对熔炼钛渣来讲，就是可以防止钛精矿的过早软熔而少生塌料翻渣。例如，由于氧化砂矿的电阻率是岩矿的近6倍，以致在间断法工艺的熔炼中前者的翻渣少、操作易、指标高。

温度是影响熔池电阻的另一重要因素。各种矿物原料的配炭炉料，其电阻率都是随温度的升高而减小，至熔融时达到一个低值（一般约为$2\Omega \cdot cm$）。成渣以后，由于一般的硅酸盐渣是典型的离子导电，故其电阻率随温度急剧下降。但钛铁矿不同，它主要是由过渡元素铁、钛氧化物组成，具有离子导电和电子导电两种特征，以致其熔体电阻率随温度升高而降低的程度不显著。例如，室温电阻率为$0.08\Omega \cdot cm$的钛精矿（氧化砂矿）电阻率随温度变化情况见表4-2。

表4-2　室温电阻率为$0.08\Omega \cdot cm$的钛精矿（氧化砂矿）电阻率随温度变化情况

温度/℃	1200	1300	1400	1500	1600	1700	1800
电阻率/$\Omega \cdot cm$	0.0392	0.0323	0.0386	0.0488	0.0292	0.0253	0.0169

熔渣化学成分不同则熔渣电阻率有其对应值，如钛渣的电阻率约为硅酸盐渣1/43，而钛渣中的FeO又是影响其电阻率的主要因素，随着熔炼过程的进行，钛渣中的FeO降低，钛渣电阻率急剧减小。钛渣在含FeO 15%以上时基本不变，在1700℃下约为$0.0192\Omega \cdot cm$，FeO降至约3%时的钛渣电阻率减小为$0.005\Omega \cdot cm$。

4.2.6.5　开弧制度下的熔池电阻

根据电学理论推导出的熔池电阻与几何、电气参数的关系式为

$$R = \frac{1}{\pi} \frac{\rho_m \rho_n}{3h_s \rho_m / \ln(l/d) + d\rho_n}$$

当电极插深$h_s \rightarrow 0$时，上式中$R \approx \rho_m / \pi d$，这时的熔池相电阻近似等于电弧电阻。电弧电阻为电弧电压与电弧电流之比，它已不再具有熔池电阻的概念，当然也就不再是决定电极插深、炉内热能分配、输入炉内有效功率及冶金效果的参数。输入炉内的有效功率$P = I^2 R = U^2 / R$，由于开弧制度下可以并能够采用相对高的工作电压和低的熔池电阻（因此时$R = \rho$，熔池电阻即熔体的电阻率），因此会比炉料（或熔渣）埋弧制度的熔炼获得更高的有效功率，由此也说明开弧熔炼钛渣是符合其自身特性的合理工艺方法。而功率因数和电效率也会因采用了较高的工作电压而不致降低。

固然，对一定的电流、电压和电抗的矿热炉，熔池功率（有效功）$P = I^2 R$、功率因数$\cos\varphi = \dfrac{R + r}{\sqrt{(R + r)^2 + X^2}}$、电效率$\eta = \dfrac{R}{R + r}$，它们都要随熔池电阻$R$的增大而提高。但是，熔池功率又可表示为$P = \dfrac{U_{熔池}^2}{R}$（$U_{熔池}$为熔池有效电压）。可见

即使像熔炼钛渣那样的低熔池电阻，采用较高电压电流比的制度则更能获得良好电气指标。

三相矿热炉的功率因数为：

$$\cos\varphi = \sqrt{1 - \frac{(I_2 X)^2}{U_2}}$$

式中 I_2——二次电流，A；

X——短网电抗，Ω；

U_2——二次线电压，V。

不难看出，高电压、低电流可以极大地提高矿热炉的功率因数。

炉子的电效率为：

$$\eta = \frac{U_{池效}}{U_{有功}} = 1 - \frac{I_2 r}{U_2 \cos\varphi}$$

式中 $U_{池效}$——熔池有效电压，也是电极插入料层的压降、电弧压降和熔池压降的总和，V；

$U_{有功}$——二次电压的有功部分，V；

r——短网的有效电阻，Ω。

可见，电效率也是随工作电压和功率因数的增大而提高。

4.2.7 熔池电抗

4.2.7.1 交流电弧炉电抗意义

电抗是交流电炉特有的性质。原则上讲，电抗是一种不利的电气特性，它的存在将使电炉的无效功率损失增大、功率因数下降和电效率降低，所以应属于加以限制的因素。电抗虽说是所有交流炉的一种不良电气特性，缺它却又不行。

在工业频率的交流矿热炉中，电抗在各部分所占比例大致为：炉子变压器10%、短网70%、熔池20%。可见，电炉电路的固有电抗大部分是由二次大电流导体造成的。由于炉变和短网的回路材料为金属，在交流电频率和磁导率、导体截面积、炉子功率的既定条件下，它们的电抗基本上可视为定值；只有属于第二类导体的电极和熔池的电抗才是变量，而电极则可视为熔池的一部分。

电炉电路的基本电抗是由工艺装置设计决定的，因为它能通过短路试验测量，故称短路电抗 X_{SC}，它也是电极接触到金属液无电弧存在时的电抗。然而，在工艺过程中能够直接从测量仪表读数求得的却是操作电抗 X_{OP}。显然，操作电抗是包括炉变、短网、电极和熔池的电炉全电路的工艺运行电抗值，故又称炉子电抗。由于操作电抗的变量部分仅是电极和熔池，因而操作的大多变化特性就可以与熔池（含电极）电抗等同看待。

4.2.7.2　电抗作用

如前所述，电弧是具有电流增加、电压就减少的下降（负阻）特性的不稳定且可伸缩的电阻体。而电抗则具有阻碍电流变化即惯性效果，当电弧电路存在有电抗时，就可使之变为正电阻特性，从而达到电弧燃烧连续、稳定。电弧随其电流由负阻特性过渡到正阻特性过程中有一临界值 I_{min}，可用下式表示：

$$I_{min} = \frac{U}{X_{SC}}\left(\frac{1}{X_{SC}} - \frac{1}{X_{OP}}\right)$$

上式表明，过高的工作电压和过低的短路电抗都会导致电弧的不稳定。这也就是说，在一定的输入功率下，欲获得更好的电气指标而采用过低电流和过高电压，将受到电弧稳定条件即电抗值大小的制约。

4.2.7.3　熔池电抗的计算式及其分析

电抗与欧姆电阻不同，它与熔池的物理-化学性质无关，在一定的电流频率和磁导率下仅由电流回路的几何形状和导体截面所决定。熔炼钛渣的矿热炉属于完全电弧制度的熔池，即没有电极侧表面电流通过，故这类熔池的导体线路简单。在单相双电极熔池中，电流回路由以下区段组成：a、b 两电极的工作端长度即铜瓦至电极端距离 $L_工$、电极的端面至炉底距离 $L_底$ 和反应区高度 $L_反$，$L_工$ 的截面积即为电极截面积。而 $L_底$ 和 $L_反$ 的截面等于 $2.4d$。

单相双电极熔池的电感可按下式计算：

$$L = L_a + L_b - 2M_{ab} = L_{工a} + L_{工b} + 4M_{工-底} + 2L_底$$

电极按三角形顶点布置的三相圆形熔池，其中电路是对称的，即：

$$X_a = X_b = X_c = X = \omega L$$

其中一相的电感为：

$$L = L_工 + L_底 - 2M_{工-底} + 0.5(L_反 + M_反) - M_{a-b}$$

式中　L_a，L_b——电极 a 和电极 b 的自感；

　　　　M_{a-b}——在长度为（$L_工 + L_底$）的各电感之间一相的互感；

　　　　$M_{工-底}$——在区段 $L_工$ 和 $L_底$ 之间一相的互感；

　　　　$L_工$——长度为 $L_工$ 的各个电极的自感；

　　　　$L_底$——长度为 $L_底$ 的熔池各电极区段的自感；

　　　　$L_反$——熔体中导电长度为电极心距时的自感；

　　　　$M_反$——熔体中各导电区段之间的互感。

根据 $5 \sim 30MV \cdot A$ 矿热炉熔池电抗计算，随着炉子功率和电极直径的增大，三角形电流的熔池电抗（X_A）和有 33% ~35% 角形电流的熔池电抗（X_B）可分别按下面两式计算：

$$X_A = (20 + 2.3d) \times 10^{-6} \Omega$$
$$X_B = (10 + 1.5d) \times 10^{-6} \Omega$$

将计算结果绘入图 4 – 28 中。由于电弧电阻是感性负载，因此炉内线路有电阻负载的熔池电抗较低。

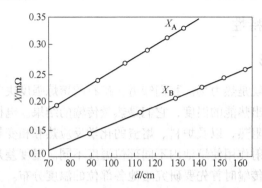

图 4 – 28　熔池电抗 X 随电极直径 d 变化关系

尽管矿热炉电路的金属部分的电抗 X_{ke} 是按 $X_{ke} = 0.2I^{-0.5} - 12 \times 10^{-6} I^{0.33}$ 随电流减小的，但它的减小速度跟不上熔池电抗 X 的增加速度，以致操作电抗在达到某一最小值将重新开始增加。可以认为，当二次电流大于 60kA 时，决定操作电抗的将不是短网结构，而是熔池和引起熔池电抗增大的馈电线（导电铜管、铜瓦和电极等）。所以，解决随着炉子功率增大，电极上的电流使炉子具有更大电抗的问题，就应首先从采取降低电极电感和熔池电感的措施入手。例如，尽可能地降低炉料至铜瓦这段的电极长度，限制铜瓦高度或把电流导向铜瓦高度的中央，使铜瓦处在炉盖之下，电极附近包括下料管等采用非磁性材料制作等。

降低熔池中熔体导电区段的电感，如从实心圆截面导体的自感系数公式 $L = \frac{\mu_0 l}{2\pi}\left(\ln\frac{2l}{r} - \frac{4}{3}\right)$ 可知，主要是减小导体的长度 l 和增大导体截面半径 r。但缩短 l 和增大 r（相当于电极直径 d），又会导致熔池电阻的降低而同样恶化熔池的电气品质。

根据熔池的电感公式，增大熔体各导电区段之间的互感系数 M 也可使电感值减小。采用增加电极数目的方法，特别是在熔池中形成各为一半功率的两个三相组的六根电极的方法，既可分散功率又能增大各导体间的互感系数。

对大功率电炉的熔池电抗（或炉子电抗）增大而使电气指标变坏的问题，可以采用提高工作电压来增加电炉功率和提高功率因数与电效率，这便是现代的高阻抗电炉的理念，它往往还需要将降低阻抗主回路串接电抗器来稳定电弧和限制短路电流。

既然电抗为交流电路所特有，那电抗对电气指标的弊和稳弧作用的利，都将随采用直流电炉而不复存在。由公式 $X = 2\pi f\,(L \pm M)$ 可见，交流电炉采用低频供电的优越性。交流电炉特别是大型电炉的运行电气指标低，以致大多数需要通过安装无功补偿装置才能得到改善。

4.3 熔池热动特性

4.3.1 熔池温度场

熔池温度场也就是热力场。我们知道，矿石的熔炼强度决定于输入熔池内电能的体积密度和放出热能的温度，它们是热量传输的结果。电极电流进入熔池产生高温电弧热和电阻热，以及炉料、熔渣的化学反应热和相变热等，这些热量通过传导、对流和辐射作用使熔池内不同部位温度不同。温度差是热量传输的推动力，所以研究热量传输时首先要研究熔池各部位的温度分布。

在某一瞬间、空间内部各点的温度分布称为温度场。

一般地说，温度场是时间和空间的函数，其数学表达式为：

$$t = f(x, y, z, \tau)$$

式中　　t——温度；

　　　　τ——时间；

　x，y，z——空间坐标。

温度场除了用函数形式表示外，还可以用几何图线即等温面和等温线来表示，这种方法可以直观地了解空间内的温度分布情况。

同一瞬间，温度场中温度相同的点连线所构成的面称为等温面。不同等温面与任一平面相交，则在此平面构成一簇曲线。在温度场中，同一时刻任何一点不可能具有一个以上的不同温度。因此，代表不同温度的等温面（或等温线）绝不会彼此相交。

与电场特征相比，对于有效通过电流的那一部分熔池形状是很特别的，如电流从电极通向金属层即星形电阻区的导电容积形状，就像以电极中心线为中心的截头圆锥体；而电流从一电极通向另一电极即角形电阻区的导电容积形状，却是相当于沿长轴弯曲的平行六面体，从内侧来看，这些六面体是位于电极之间。电炉熔池的熔渣部分的放热应集中在电极周围的区域，而且无论如何也不会超过有效通过电流的范围。

由于电极与熔渣接触区形成气袋，而气隙的电阻率又特别大，加之气袋面积小，通过电流大，以致电流密度特别大，因此在此区域主要以气隙微弧放电的热量就特别大。随着熔池导电部分离开电极，导电体的截面积随之增大，使 i 值急剧减小，而取决于熔渣电阻的 ρ 值则在所有导电部分将几乎保持不变。因此，随着朝向炉壁和炉底的方向离开电极时，放热会急剧地减少。显然，在距离电极中心线大于两倍电极直径的地方，将没有本身的放热，必须依靠熔池的热交换过程供给热量。同理，位于电极端下面的电极与熔渣接触区范围以外的熔池部分，本身的放热也极为有限，如欲改善这部分熔池的热条件就只能主要依靠熔体流动得到。当然在电极插入很深时，电极下部空间会出现等电位（功率）面在此区域大量聚集，从而促进此处放热加强。

就液体熔池而论，其温度变化是由输入功率大小和热量消耗情况所决定的。在熔池内不存在未熔化炉料的情况下，当输入功率超过热损失时，则熔池所有点的温度都要升高；如果是输入功率不大，那么熔池温度就会升高到热损与过剩热量相平衡时为止；如果是输入功率不受限制，则熔池温度的升高会一直延续到物态转变，即从液态开始变为气态为止。在熔池内存在有未熔化炉料且数量大（如全部覆盖液面）时，若是继续输入功率供给固体炉料熔化，则熔化温度会不断地升高，直到保持在接近于固体炉料熔点的水平上。因此，对于从一种物态转变为另一种物态的过程相对发展的熔池，其温度场沿容积分布是不均匀的，但对时间而言则是稳定的；而在熔池内如果从一种物态转变为另一种物态的过程，进行得微弱或完全没有时，则温度场对时间而言将是不稳定的。

通过下面的模型观察对上述原则加以证明。在未装有冰块的水模型上，熔池温度在整个试验的工作时间内总是变化的，当输入到一定功率时达到沸点即100℃，这时温度停止上升；对在水模型中加入大量冰块的情况，在工作时间内熔池某些点的温度则是稳定不变的，而且是接近冰的溶化温度。在火模型上的试验，当熔池内不装炉料而工作时，液体炉渣的温度总是上升，在当输入功率很大时熔渣开始沸腾、起泡以及从模型内溢出，此时温度达到1800℃或更高；在火模型熔池内装入大量固体炉渣时，熔池某些点的温度稳定不变，并接近于所装入固体炉渣的熔化温度。所有列举的情况都可观察到模型熔池内温度分布的不均匀，最高的温度集中在靠近电极的区域，而最低温度是靠近炉墙处及熔池深处。

据上所述可知，尽管电炉熔池内的温度分布应该为电场特性所决定，但矿热炉内电能转变为热能时，由于所处的介质有固体、液体和气体，而在如此不均的介质系统中电导率和热导率的变化并不一致，使电场和热场各有不同。造成电场和热场各异的另一个原因，还在于熔池内存在有对流和辐射的不同形式的热能传递。熔池温度场与许多因素有关，除了电极插入深度、渣层深度和电压外，物料的性质和加入状况以及熔池形状、几何尺寸等对熔池温度分布也有影响。但总的来讲，电炉熔池的温度分布仍然由电能的分布来决定。

由于这些复杂性，使矿热炉熔池的温度场很难像电阻炉等那样采用数学方法计算，而主要是依据试验研究来获取有关温度的概念。同样，这也要满足模型与实型的温度场相似的条件，即表现为所有的温度等温线都成相应的比例。根据模型试验结果所描绘的熔炼铜镍锍电炉的温度场,如图4-29所示。由图4-29可见,熔池内电极附近的温度最高,达到1500℃或更高,该高温区即对应着电压降(功率)最大的区域,离开电极朝向炉壁或炉底,温度降低,且距离电极越远,熔渣温度越低,在边缘点上温度降为1200℃;在电极下面的渣层几乎呈等温状态。如果以电极附近的温度为100%,则在炉壁附近和电极下面的渣层内,熔渣温度不会超过其80%。与其他的矿石还原过程的熔池温度场相比,多渣熔池温度场的不均匀性不大,在规定渣温下不均匀性仅为25%。

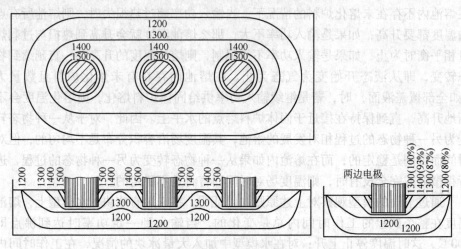

图4-29 由模型试验确定的矿热炉温度场
(带数字的曲线是熔渣层的等温线)

图4-29所示的是模拟"纯"熔化过程的熔池温度场,显然要比完全的矿石还原过程的温度低,如有研究熔炼硅锰合金的48MV·A三相六电极矩形炉的电极工作端附近温度为2000~2200K,而属于"半"熔化与还原过程的钛渣熔炼,其热场温度可能介于前两者之间。与完全的矿石还原过程相比,熔炼钛渣所使用的原料钛铁矿具有比一般矿石原料低得多的电阻率,故而炉料的电阻率较低,使得熔池上面的炉料区和固相还原区需要的热量要大于其焦耳放热,这样就得靠熔池下面电弧区和熔渣区的向上传热,才能够满足加速炉料还原与熔化的需求,因而这种传热途径应短,即电极插入深度应比完全的矿石还原过程的要浅。

4.3.2 熔池流场

4.3.2.1 熔体流动的意义

阐述电炉的电场时已经指出,在熔池内通过电流形成的电力线最密集的区域是电极周围,表明电能主要在这个区域转变为热能,可以达到输出功率的90%

以上，相应此区域的温度也最高，熔渣温度可达到 1500℃ 或更高。在位于电极中心线两倍电极直径的熔池容积内，放热大为减弱，而超过两倍电极直径的熔池其余部分便没有本身放热了。因此，远离电极的熔池区域主要依靠熔池内的热交换过程供给热量。熔池各部分热量的分布不均匀是炉子温度场不均匀的主要原因，并由此引起了熔体独特的对流运动。

与火焰炉不同，矿热炉的炉料熔炼不是依靠炽热火焰向料层传热，而是炉料的加热和电热转换同时进行，属于内热源加热，热阻小、热效率高，一般电热效率在 0.6～0.8 之间。但是，尽管电热量可被炉料充分吸收，却还要靠传热过程传递热量，即炉料的熔炼是电热转换和传热过程的综合结果，特别是以电弧工作制度的熔炼，传热过程更为重要。

由于矿热炉熔炼自身的特点，熔池表面被炉料或漂浮在渣面的炭粒所覆盖，以致炉气温度不高（一般约 600℃），因此炉气实际并未积极参与炉料的加热与熔化，炉气的流动对炉子热工影响不大。炉料和熔渣的热导率很小，导热作用不大，所以炉料的熔炼就主要依靠熔渣这个载热体的对流传热使热能从热区传至冷区。在多渣熔池内，高温熔体的流动过程对冶金反应的效果、速度及炉衬寿命等起着十分重要的作用。炉子的工作状况如加料制度、渣铁放出制度和电气制度的最佳选择，也有赖于对熔体运动的正确分析与认识。

熔池内熔体的流动较为复杂，其运动方式受到多种力的相互影响。交流炉熔池熔体流动的主要推动力是由于温度场不均匀引起的强制对流和自然对流，其次是电磁场的电磁力。直流炉（或空心电极加料式）熔池，除这两种力之外，更重要的是等离子体射流或气－粉射流引起的熔体流动。

熔池流场中的速度分布可以用数值求解纳维－斯托克斯的方法得出，也可以用水模型进行流场的模拟测定。描述流体流动的纳维－斯托克斯方程是二阶偏微分方程 $\rho \frac{\partial u}{\partial t} + \rho u \nabla u = \eta_e \nabla^2 u - \nabla p + \rho F_b$，然而速度 u 和体积力 F_b（对矿热熔池则包括重力、浮力和电磁力）为矢量，压力梯度 ∇p 又是难以用方程描述的，紊流黏度更存在有难以计算的黏度分布，所以对纳维－斯托克斯方程不做更深入的讨论。在分析矿热电炉熔池流场时，主要借助于物理模型。

4.3.2.2 由热压头产生的熔体运动

由热压头推动的熔体运动可以分成两种类型，即强制对流和自然对流。强制对流是指有大量的炉气气泡参与的强烈对流运动。在电极－熔渣接触区，温度最高，熔渣处于强烈的过热状态，化学反应产生大量气体，弥散于熔渣中的气泡使其体积胀大、密度减小，从而在靠近电极处的熔渣不断上浮至渣－料界面并向四周运动，高温熔渣也将热量带到温度很低的炉料软化表面，炉料吸收了过热熔渣的热量而熔化并发生其他化学反应，同时熔渣的温度相应降低，熔渣内部气泡体积大为减少。熔化的炉料和已降温的熔渣一同混合，由于其密度增大而下沉，当下沉到电极插入的深度时，又受到过热熔渣的影响：一部分熔体转向电极做水平运动，并在电极–熔渣接触区又被加热而上升；另一部分下沉到料堆末端，并由于温度仍高于炉料表面温度而继续沿着炉料堆下部熔化表面做水平运动，直到其温度接近炉料熔化温度为止。在熔渣下层形成的熔体运动是速度较慢（约为0.02~0.03m/s）的自然对流运动。

强制对流和自然对流的程度在不同区域、不同方向上是不同的。操作条件如加料制度和电气制度是主要的影响因素。强制对流区的分布直接取决于电功率的分配，随着电极插深的增加，功率分配及其高温区逐渐向远离电极的渣层深处延伸，强制对流区也跟着向深处扩展，尤其当供电功率增大时，强制对流在总对流中起主导作用。这时，渣的流动速度加快，有助于提高炉料的熔化速度。随着加入炉内的冷料增多，以及浸没于熔渣的料堆深度加厚，自然对流对整体对流的影响程度提高。提高强制对流的比例，在加速炉料熔化的同时，也会产生对炉衬冲刷腐蚀加剧的副作用。

强制对流和自然对流是推动高温熔体在熔池内进行运动的根本动力，形成了如图4-30所示的运动轨迹。图4-30是根据在水模型和火模型上的观察，并经工厂的实践证实后绘制的。

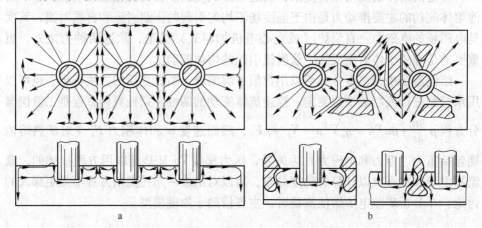

图4-30 熔池内熔渣对流循环流动示意图

a—无料堆时的对流循环流动；b—有料堆时的对流循环流动

当电极间不存在料堆时（图4-30a），两电极形成两股逆向渣流，彼此汇合后，沿电极分界线（中性区）流向炉墙；在炉墙附近，渣流向水平和垂直方向扩展；沿炉墙表面向下扩展的渣流，大部分到达电极端之后，又沿电极朝上流动，如此完成循环。当有料堆存在时（图 4 - 30b），熔渣的流动特性没有质的改变，料堆的存在如同炉墙一样，阻拦渣流，使流股向水平方向上的空隙流动，提前转向下部渣层；在下部渣层，渣流冲刷着沉没的料堆表面，形成凹弧形的流动面。从渣流的途径看出，料堆的厚薄和位置是决定熔化速度和炉衬寿命的重要因素。

在三相圆形矿热炉的水模型上所做的熔渣对流运动试验指出，圆形矿热炉电极三角形布置的熔池内的对流运动情况完全类似于矩形炉电极直列式的循环，说明炉子的形状和电极的布置，对熔池内熔体运动的影响仅限于某些非本质的改变（图 4 - 31）。因此，就熔池内熔体流动来讲，圆形炉比矩形炉无任何显著优点。

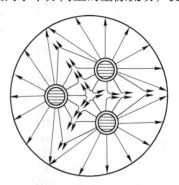

图 4 - 31 圆形矿热炉电极
等边三角形布置的熔池内
熔渣对流运动示意图

渣流运动速度是熔渣与炉料对流给热的一个关键因素，因为流体的流速越大则对流给热系数越大，而熔渣对料堆的对流换热量 Q，在熔渣和料堆表面的温度以及两者接触面积一定的条件下，是与对流给热系数 a 成正比的。影响渣流运动速度的因素，可归结为熔池内电能分配及其温度场，从模拟试验中得到的以熔池液面计的炉子单位面积功率对渣流运动线速度的影响如图 4 - 32 所示。试验表明，在单位面积功率很小时，对流速度增加不大，当单位面积功率达到 25 ~ 30kV·A/m² 时，线速度开始随功率的增加而急剧地升高，从而熔体的还原速度也相应地加快。因为工厂矿热炉的这一曲线都是处于图 4 - 32 右边的，由此也说明了这一特性的重大实际意义。熔炼矿石矿热炉的单位面积功率水平应当提高到 180 ~ 220kV·A/m²。

熔池内熔体流动最大速度 u_{max}，根据浮力与黏性力的平衡导出了如下的公式：

$$u_{max} = 0.024\rho g\beta L^3/\mu \frac{\Delta T}{\Delta x}$$

式中 　　L——流体层深度，m；

　　ρ，μ，β——分别为熔渣的密度、黏度和体积膨胀系数；

　　$\dfrac{\Delta T}{\Delta x}$——水平方向的温度梯度。

对流流股的速度随着离开电极距离的增加而逐渐降低。流股线速度与离开电极距离的关系如图 4 - 33 所示。由图 4 - 33 可见，当熔体离开电极侧面时，对流速度极大地降低，如从离开电极两倍直径到四倍直径的范围内变化时，对流速度几乎下降到四分之一。由此可以得出结论：在窄熔池的炉子内将获得比宽熔池炉

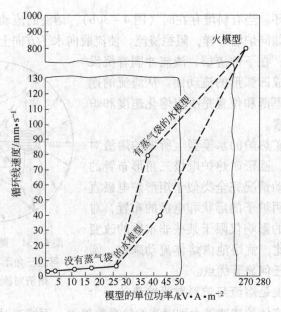

图 4 - 32　循环线速度与单位面积功率的关系

子更大速度的扰动作用。

　　熔池对流扰动的容积速度（以单位时间内熔池扰动部分的容积为单位）与电极插入深度有着密切的关系，图 4 - 34 所示为这个研究的试验结果。随着电极

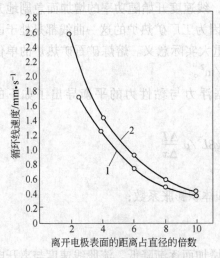

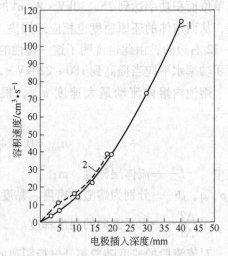

图 4 - 33　对流线速度与离开
电极距离的关系
1—宽熔池；2—窄熔池

图 4 - 34　熔池对流扰动的容积
速度与电极插入深度的关系
（曲线旁数字为两组试验）
1—熔池深度一定；2—熔池深度改变

插入深度的增加，容积速度显著地增大，从而熔体的还原速度也随之迅速地增大。容积速度也受熔池长宽尺度的影响，研究得知，熔池长度的影响不大，而宽度特别是当宽度显著减小时则与对流速度成反比关系。

4.3.2.3 由电磁力引起的熔体运动

通电熔体除了在热力作用下的流动外，还有由电磁力引起的熔体流动。通常，电流产生的电动力压头小于热压头，尽管它们都是受电流的作用而产生并与其平方成正比。只有在有外加强大磁场并与熔池中电流磁场同时作用时，才能造成电动力压头大于热压头的条件。

当低压大电流通过电极时，电极周围将产生很强的磁场，磁力线方向按右手定则决定，如图4-35所示。在电极间作为导体的熔体有电流通过，根据左手定则，磁场、电流与导体质点的受力方向互相垂直，因此电极间熔体的质点受一向下的力作用，迫使熔体向下运动，即熔体始终受一向下的电磁作用力，且电磁力只发生在埋入渣层两电极之间的金属层和渣层。这是因为，产生磁通的导体是埋入渣层的炭电极和金属，当电流通过属于电子导电的金属层时，作定向运动的自

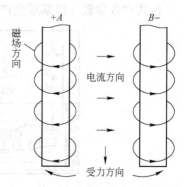

图4-35 电极间熔体运动原理图

由电子受到磁场的作用，不断地与晶格上的正离子相碰撞，这些碰撞力在宏观上表现为电磁力。炉渣则与此不同，离子导电则不具备像自由电子那样的运动粒子特性。所以，在埋入两电极之间的外围区则不具这种推动熔体运动的电磁力。

对电磁力作用下的流体运动进行理论解析时，必须把电磁力场控制方程，即麦克斯韦方程和欧姆定律以及流体控制方程纳维-斯托克斯方程进行联立求解。由于方程式相互关系等，使这样的问题求解困难，故下面仅做简单讨论。在电弧炉中，电流从熔池通过时将产生出电磁场，即等于对静止熔体施加了电流密度为 J 的电场和磁通密度为 B 的磁场，而熔体在这一电磁力场作用下流动时会产生一个附加的体积力，该体积力 F 的大小与熔体流动速度成正比。电磁体积力（洛伦兹力 F）可由下式得出：

$$F = J \times B$$

对于运动流体，欧姆定律可写成如下的表达式：

$$J = \sigma_e(E + uB)$$

式中 J——电流密度，A/m^2；

σ_e——电导率，S/m；

E——电场强度，V/m；

u——熔体速度，m/s；

B——磁通密度，Wb/m^2。

磁场作用在每对电极之间熔体的平均电磁力，给出如下公式：

$$F = \frac{\mu}{2\pi} \cdot \frac{I}{a} \cdot h$$

式中　μ——熔渣的磁导率，取 1.0×10^{-4}H/m；

I——通过电极的电流，取 2.5×10^4A；

a——两电极间距，电极直径为 1m 时，$a = 2.2$m；

h——电极插入渣层的深度，m。

按式中各参数并以某项生产取值进行计算，结果如图 4-36 所示。

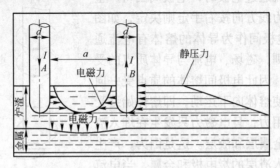

图 4-36　埋入渣层两电极间的电磁力示意图

由图 4-36 可见，按不同渣层高度计算得到的电磁力比静压力小得多，这表明电磁力的推动作用已被静压力抵消。电磁力使熔渣和金属离开电极向外缘流动，但它比渣层受到的温度差及射流产生的惯性力和浮力要小得多。

4.3.2.4　交流炉和直流炉熔池中的铁液流动

由于交流电流通过导体要产生集肤效应，导致电磁力场仅存在于熔体层的一定厚度内。

熔体中的电流透入深度 δ 可用下式表示：

$$\delta = \frac{1}{\sqrt{\pi \mu f \gamma}}$$

对铁液来讲，当温度超过铁的居里点时，铁液磁导率 μ 变小并等于 1 即对透入深度无影响，而铁液的电导率 γ 很大（如含碳 1.8% 的铁水在 1550℃下约为 640×10^3S/m），表明在工业频率（$f = 50$Hz）的条件下电流透入铁液层的深度很小，即电磁力驱动流动的区域仅限于电极之间的很浅面层。对于熔渣则不同，一是熔渣的磁导率极低（如有的仅为 10^{-4}H/m）；二是熔渣的电导率也比铁液的要小得多（即使是钛渣在高温下也只有 10000S/m），说明电磁力场在渣层会是全方位的。

以水银层模拟液态金属层的模型实验查明，金属液层并不是完全静止不动的，这除了受到渣流与料堆相遇进行热交换后而折向炉底运动的流股作用外，也有电和磁的效应使金属液层表面发生某些波动；另外，熔渣与金属的过度接触也有影响，熔池中放出热量部位到此的电压降明显减小，这也会破坏金属表面的平静状态。金属液层所受到的电磁力对炉料的熔化没有什么影响，只是促进了深层熔体的流动。熔渣-金属液层的过度接触，对于大大减小模型内水银层厚度的情况，则标志着整个金属层都能处在高的等电位线区间内，金属层内会放出大量热使其温度升高。因此，在工厂电炉采用薄金属层即勤放铁的操作制度有利于获得过热铁水。

直流炉熔池的熔体热力运动与交流炉的基本相同，但交、直流的电磁力场在铁液中的表现则不同。$f = 0Hz$ 的直流电磁力场，根据 δ 的计算公式可知，在熔池内是均匀分布的，即除与交流有同样的熔渣层电磁力流动外，还有独特的铁液层电磁力流动。

直流电弧电流是从顶电极发出而通过面积较大的底电极上的铁液（图 4-37），各个电流的流线形成的磁场作用于其他流线而产生电磁力，如由流线 a 产生磁场 B，磁场 B 作用于流线 b，从而使流线 b 上的铁液单元产生电磁力 F，F 的方向可按左手定则求得，其结果是在电流线上的所有铁液单元上都会产生指向炉子中心方向的电磁力。此时，如果从电流密度考虑，由于铁液上部的电流线较密，而铁液下部的电流线相对较稀，因此上部所产生的磁场强度、电磁力强度均比下部大。所以，铁液上部与铁液下部的电磁力是不平衡的。在铁液表面，铁液向炉子中心方向，再由炉子中心向下部流动；在铁液下部，铁液向炉子周边方向，在炉子周边再向上部流动。直流炉内整个铁液呈如图 4-38 所示的循环流动状态。

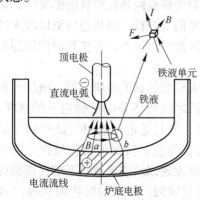

图 4-37 铁液内电磁力模型

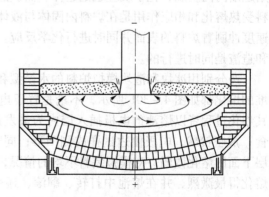

图 4-38 直流炉熔池搅拌示意图

直流炉产生的铁液搅拌强度，形象的答案就是已由试验结果给出的，它等于同容量交流炉加底吹气体搅拌。许多冶金效果可用熔池混匀时间作为评价指标，而混匀时间通常可向熔池加示踪剂测得。在熔池中加铜示踪剂测得的9MV·A、40kA直流炉和同容量交流炉及其加100L/min底吹氮气搅拌的混匀时间，如图4-39所示。由图4-39可知，直流炉在4min即可达到完全混匀，而交流炉在10min后仍不能达到完全混匀，只是在其采用底吹搅拌的情况下才与直流炉的相当。直流的这种搅拌作用既可增大熔体的反应表面和速度，又可使熔池温度均衡和提升炉底温度，而且还有利于微小铁珠的碰撞和沉降。

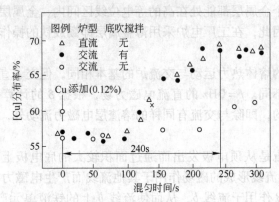

图4-39 直流炉和交流炉及其加底吹氮气搅拌的铁液混匀时间

4.4 熔池冶金特性

4.4.1 熔池中炉料熔化特性

矿热炉内热源和传热与火焰炉不同，在火焰炉内的炉料受热是在料堆表面开始逐渐向内发展，化学反应也是这样。而矿热炉的热量则是在炉料内部发生，炉料受热熔化和相应作用是在炉料内固体与液体界面上进行，即高温熔渣以较大的速度冲刷着炉料的表面并同时进行化学反应。因此可以认为，在矿热炉内的还原和造渣是同时进行的。

经分别用冰块和渣块模拟炉料的水模型和火模型的试验查明，沉入渣层内料堆的熔化都如图4-30b所示，不论是置于电极之间的还是电极侧边上的试样，其熔化过程皆以熔池的电极插入层内为最发达，并且是电极之间的试样被"啃食"成哑铃状、电极侧边试样成侧凹形；同时，与渣面接触的熔化较快、电极层下面的熔化微弱。对模拟装料不均的情况，则发现冰块或渣块的下部在模型内熔化得最激烈，并在熔池中打转、翻滚，还引起喷溅。如果同时将两块冰（或火模型中装两块渣）装入模型内，并用一块切断炽热渣流向第二块的通路，那第二块的熔化过程便急剧减慢。因此，合理地装料制度必须要考虑上述的熔化特点。

　　研究分布在熔池内各部位上的炉料熔化指标，曾有用熔点约 70℃ 的铅合金片在水模型上和紫铜片与渣片在火模型上模拟不同性质的炉料所进行的试验，将它们置于模型熔池内不同的点上，测定各自完全熔化所需的时间。火模型上的试验结果（水模型上所取得相应结果与此大致相同）如图 4-40 所示。图 4-40 中实线表示单位生产率变化，虚线表示熔化时间的变化。由图 4-40 可见，位于炉墙附近的熔化区域的单位生产率几乎比电极附近的小 2/3，而位于距电极中心线 1.5~2 倍电极直径内则为具有最好熔化指标的熔池区域。

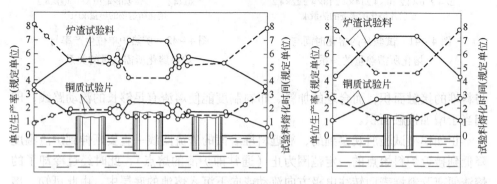

图 4-40　火模型内试验片的熔化指标与其所在位置的关系

　　为研究炉料性质对熔化指标的影响，将试样置于模型中同一地点上的试验，结果如图 4-41 和图 4-42 所示。图 4-41 表示各种试样片的熔化时间与其熔化所需总热量之间的关系，两者呈直线关系变化。从图 4-42 可以看出，炉子单位生产率不是炉料熔化所需热量的简单函数，即单位生产率是熔化所需热量与熔化温度两者的函数；由此表现出，如果两者的数值均小时（如试样铅），则单位生产率大，如果是熔化温度相对不高，而熔化所需热量相当高时，则单位生产率可能有各种数值（铝、铜），在两个因素的数值都大时，则单位生产率小（炉渣）。

4.4.2　渣流特性与加料、布料制度的关系

　　如上所述，炉料的熔化与熔池热分布和热交换的特性密切相关。炉料的熔化速度决定着炉子生产率，当然也就决定着单位质量炉料的电能消耗以及加料、布料制度。炉料的熔化速度主要是由熔渣对炉料的对流换热量来确定，而提高对流强度将增大对流换热系数的值即增大对流换热量；然而，普通矿热炉内强制对流的增加十分有限，尽管这可以通过增大电极插入深度来实现，但要受到炉渣导电性的制约。因此，在工艺上能够增大熔渣对流换热系数的措施，主要是增加熔渣

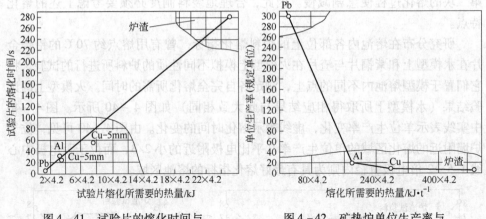

图 4-41 试验片的熔化时间与
熔化所需热量的关系

图 4-42 矿热炉单位生产率与
炉料熔化所需热量的关系

与料堆的接触面积，而合理的加料、布料制度能使熔渣有足够长的流动路线，即相当于增加接触面积。

正如模型试验所观察到的，靠近料堆表面的渣流路线一直要延伸到炉渣温度降低到接近炉料熔点的一定范围为止（通常即炉渣的熔点），此时经过冷却了的熔渣便离开料堆表面转往电极方向流动或向下沉入熔池的底层中。由此可知，熔渣沿料堆表面流动途径的长短，首先取决于熔渣的过热程度，同时又取决于炉料与熔渣之间的热交换强度，可用下式表示：

$$L = K\frac{q_1}{q_2}$$

式中 L——熔渣沿料堆表面流动的路径长度，m；

K——系数；

q_1——过热熔渣（超过熔点）所需的热量，$kJ/(m^2 \cdot h)$，其值取决于电极输入功率；

q_2——熔渣与炉料之间的热交换强度，$kJ/(m^2 \cdot h)$，其值取决于热交换的条件和炉料熔化需要的热量。

由上式可见，q_1 值越大，q_2 值越小，则熔渣沿料堆熔化表面流动的路径就越长。L 值的大小可从图 4-43 中看到，它是渣流路线中的从渣面至沉没渣层内的料堆底面的垂直线段与料堆底面的水平线段的长度之和。显然，按上面的公式，当单位熔化强度和熔渣过热度，即炉料与熔渣之间的热交换条件和电功率保持不变的条件下（如工业生产），L 为常数，这说明如果增大料堆高度，则沿水平方向的熔化进程即路径将减少且可直至为零，而沿垂直方向的熔化过程即路径将增加；反之亦然。沉没于渣层中的料堆深浅是由炉渣和炉料的密度以及渣面以上的料堆高度决定的。水平路径的长短不仅决定着炉料的熔化速度，还会影响到炉墙内衬的寿命，如减小料堆高度，沿水平方向的熔化路径就会加长，当延伸到炉墙时就会对内衬耐火材料产生机械冲刷和化学腐蚀，为此则需要保持足够的料堆高度来缩短水平方向的熔化进程而增加垂直方向上的熔化进程，既有利于保护炉墙又可提高熔化量。

为了阐明电极插入深度、料堆沉没深度、料堆的水平长度与垂直尺寸等对渣流路径的炉料熔化的影响，做过有水模型试验，结果如图4-43所示。

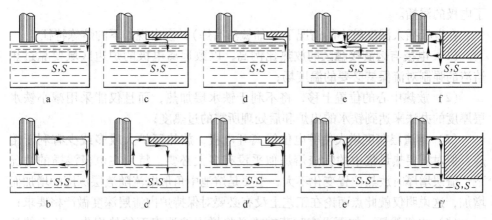

图4-43 当电极和炉料浸入深度不同时炉料熔化和炉渣的流动
a—电极插入不深；b—电极插入较深；c, c′—料堆薄而宽；d, d′—料堆薄而窄；
e, e′—料堆中等厚而宽；f, f′—料堆厚而宽；S, S—"死流区"

图4-43a和图4-43b属于不存在炉料的熔渣流动情况，可见渣流路径都是垂直长度等于电极插入渣层深度，水平长度等于电极侧面至炉墙间距离的闭路循环，而且水平流股都要冲刷到炉墙。

电极浅插和料堆不同宽度的情况如图4-43c～图4-43f所示。与图4-43a相比，由于渣层内有料堆的存在，渣流受其遮蔽，路径大有改变：料堆宽时（图4-43c），尽管渣流在料堆下面会延伸很远，但会因料堆宽而不能抵达炉墙；料堆薄而窄时（图4-43d），渣流水平路径却能抵达炉墙；它们的对流循环范围都限定在电极插入层的高度。对熔池加料成为图4-43e和图4-43f所示的两种厚料堆，则环流下部的路径均要下移且可超过电极层，下移随料堆沉没渣层内深度的增加而加长；水平路径则是随料堆宽度的增加而缩短，如图4-43f所示的料堆沉没深度达到相当大时，料堆底面的水平路径会消失，此时可能形成两条环线，即一条位于电极层内，另一条则是在自然对流作用下延展到电极底端以下。

对于电极深插和不同料堆宽度与厚度的第三种情况，除了环流高度随电极深插而增加外，像图4-43c′中的料堆薄而宽的条件下水平路径会延伸得很远，但不到炉墙即可转而向下，而料堆薄而窄的（图4-43d′）却能抵达炉墙且要在等于电极插入深度的墙高上冲刷它。料堆层加厚会由于沿料堆垂直面流动的路径加长而会使水平路径缩短至消失。当料堆沉没渣内很深时（图4-43f′），在自然对流的影响下，会出现熔渣不返回的流动，而沿垂直料堆流向深处；在强制对流的影响下，一部分熔渣会在电极底端的平面内，离开料堆的垂直路径转向电极。

根据上述模拟试验得出的结论，结合炉料的导电性，得出：如果炉料导电性差，电极就能深插，情况类似埋弧冶炼；如果炉料具有较高的导电性，这就决定了电极的浅插。

在电极插入深度较小的情况下（如钛渣冶炼），会出现如下的熔炼特征：

（1）电极与熔渣接触区的放热比例高，以致远离电极的炉边区域要靠过热熔渣的强制对流保持必要的温度场；

（2）放热中心的位置上移，将不利于铁水层加热，而且仅能采用减小铁水层厚度的办法来达到铁水的出炉和后处理所需的过热度；

（3）熔渣层深度增大使等电位线离开电极，放热区扩大或多或少有利于熔炼，但对需要热量集中的钛渣熔炼似乎没有多大必要，特别在电极浅插的情况下，渣层增厚时放热位置变化不大，主要是熔池中角形电流随渣层深度的增加而增加，这说明仅就此点而论在工艺上没有必要对保持炉内渣层深度做严格要求；

（4）电极浅插，如再没有防范措施必将增大熔池表面的热损失，从而使炉子热效率降低；

（5）加料要多布在电极周围，以满足此处化料快之需；

（6）钛渣熔炼的炉料堆积密度与熔渣密度相差不多，故在料层堆积高度不太大的条件下，沉入渣层中的深度不大或浮在渣面上（球团料可能会沉入深一些），这就是说在料堆熔化表面上不存在或有很短的垂直路径。

现在钛渣熔炼工艺有间断法和连续法之分。前者是将每一炉次熔炼量的炉料差不多一次性加入，由于料层厚、静压力大，极易发生塌料而引起翻炉喷溅的事故；后者则是连续加料、定时出炉，采用的是薄料层，由于是轻轻地覆盖在渣面上，也就少有塌料之患。

用熔池特征来分析粉料（精矿）直接入炉的连续薄料层工艺可以得知，熔池表面必须有连续的、全方位的料层分布，以形成像"封河冰层"那样盖严渣面，因为炉料的热导率很低（据对国外两家工厂熔炼铜镍矿矿热炉的料堆测试，料堆深1800mm和1450mm处的温度都不超过100℃，仅在离料堆与渣的界面200~300mm处才急剧地上升到1000~1200℃），所以即使有几百毫米厚的料层也能起到良好的保温作用。同时，料层也不应形成"开河流冰"式的不连续状态，否则，强烈对流运动的渣流上的料团会打转翻滚，导致喷溅。在熔池的宽度和长度布满料层，还能够使环流的水平路径达不到炉墙而延长炉衬寿命。

料层薄而又不沉没于渣层内，似乎与载热体熔渣的接触面积要减小，但实际上正如模型试验所指出的，由于料堆熔化表面的长度在既定条件下是一常数，因此垂直路径的减小乃至接近于零，便等于水平路径的延长，与高料堆的相比，薄料层的熔化表面并未减小，即炉料的熔化速度并未减小。

从以上分析不难看出，采用连续薄料层的熔炼钛渣工艺，怎样按熔池表面的不同功率密度区（温度场）的化料速度进行加料、布料，来保持固定厚度和连续整体的料层，显然是个极为关键的难题。加拿大 QIT 公司掌握此项专利技术。

4.4.3 熔池反应区模型

理想状态下的反应区具有较大的体积和较小的散热面积，而只有球体才具此特征。因此模型的反应区形状设定为半球体，其底面为金属液或导电炉底，如图 4 - 44 所示。

根据电场理论推导也可得出与此同样的结论。设电极直径为 d，其端为半球状。由于电极本身的电阻远小于反应区的介质电阻，按电场理论，电极端头是等位面。在均匀介质中，等位面是电极端球面的一簇同心圆，反应区中电流的分布则按电场强度的方向，垂直于这簇同心圆（即法线方向）进入炉内，形成直径为 D 的半球形反应区。

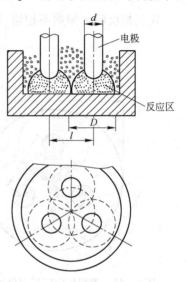

图 4 - 44 理想反应区形态示意图

反应区体积为：

$$V = \frac{\pi}{12}(D^2 - \alpha d^3)$$

式中　D——反应区底面直径；

　　　α——电极端头插入反应区部分的形状系数，当端头为球形时 $\alpha = 1$；

　　　d——电极直径。

三相圆形熔池的反应区平面分布可以有三种情况。

第一种是三个电极的反应区互相连通，在炉膛中心既无死角又不形成局部过热，故可称之为理想反应区，如图 4 - 45 所示。在此情况下三相反应区的圆周界线在炉心相交，显然，将 H 线段延长且作底边再与两个电极中心点连成直角三角形，则此底边长度应等于极心圆直径 d_p，而且极心圆直径 d_p 又等于一相电极反应区直径 D。

它们的几何关系：

$$\cos 30° = \frac{l}{d_p}$$

即：

$$d_p = \frac{l}{\cos 30°} = \frac{2l}{\sqrt{3}} = 1.16l \qquad \text{或} \qquad D = 1.16l$$

第二种是如图 4 - 46 所示的三相电极反应区的圆周相切（或不接触），在相切的情况下，电极中心距 l 等于每相反应区直径 D，H 为极心圆半径，故有：

$$D_B = 2\left(H - \frac{l}{2}\right) = 2\left(\frac{l}{2\cos 30°} + \frac{l}{2}\right) = 2.16l$$

在三相反应区圆周不相切（不接触）的情况，则：

$$D < \frac{\sqrt{3}}{2} d_p$$

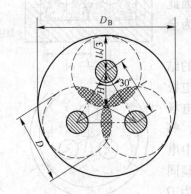

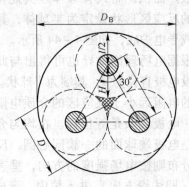

图 4 - 45　理想反应区平面分布模型　　　　图 4 - 46　分离反应区平面分布模型

对于三相反应区相切和不接触的情况，当进一步减少输入炉内功率时，将导致三个反应区的彻底分离，以致熔炼过程生成的气相产物和熔体无法从一个电极反应区向另一个电极反应区进入；炉中心未反应的炉料形成死料区；炉心化料速度缓慢，甚至不化料；距炉眼较远的两个反应区所形成的熔渣和铁水的排出困难。

第三种是如图 4 - 47 所示的三相反应区在炉心过度重合的情况。此时的 $D >$

$\frac{\sqrt{3}}{2} d_p$，并有：

$$D = 2l - d$$

$$l = \frac{D + d}{2}$$

$$d = 2l - D$$

而：

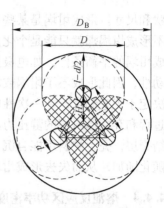

$$D_B = \frac{D}{2} + H$$

$$= 2\left(l - \frac{d}{2} + H\right)$$

$$= 2\left(l - \frac{d}{2} + \frac{l/2}{\cos 30°}\right)$$

$$= 3.15l - d$$

对反应区过度集中于炉心的情况,炉心部位的反应会活跃而难以控制;同时电极过于接近,熔池电阻过低,电极也无法深插。

矩形炉熔池的尺寸同样是取决于反应区尺寸,因此 3 个电极圆形熔池的反应区面积与相同的电极

图 4-47 过度重合的三相反应区平面模型分布

直列布置矩形熔池的反应区面积是等效的,即矩形炉各相邻电极的中心距与三相三电极圆形炉是一样的。

熔炼过程是通过反应区把冶金条件与电气条件结合在一起实现的,可见反应区尺寸与电气参数紧密相关。电极端下的反应区体积 $V_{反}$ 与电弧功率即熔池功率成正比,而且还与电流电压比(熔池电导)有关。当熔池电导具有某恰当值时,在同样功率下可以获得最大的反应区体积。但通常认为反应区体积仅是输入功率的函数,即对一定功率而言反应区体积是常数。

在理想情况下,反应区形状像半球状屋顶的房间,故其侧表面散热面积最小,热效率最高,也就是说在此电气参数下,可以提供最佳的冶金条件,实现最佳的电热转换。在一定电极插入熔池深度和电极直径的条件下,反应区高度与电弧电压成正比,反应区横截面积与电弧电流成正比。所以,在电流电压比小时,反应区会"细长";在电流电压比大时,反应区会"矮胖"。

对电极插入浅的情况,如前所述,反应区上移且高度减小,但面积相应增大;反之亦然。

在电极不插入熔池的电弧工作制度下,如不涉及传热,则电极下面熔池高温区(电热区)面积 F 近似为:

$$F = \frac{\pi}{4}(d_p + 4l)$$

式中 d_p——极心圆直径;

l——电弧长度。

在埋弧矿热炉中常把反应区称为坩埚。这是因为这些熔炼的电极插入料层内,并在电极端部形成气体空腔,电极末端燃弧。而作用于气体空腔有两种力:一是有驱使气体膨胀的自身压力和电弧电子冲击力;二是存在压缩气体的料层压力和限制气体流动的阻力。当这两种力平衡时,电弧空腔即坩埚就有了稳定的形

状和尺寸。形成坩埚是某些高载能无渣法熔炼所必不可少的条件,如硅铁等熔炼不形成坩埚那就只能是个化渣的过程。显然,第二种力大于第一种力便达不到形成坩埚的平衡条件,如电极插入渣层的,由于渣中气体量少,熔渣又有一定的流动性,因此形成不了坩埚或坩埚不明显。有些产品如钛渣熔炼中能否形成坩埚则决定于工艺制度,在一次性向炉内加满炉料的间断工艺,尽管它也是大量成渣的过程和存在厚料层的静压力,但由于钛精矿的软熔特性使远离电弧的炉料形成烧结壳层,壳上炉料不能自沉,因此也形成坩埚。但薄料层的连续法工艺,炉料是随化随加,从而失去形成坩埚的条件,在这里反应区就是加热区。

4.4.4 熔池反应区功率密度

矿热炉的动力指标有电极截面功率密度、插入熔池内电极有效表面功率密度、炉底面积功率密度、熔池体积功率密度、极心圆面积功率密度(即矿热炉反应区截面功率密度)和反应区体积功率密度等。但以反应区体积功率密度最能代表矿热炉的熔炼特征,不论是圆形矿热炉还是矩形矿热炉,它都是决定反应区温度和熔炼工艺过程的重要条件,选值不当时会引起熔炼过程失常:如果过高,会使熔体温度太高从而易产生沸腾,电极也不能深插,电弧裸露及热效率降低,提取金属元素的烧损严重;如果过低,熔炼效率下降,会导致熔池温度降低、炉底上涨和出炉困难等。

如前所述,理想反应区底圆直径等于极心圆直径,而极心圆直径或等效极心距是已知的,所以能很容易计算出反应区体积。

反应区温度主要由电极端面功率密度和反应区体积功率密度所决定,但前者决定着电极有效表面(电极侧表面电流可忽略不计)上的温度和电极与熔池过渡层的温度,所以电极端面产生能量的传输可以由此为出发点进行模型描述,由于其热流等温面大致是按球形扩散,也就可以用简单球形即只需给出直径来描述矿热炉;而反应区体积功率密度则决定着熔池全方位的总加热面积。这两个参数都是与炉子功率无关的常数,对不同冶炼品种和方法要求有不同的数据;如生铁 $300 \sim 400 \mathrm{kW/m^3}$、铜镍冰铜 $550 \sim 600 \mathrm{kW/m^3}$、刚玉 $760 \sim 1000 \mathrm{kW/m^3}$、电石 $400 \sim 700 \mathrm{kW/m^3}$、钛渣 $550 \mathrm{kW/m^3}$、锰铁 $270 \sim 360 \mathrm{kW/m^3}$(钛渣为前苏联间断法生产时的数据,其余为西欧、北美的数据)。

反应区功率密度的高低,也是电弧和电阻这两种工作制度的不同表现。功率密度越高,则电弧过程明显;反之,电阻过程明显。这是因为反应区和电热区的功率都可按 $P = \rho I^2$ 计算,但电弧制度的反应区截面(体积)小于电热区(是整个渣体的加热),所以通过同样电流的电流密度大即功率密度大、温度高。分析上列的反应区体积功率密度值可以看出,电石的上限值和下限值相差很大,上限值可能适应于空心电极中空加料的电弧工作制度,下限值可能为埋弧(料埋)

的电阻工作制度的应取值。钛渣的不算太高的数据表明为间断法熔炼工艺所特有，对完全电弧制度的熔炼的数据比这个值要高。

就实质而言，决定反应区体积功率密度的因素是电极插入深度。因为电极插入熔池越浅，星形电流的比例越大，则反应区体积缩小即功率密度越高。熔炼过程中的电极插深或插浅，要由工艺制度或配套技术所决定。例如，矿热炉冶炼生铁和锰铁等要求较小的功率密度，即电极深插，是由于它们的电阻电热（角形电流）的比例较高；硅铁等（包括刚玉）的功率密度高但电极不能浅插，既要维持它们要求的冶炼高温，又不破坏正常坩埚的结构；间断法熔炼钛渣的电压电流比若是取值过高，送电后电极会立刻上浮至高料堆表面，不能形成坩埚，而电弧热又难以向下传递，导致上热下凉，这对短渣性极强的钛渣来说即意味着无法正常出炉；熔炼钛渣的连续法工艺就不同了，在电极浅插乃至等离子弧制度的电极不插入熔池的情况下，无论是单电极或三相电极的熔池流过的电极端至炉底或铁液层的星形电流区，还是双电极（或六电极）之间的星形电流区，其体积都比电极深插时减小，即可获得较高的反应区功率密度，而这种上移的高温反应区更贴近炉料，使熔炼得以强化。至于电极浅插的危害，对以上例述的冶炼品种来讲是致命的，而对薄料层或敞开熔池的熔炼钛渣过程，则刚好可以利用钛渣熔体的涨泡性实施比炉料埋弧效果更佳的埋弧。在现代电弧炉炼钢中，就是靠专门造泡沫渣来覆盖长弧以实现超高功率操作的。

4.4.5 电阻电热和电弧电热在熔池内的分配

熔池内有并联的两条电路，即：电阻电热和电弧电热，马克西门柯就是按它们所占的不同比例划分矿热炉熔炼中的电阻制度和电弧制度。不同的冶炼品种或工艺过程，有其各自适宜的比率，冶金工作者的主要任务就是要实现、控制和优化这一比率。

电热比率一般采用星形或角形电路电热量占全部热的比率来表示。在矿热熔炼中，角形电路有的是经过炉料，有的则是经过熔渣，所以对于前者电热比率可称为炉料配热系数，对于后者可称为电阻功率系数。

炉料配热系数（或电阻功率系数）可表示为：

$$C = \frac{Q_料}{Q} = \frac{P_n}{P_m + P_n} = \frac{P_n}{P}$$

式中　　C——炉料配热系数，与入炉料化学性能及炭料的反应性有关；

　　　　$Q_料$——未熔化炉料区所分得热量；

　　　　Q——熔池功率所转换的总热量；

　　P_n，P_m，P——分别为熔池炉料，即角形负载区、星形负载区和熔池的功率。

因为：

$$C = \frac{P_n}{P} = \frac{U_{相效}^2 / R_n}{U_{相效}^2 / R} = \frac{R}{R_n}$$

则：

$$R = CR_n$$

上式说明，炉料配热系数（或电阻功率系数）取决于熔池电阻 R 和电极极柱插入区域的电阻 R_n。当炉料（或熔渣）组成一定即角形电阻 R_n 为定值时，熔池电阻 R 随 C 值成正比的变化。

不同的冶炼品种或工艺方法，对两种电热各占多少的需求是不同的。例如，不需要形成液体的产品（如碳化硅、氰氨化钙等），则可以在 $C = 1$ 的各种条件下运行；对熔炼冰铜，则需视炉料特性确定 C 值，如使用堆密度较小的粉料或球粒、烧结块时，料堆沉入熔池深度较小，要求 $C = 0.7 \sim 0.8$，而熔炼堆积密度较大的块料时，则要求有较大的电弧功率，即 C 值减小至 $0.5 \sim 0.7$；生产电熔镁砂等产品，要靠电弧热熔化物料、靠电阻热维持熔池深度和温度，若是电弧热比率过高，会使化料过快和产生"烧飞"现象，而电阻热比率过高又会导致化料困难、熔化时间延长和除杂（Si、Fe 等）不彻底，选择合适的 C 值是 $0.55 \sim 0.65$；要求温度越高的还原熔炼，则电阻热比率越是应小，如含硅分别为 20%、45%、75%、90% 的硅铁，其合适的 C 值分别为 0.132、0.019、0.044、0.029。

前已述及，炉子运行于较高的操作电阻，可以加大电极插入深度、提高电压电流比、提高功率因数和电效率，可谓一举数得，但这应该建立在熔池两种功率的合理分配比，即不偏离既定产品或工艺的 C 值。因 $C = \frac{R}{R_n}$，如提高 R 值而不能采取措施相应提高 R_n 值，就意味着偏离 C 值即炉子正常运行受到破坏；虽然 R 值增大可使电极能够深插，但其后果是角形电流增加即 C 值更加向大偏离。

理论与实践证明，通过料层的角形（支路）电流只对以熔化为主的熔炼过程（如电熔镁砂、冰铜镍等）才有一定的必要，对以还原为主的则有害，这既增大炉口散热损失又恶化还原过程，特别是熔炼如钛渣等产品时会使炉料过早软熔且料层结壳而增大塌料和翻渣的可能性。减小料层支路电流的方法，对无渣法的熔炼可以靠增大炉料电阻来达到，熔炼钛渣的低电阻炉料则能够利用电极浅插使之减至最小。

4.4.6 电极插入深度与熔池电气特性的关系

电极插入深度反映了熔池反应区在竖直方向的位置，它是决定反应区尺寸及判断炉况的重要特征之一。正常熔炼过程中，电极端部距炉底的距离为一定值，它与冶炼品种、电极直径和矿热炉的电气参数有关。最重要的电气参数是熔池电阻（或其倒数电导），如前所述，它与很多因素有关，其中还与炉子功率有关，这点已由威斯特里理论所阐明：对熔炼既定产品的矿热炉，在同样条件下，熔池电阻与入炉熔池功率的 $-1/3$ 次方成正比。

在一定功率下,电极插入深度主要取决于工作电压和熔池电阻,这三者之间的关系已有物理模型得出如图 4-48 所示的规律性。以电解质浓度表示熔池电导,当增大电导(如由曲线 1 变到曲线 3)时,若维持功率和电极插入深度不变,那就只得将工作电压(线电压)沿横轴平行地从曲线 1 降低至曲线 3,由图可见降低幅度是很大的。熔池电导较大的熔炼过程,采用降低工作电压的办法要因"地"制宜,如熔炼钛渣就不合适。钛精矿炉料和钛渣熔体的电导率比其他矿物原料和普通冶金渣的都要高得多,如液态冰铜的电导率为 30000~100000S/m,其熔渣的电导率为 50~100S/m,而 $w(TiO_2) > 90\%$ 的钛渣电导率在 15000~20000S/m 之间,这说明钛渣的电导率可以达到冰铜的 $1/5 \sim 1/2$ 且为其熔渣的 1000~3000 倍,即使是 $70\% \, TiO_2$ 钛渣的电导率也有 6000S/m,仍是冰铜炉渣的 100 倍左右,可以想象如按熔炼冰铜那样的电极插入深度将需要工作电压小到何等程度。降低工作电压即意味着电气指标恶化,何况电极插入过深还会造成钛精矿炉料熔化减慢及塌料翻渣等。另外,电极插入深度大则角形电流比率增大,反应区功率密度降低,不利于强化熔炼。还需说明一点,熔炼钛渣的熔池电导高,如按通常矿热熔炼的电极插入深度,势必要产生很大的经过渣层和料层的支路(角形)电流,这不仅要降低反应区功率密度还会使炉料过早软熔并结壳而成为塌料翻渣的隐患。在影响角形电流分布比率的熔渣或炉料电导率和电极插入深度这两个因素中,在电极浅插时后者就会成为主导因素,即与熔池电导的关系变得不密切乃至无关,也就是说,尽管熔炼钛渣的熔池电导率高,但只要电极有足够的浅插,角形电流比率也不会高。

在熔液电导一定及电压不变时,增大电极插入深度,如图 4-48 中的曲线 2 在曲线 1 之上和曲线 4 在曲线 3 之上,表明此时矿热炉处在高功率运行状态;若使其运行于原有功率水平上,就得增大熔池电导使电极浅插或大幅度地降低工作电压。后一情况的降低工作电压,将使电极深插,而电极深插又使流过渣层的角形电流比率随之增大,即熔炼变成为渣电阻工作制度,如钒钛磁铁矿金属化球团的熔炼就可以采取这样的渣阻制度,因为它基本上是一个不需要太高温度的熔化分离过程。

对于一定熔池深度,而功率和电导变化范围较大时,电极插入深度与工作电压之间的变化规律接近于图 4-48 上划有斜线的长条区,这说明两者呈反比关系。

4.4.7 极心圆直径与熔池电气特性的关系

极心圆直径(含矩形电炉的电极中心距)是矿热炉熔池的重要参数,它不仅影响着熔池电阻和反应区分布,同时也是选择熔池(炉膛)几何尺寸的一个

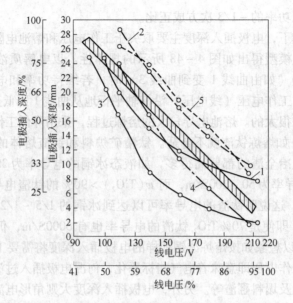

图 4-48 电极的插入深度与电压、功率和电导的关系
1—$P=1000W$，当量浓度为 0.01；2—$P=1300W$，当量浓度为 0.01；3—$P=1000W$，当量浓度为 0.012；
4—$P=1700W$，当量浓度为 0.01；5—$P=1700W$，当量浓度为 0.02

重要依据，前面已按几何学原理论述了电极分布与反应区尺寸的关系，得出合适的极心圆直径 d_p 应等于反应区直径 D，而 $d_p = \dfrac{2l}{\sqrt{3}}$。又已知 $P = I^2R$，则说明在同样电流下最大的熔池电阻对应着最大的熔池功率（有效功率）。极心圆直径与熔池电阻的关系，可由电场理论导出和模型试验得到。

设：l 为两电极间中心距，cm；d 为电极直径，cm；h_n 为电极柱体插入熔池的深度，cm；ρ 是厚度为 h_n 的炉料层（散料或熔体）即熔池角形负载区的电阻率，$\Omega \cdot cm$；d_p 为极心圆直径，cm，并有 $l = \dfrac{\sqrt{3}}{2} d_p$ 关系。

根据基本关系式，角形负载区电阻为：

$$R_n = \frac{\rho l}{S}$$

因为角形负载区的电流是从电极侧表面流出的，其范围构成圆柱体，所以 S 即是角形负载区圆柱体的侧面积；ρ、l 分别为此区的电阻率和长度。

令 x 代表角形区圆柱侧面至电极轴心的距离（cm），则：

$$dR_n = \frac{\rho_n dx}{2\pi x h_n}$$

将 $x = \dfrac{d}{2}$ 到 $x = l/2$ 区间的微分电阻进行积分,得一根电极的角形电阻:

$$R_n = \int_{\frac{d}{2}}^{\frac{l}{2}} \frac{\rho_n \mathrm{d}x}{2\pi x h_n} = \frac{\rho_n}{2\pi h_n} \ln \frac{l}{d}$$

将 $l = \dfrac{\sqrt{3}}{2} d_p$ 代入,则得:

$$R_n = \frac{\rho_n}{2\pi h_n} \ln \frac{\sqrt{3} d_p}{2d}$$

即 R_n 与极心圆直径的自然对数成正比,而式中的 d_p/d 为电极心距倍数 $K_{心}$。因此在其他条件一定的情况下,极心圆直径的大小直接影响着炉料(或炉渣)电阻的变化,从而影响着电热功率在熔池中的分布。

由于 $R = CR_n$,故在熔池炉料配热系数(功率分布系数)C 一定下,R_n 可用 R 表征,说明了在角形负载区(炉料、熔体)电阻即 ρ_n 一定的情况下,熔池电阻既与电极插入深度 h_n 成正比又与极心圆直径 d_p 成反比。但极心圆直径 d_p 一般不应大于反应区直径 D,换言之,$d_p = D$ 时的熔池电阻是其极限,即采用 d_p 值扩大超此极限的做法虽能进一步增大熔池电阻,却要带来电极反应区成为孤岛的弊端。

对物理模型方法研究熔池电阻、极心圆直径、电极直径之间的关系,下面引述浙江工业大学顾伟驷等的试验研究。这是以获得最小电导 G(即最大电阻 R)为目标,在电极直径 $d = 10\mathrm{cm}$、熔池深度 $h = 20\mathrm{cm}$、电极插入溶液深度 $h_s = 15\mathrm{cm}$ 等参数固定的条件下,变化极心圆直径 d_p,得到表 4-3 所列的数据。从试验数据中可以看出:当 d_p 值小时,电极电流较大,G 值大;随着 d_p 值的增大,电极电流 I 减小,G 值减小;当 d_p 值再增大时,电极电流再减小,G 值上升。因此可以得到一个最小 G 值,这就是功率、电效率和功率因数均高的最佳极距。此试验中获得的 G 最小值约等于 0.034S,此时的 $d_p/d = 3.3 \sim 3.6$。

表 4-3 三相水阻模型试验数据

U/V	20	20	20	20	20	20	20
I/A	0.835	0.725	0.685	0.682	0.68	0.695	0.728
d_p/cm	18	24	30	33	36	42	48
G/S	0.04265	0.03625	0.03425	0.0341	0.034	0.02475	0.0364

但是,上述的基于电极直径计算 d_p 的方法,常由于电极直径是根据电流密度确定的,以致在电流密度取值范围较大的情况下,将会引起极心圆直径取值范围的波动较大,难以准确把握。因此,也有采用以极心圆功率密度的计算方法,由于此即反应区截面功率密度,从而可由适合某一熔炼产品或工艺方法的 P_{TV} 值

求得它。

4.4.8 熔池的抗热震性

在熔炼过程中,不可避免地会由于电极在熔池中位置的变化、排放渣铁以及发生短时故障等因素而导致熔池温度的波动。熔池的抗热震性就是指在其温度发生波动时仍可保持工况稳定或波动在允许范围之内的能力。热稳定性又称热惯性。只有熔池达到相当大热惯性,才能建立起非常稳定的热平衡,也只有这样才能适应熔炼过程的要求。热惯性小的炉子,很难应对如排放渣铁、处理故障、减荷运行等会使热平衡遭到破坏的情况,而热平衡的破坏将改变熔渣 – 金属 – 炉气的化学平衡,使熔渣 – 金属平衡向不利于氧化物还原的方向移动,从而降低化学反应速度和炉子产率;熔池温度下降,对短渣性强的熔渣如降至其熔化性温度附近,黏度就会骤增,以致出炉困难甚至无法出炉,这说明熔炼这种产品的矿热炉应具有更大的抗热震性;相对于抗热震性大的炉子,热平衡失态后的恢复也要较难,即需要付出更大的代价才能扭转到炉子正常行程。

矿热炉特别是钛渣炉的设计与运行,应考虑到要尽量提高其热稳定性。矿热炉容量越大则热惯性越大,由于熔池的电阻和电抗都是炉子输入功率的函数,因此可用它们的变化量作为熔池抗热震性的度量。例如,有的研究者对冶炼锰铁的14MW 和 42MW 矿热炉所做测试的结果表明,前者的熔池电阻波动量偏差为0.093、后者的为 0.036。而熔池电阻微小改变对矿热炉阻抗的影响可用下式描述:

$$\frac{dZ}{dR} = \frac{d\sqrt{R^2 + X^2}}{dR} = \frac{1}{2\sqrt{1 + \frac{X^2}{R^2}}}$$

可见,电抗越大,熔池电阻对炉子阻抗的影响越小,电极相对越稳定。出炉时间间隔越长,熔池抗热震性越大。

出炉持续时间,由于出炉过程中熔池通过炉眼与外界大气相通,铁水和熔渣流尽后,以 CO 为主同时会有金属蒸气的高温炉气大量外泄,会使熔池损失大量显热,造成炉温降低。留渣操作是提高熔池抗热震性的一项措施,出铁口和出渣口分离可以使炉内始终保持一定的渣量,能避免因排放渣铁量过多而造成的炉温降低。

4.4.9 电极电流密度及电极载流能力

电极插入熔池即成为熔池的重要组成部分,其与反应区的关系,正如上述指出的,电极端面功率密度决定其埋入熔池部分的温度和反应区过渡的温度。所以,将电极端面功率密度(大致可用电极截面功率密度表示)同样应看作是一种工艺因素且也是与炉子功率大小无关的常数。

在电极离开熔池表面的情况下，基本上可以把电极视为导体。这样，就可以根据允许的受热程度用实验方法得出允许电流密度。通常不能用热传导条件来建立模型，因为热传导与温度的关系在高温时偏离实际，但可以从过程中电极外表面散失的热量来得出。在稳定的工作条件下，电极表面的温度始终是恒定的，电极内部的温度也是稳定的，故电极上的热平衡式为：

$$Q_1 + Q_2 = Q_3$$

式中　Q_1——电极电流通过电极时所产生的热量；

　　　Q_2——从电极端部由下至上传导的热量；

　　　Q_3——电极表面散失的热量。

对于工作条件稳定的发热体来讲，外部表面的热负荷 W_s 维持稳定，即为常数。

电流通过直径为 d、长度为 l 的圆柱放出的功率：

$$P = I^2 r = W_s d \pi l$$

电阻 r 可按下式计算：

$$r = \frac{\rho l}{\pi d^2 / 4}$$

式中　ρ——电阻率，$\Omega \cdot cm$。

因此可得：

$$W_s = \frac{4 I^2 \rho}{\pi^2 d^3}$$

由此得出圆柱体在外表面温度不变时的物理模型关系：

$$I \sqrt{\rho} = k d^{1.5}$$

式中　k——系数。

此式即为电极载流能力与电极直径之间的关系式。有实验公式：石墨电极 $I = 80 d^{1.6}$，自焙电极 $I = 50 d^{1.6}$。据此，相同电极电流值所需的自焙电极和石墨电极的直径比例大约为 1:0.75。

考虑交流电流的集肤效应和邻近效应对电极载流能力的影响，依据电极上的热平衡条件有如下的公式。

石墨电极允许载流能力：

$$I = 105 \times \frac{d^{1.6}}{\sqrt{R_{AC}/R_{DC}}}$$

自焙电极允许载流能力：

$$I = 37.5 \times \frac{d^{1.5}}{\sqrt{R_{AC}/R_{DC}}}$$

式中　$\dfrac{R_{AC}}{R_{DC}}$——电极的集肤效应或邻近效应系数，可由图 4-49 查出。

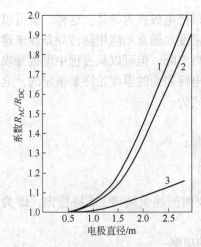

图4-49 交流当量电极电流的集肤
效应和邻近效应与电极直径的关系
1—集肤效应加邻近效应之和；
2—集肤效应；3—邻近效应

实际上，很难建立精确的计算电极载流能力的模型，这是因为既存在复杂的影响因素，又须有适应工艺的条件。在电极插入熔池后，不论熔池是处于电弧制度还是电阻制度，电极都成为熔池的一个组成部分，以致熔池尺寸、功率及电气制度都取决于电极尺寸。在这种情况下，决定电极电流密度就不能仅仅着眼于电极受热条件和损耗条件，还要根据熔炼过程的要求而定。例如，自焙电极的烧结速度和烧结状况就与电流密度和电流分布有关，电流密度过小容易造成电极欠烧而增大软断事故的发生几率，电流密度过大则又会造成电极局部过热、内应力增大使电极易生硬断，同时电极表面热损失也大。在电极主要作为导体使用的电弧工作制度的熔炼过程，没有多大必要考虑电极直径对熔池电阻的作用，可以在工艺条件允许的情况下选择尽量小直径电极即大电流密度。在实际生产中，常采用电流密度来计算电极直径或量度电极的载流能力。

上面讨论的仅是把电极视为导体及以电极的热平衡为依据，但由于电极的受热情况不但取决于电流密度，还与电极的质量、冷却装置等因素有关系，因此上述的电极载流能力算式只能作为选择电极尺寸的参考。一般推荐的允许电流密度，石墨电极为15~20A/cm^2，自焙电极为4~6A/cm^2。随着电极质量的提高或其他措施的配合，电流密度选择在不断增大。图4-50所示为石墨电极载流能力与电极直径的关系，可用于选择电极直径或计算电流密度及其约束条件。

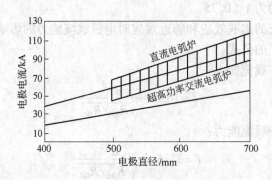

图4-50 交流和直流电极的载流能力与电极直径的关系

4.5 矿热炉的电气特性

矿热炉的电气特性广泛用于分析电极电流、功率、功率因数和电效率之间的关系。

4.5.1 电流圆图

以电压矢量为基准绘制电流圆图时，将二次电流分解成有功电流 I_A 和无功电流 I_R。I_R 的相位垂直于电源电压矢量 U，I_A 则平行于电压矢量 U。电极电流与有功电流和无功电流的关系为 $I^2 = I_A^2 + I_R^2$。电极电流矢量的顶端在电流圆的半圆上移动，如图 4-51 所示。

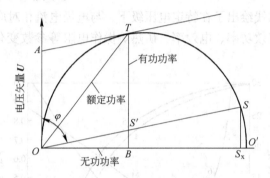

图 4-51　矿热炉特性的电流圆图

当矿热炉阻抗用 OT 代表时，BS' 和 OB 分别代表线路电阻 R_L 和矿热炉感抗 X；TS' 代表矿热炉的操作电阻或有效电阻 R，同时代表矿热炉的有效功率。当 $\varphi = \pi/4$ 时，有功电流和有功功率达到最大值，即：

$$P_{max} = \frac{U^2}{2X}$$

最大有效功率由 TS' 给出：

$$P_{E,max} = \frac{U^2 \sqrt{R_L^2 + X^2}}{2(R_L^2 + X^2 + R_L \sqrt{R_L^2 + X^2})}$$

4.5.2 特定电压级下矿热炉的特性曲线

矿热炉的工作电压、设备电抗、设备电阻等基本数据确定以后，可按下述计算出各电压等级下矿热炉的全部特性参数。

（1）基础测试数据包括：一次电流 I_1，一次电压 V_1，有功功率 P，电极至炉膛电压 U_E。

（2）基本计算数据包括：额定功率 $S = \sqrt{3}I_1V_1$，功率因数 $\cos\varphi = P/S$，无功功率 $Q = S\sin\varphi$，变压器变比 n，二次空载线电压 $V_2 = V_1/n$，二次电流 $I_2 = nI_1$，有效功率 $P_E = 3U_EI_2$，损失功率 $P_L = P - P_E$，矿热炉感抗 $X = \dfrac{Q}{3I_2^2}$，设备电阻 $R_L = \dfrac{P_L}{3I_2^2}$，相电压 $U_2 = V_2/\sqrt{3}$。

（3）不同电压级下矿热炉特性的计算式：额定功率 $S = 3U_2I_2$，矿热炉阻抗 $Z = U_2/I_2$，矿热炉电阻 $R_0 = \sqrt{Z^2 - X^2}$，有功功率 $P = 3I_2^2R_0$，操作电阻 $R = R_0 - R_L$，有效功率 $P_E = 3I_2^2R$，损失功率 $P_L = 3I_2^2R_L$，功率因数 $\cos\varphi = R/Z$，电效率 $\eta = R/R_0$。

矿热炉特性曲线绘出了在特定电压级下，与电极电流相对应的矿热炉额定功率、有功功率、有效功率、电效率、矿热炉操作电阻等参数变化规律，如图 4 - 52 所示。

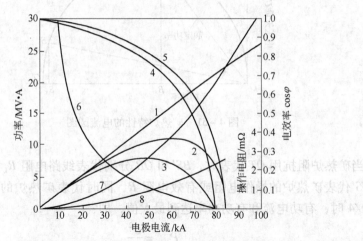

图 4 - 52　12.5MV·A 埋弧矿热炉特性曲线
1—额定功率；2—有功功率；3—有效功率；4—$\cos\varphi$；5—电效率；
6—操作电阻；7—无功功率；8—损失功率

矿热炉当有功功率位于特性曲线最大有效功率的右侧时，损失功率增加、电效率降低。为提高电效率，必须控制电极电流，使其功率因数大于 $\cos(\varphi_0/2)$，其中 φ_0 为最大有效功率时的相位角，应使有效功率在特性曲线上位于最大有效功率的左侧。

4.5.3　特性曲线组和恒电阻曲线

矿热炉的最大输出功率随电压等级的改变而变化。矿热炉特性曲线由各电压等级下有功功率或有效功率随电流变化的曲线组成，如图4-53所示。

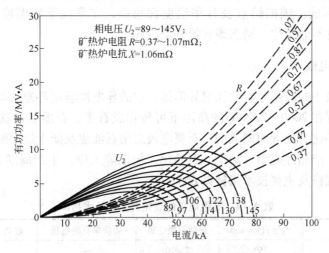

图4-53 特性曲线组和恒电阻曲线

特性曲线组可以用于研究电压等级对矿热炉有功功率的影响，从而优选电压等级。利用关系式$P = 3I^2R$，可以绘成电流-功率关系的等电阻曲线。该曲线与等电压的特性曲线组的交点反映了在恒电阻操作时，提高电压级所得到的功率随电流变化的趋势。在功率变化范围不大时可以认为，维持埋入炉料的电极工作端长度恒定可使熔池电阻保持不变。这样，只要采用有载切换电压而不需要移动电极也可以按照生产工艺要求改变矿热炉功率。

实际上，绝对的恒电阻操作是不可能实现的。矿热炉功率的变化必然引起炉膛电流分布和温度分布的改变，炉膛温度提高势必引起熔池电阻降低，从而改变了矿热炉恒电阻的操作特性。

4.6 电极

电极是把电能转化为热能的载体。电极把大电流源源不断地输送到矿热炉中，是影响矿热炉生产和运行指标的重要组成部分。随着矿热炉容量的大型化，电极几何尺寸不断增大，最大电极直径已达2m，通过电极的电流超过150kA，电极工作端长度可达4m以上，质量达到65t。

矿热炉使用的电极有预焙电极和自焙电极两种。预焙电极又有石墨电极和炭电极之分。根据不同的矿热炉容量、产品品种、工艺方式，应选用不同的炭素材料电极。

自然界中存在三种不同形态的碳的同素异形体。金刚石结晶属于等轴晶系，其强度高、硬度大，几乎不导电，导热性能也很差。石墨晶体属于六方晶系，碳原子排列成六角形，构成层状结构的平行平面，石墨是电和热的良导体。煤炭和木炭为无定形碳。碳的熔点及升华温度都很高，在常压下其温度即使升高到3000℃以上也不会熔化，同态碳直接升华为气态。

4.6.1 预焙电极

石墨电极中的石墨是碳的同素异形体，它的导电性能比普通的炭素高4倍左右。普通炭素在2000~2500℃的高温下可转化成石墨。石墨电极就是炭电极经过高温的石墨化炉处理而制成的。石墨电极采用石油焦及沥青焦为原料，以煤沥青为黏结剂，产品经成型、焙烧、石墨化、加工等工序，生产周期长达几十天。石墨电极的规格及主要技术指标见表4-4。

表4-4 石墨电极的规格及主要技术指标

技 术 指 标	电极直径/mm	普通石墨电极	高功率石墨电极	超高功率石墨电极
允许电流负荷/kA	250	7~10	—	—
	300	10~13	13~17.4	—
	400	18~23.5	21~31	24~40
	450	22~27	24~40	32~45
	500	24~32	30~48	38~55
电阻率/$\mu\Omega \cdot m$	电极	≤8.4~11	≤7	≤6.5
	接头	≤8.5	≤6.5	≤5.5
抗折强度/MPa	电极	≥9.8~6.4	≥9.8	≥10.0
	接头	≥12.7	≥15.0	≥15.0
弹性模量/MPa	电极	≤0.93×10⁴	≤1.2×10⁴	≤1.4×10⁴
	接头	≤1.37×10⁴	≤1.4×10⁴	≤1.5×10⁴
体积密度/$g \cdot cm^{-3}$	电极	≥1.58~1.62	≥1.6	≥1.65
	接头	≥1.63~1.68	≥1.7	≥1.75
线膨胀系数 (100~600℃)/K^{-1}	电极	≤2.9×10⁻⁶	≤2.2×10⁻⁶	≤1.4×10⁻⁶
	接头	≤3.0×10⁻⁶	≤2.4×10⁻⁶	≤1.6×10⁻⁶

炭电极是以低灰分的炭素材料（如低灰分的无烟煤、冶金焦、沥青焦、石油焦等）作原料，按一定比例和粒度组成，混合并加入黏结剂沥青，在一定的温度下搅拌均匀，压制成型，然后在焙烧炉中缓慢焙烧制成的。炭电极有一定的形状和强度，可直接安装到矿热炉上使用，两端加工成螺丝接头以便于接长，如图4-54所示。空心炭电极与空心自焙电极相比，具有应用工艺简单、操作简便、对环境无污染、综合成本低等优点。

炭素材料的主要性能有密度、强度、抗热震性、电阻率、弹性模量及热学性质等。

4.6.1.1 密度

炭素材料属于多孔结构。包括孔度（开口气孔与闭口气孔）在内的每单位体积材料的质量，称为体积密度。不包括孔度在内的每单位体积材料的质量，称为真密度。

由炭素材料的体积密度及真密度可计算炭素材料的孔隙率，计算公式为：

$$孔隙率 = \frac{D_真 - D_体}{D_真}$$

式中　　$D_真$——真密度，g/cm^3；

　　　　$D_体$——体积密度，g/cm^3。

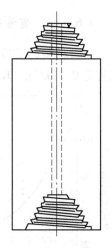

图4－54　空心炭电极

石墨电极真密度范围是 $2.19 \sim 2.23g/cm^3$，体积密度范围是 $1.50 \sim 1.65g/cm^3$；炭电极真密度范围是 $1.95 \sim 2.15g/cm^3$，体积密度范围是 $1.45 \sim 1.55g/cm^3$；自焙电极经烧结后的真密度范围是 $1.80 \sim 1.95g/cm^3$，体积密度约为 $1.45g/cm^3$。

4.6.1.2 强度

炭素材料在常温下的强度较低，为钢材的 $1/30 \sim 1/20$。在 2500℃以内，炭素材料的强度随温度的升高而增大。在 2500℃，其强度约为常温下的 2 倍（炭开始升华）。

试验结果表明，炭素材料的抗拉强度、抗折强度和抗压强度之间存在如下关系：

抗压强度 ≈ 2 × 抗折强度 ≈ 4 × 抗拉强度

因此，应尽量避免炭素材料拉伸和弯曲的作用。几种电极的强度性能见表4－5。

表4－5　电极的强度性能　　　　　　　　　　　　（MPa）

电极种类	抗压强度	抗折强度	抗拉强度
一般石墨电极	16 ~ 32	5 ~ 18	3 ~ 12
炭电极	20 ~ 22	约6	2.5
焙烧后的自焙电极	17 ~ 28	5 ~ 10	3 ~ 5

影响炭素材料强度大小的因素如下：（1）炭素原料强度。炭素原料强度越大，成品的强度也越大。（2）粒度。增加细粒度比例，有助于提高产品的强度。（3）黏结剂的性质及用量。采用软化点较高的硬沥青比采用软沥青所得的产品强度更大些。（4）原料和中间产品的煅烧条件。（5）石墨化程度。

4.6.1.3 质量热容、热导率和线膨胀系数

炭素材料的质量热容随温度的变化而改变，低温时较小。室温下石墨的质量热容为0.71J/(g·K)、1000℃时为1.88J/(g·K)、1500℃时为2.05J/(g·K)。

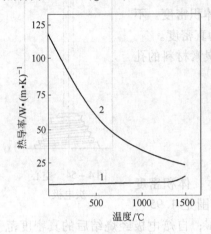

图4-55 炭素材料热导率和温度的关系

1—炭电极；2—石墨电极

尽管碳和石墨的质量热容相差不多，但热导率却相差几倍甚至几十倍。石墨是热的良导体，石墨化程度越高，品格越完善的石墨热导率越高。炭素材料的体积密度越大，热导率越大；孔隙率越大，热导率越小。炭素材料的热导率一般随温度的升高而减小，其关系曲线如图4-55所示。

常温下测得的碳的热导率 κ 与电阻率 ρ 之间的关系有如下经验公式：

$$\kappa\rho = 0.00130$$

炭素材料的线膨胀系数很小，其数值随温度的升高而略有上升。在20~200℃之间，沿挤压方向测得的线膨胀系数为 $(2~2.5) \times 10^{-6} K^{-1}$。而当温度范围扩大到20~1000℃时，线膨胀系数提高到 $(2.5~5.51) \times 10^{-6} K^{-1}$。

4.6.1.4 弹性模量

弹性模量是表示材料所受应力与因此产生的应变之间关系的物理量。石墨电极弹性模量的测定方法执行国家标准GB/T 3074.2—2008。

炭素材料属于脆性材料，弹性模量较低。表4-6列出了各种炭素材料的弹性模量值。

表4-6 炭素材料的弹性模量 （GPa）

电极种类	普通石墨电极	高功率石墨电极	炭电极	自熔电极
弹性模量	7.7~9.8	10.7~12.2	5~7	约3.5

石墨的弹性模量一般是随着温度的上升而提高，不同的材料上升的幅度有差别。当温度上升至1800℃时，石墨材料的弹性模量比室温时提高40%~50%。

4.6.1.5 电阻率

炭素材料是与金属类似的导电材料，其电阻率较小，具有明显的方向性。炭素材料热处理温度越高，电阻率越小。各种炭素制品的电阻率见表4-7。

表 4 – 7　各种炭素制品的电阻率

名　称	石墨电极	炭电极	自焙电极
电阻率/μΩ·m	6 ~ 10	21 ~ 25	55 ~ 80

4.6.1.6　抗热震性

炭素材料抵抗温度剧烈变化的性能称为抗热震性或耐热冲击性，有时也称为热稳定性。

抗热震性可用下式表示：

$$R = \frac{\kappa S}{\alpha E}$$

式中　κ——热导率；

　　　S——抗拉强度；

　　　α——线膨胀系数；

　　　E——弹性模量。

4.6.2　自焙电极

自焙电极是使用无烟煤、焦炭、沥青和焦油，在一定的温度下制成固态电极糊。在矿热炉上用薄钢板制成电极壳，固态电极糊在电极上方添加到电极壳内；利用电极自身的热量和炉口燃烧热，使电极糊受热熔化后充填到电极壳内部空间，挥发分逸出使电极糊固化完成烧结过程。因边使用、边成型、边烧结，故省去了压型和焙烧工序，其价格也相对较低。自焙电极的结构和温度分布如图 4 – 56 所示。

4.6.2.1　电极壳

A　电极壳的作用和构造

自焙电极的电极壳是用薄钢板制成的圆筒，由金属外壳和径向分布的肋片组成。

电极壳的主要作用如下：

（1）作为电极糊成型的模具；

（2）将电流传输给进行烧结的电极糊；

（3）作为焙烧电极的加热体；

（4）低温下承受电极的重量。

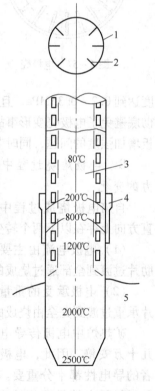

图 4 – 56　自焙电极的
结构和温度分布
1—电极壳；2—肋片；
3—电极糊；4—铜瓦；
5—炉料

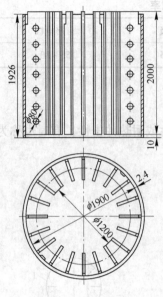

图 4 - 57　电极壳

传统上制作的电极壳是在薄钢板制成的圆筒内等距并连续焊接若干肋片，每个肋片还做成若干个切口，将各切口切成小三角形孔，也有的制成圆形孔，如图 4 - 57 所示。这样制成的电极壳强度较差，易被电极抱紧装置压坏。为了保证电极壳不被压坏，电极抱紧装置的液压或气压就无法调到理想压力，从而造成在压放、倒拔电极过程中，当压力偏小时，易造成电极下滑或压放、倒拔电极工作不稳定；当压力偏大时，电极壳又易被气囊或闸瓦压变形而引发故障，影响矿热炉的安全运行。

一种改造后的高强度电极壳如图 4 - 58 所示。在电极壳内设两个增加电极壳强度的"增强度装置"，合理选择定位尺寸，在电极壳端头设计"导向连接套"。经改造后的"高强度电极壳"的抗压强度和力学性能比原电极壳增加一倍，抗压强度达到 0.2 ~ 0.35MPa，且对接性好，完全满足了抱紧装置对电极壳的强度要求，彻底避免了电极壳变形事故的发生，解决了大炉子电极壳制作必须用较厚冷轧钢板增加强度的问题，同时节约了电极壳制作成本。

B　电极焙烧过程中导电与承重能力的变化

自焙电极烧成过程中，在电极的垂直方向上存在以下两个转变：

(1) 电极电流由主要通过电极壳和肋片过渡到全部通过烧成的炭电极；

(2) 电极承受的重量由电极壳和肋片承重过渡到完全由烧成的炭电极承重。

矿热炉中电极传导电流达几万甚至几十万安培，因此，电极壳和炭电极两者的导电性都十分重要。构成电极的两种材料导电性是互相补充的。钢的导电能力随温度的增高而降低，而碳的导电

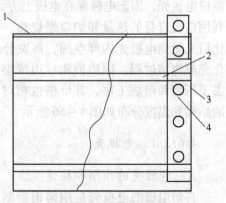

图 4 - 58　高强度电极壳
1—导向连接套；2—增强度装置；
3—电极壳；4—肋片

能力随温度的增高而增加，如图 4 - 59 所示。当电极壳和肋片的截面积与电极截面面积之比为 1 : 75 时，在 750℃ 下，碳与金属具有相同的导电能力。在更高的温度下，金属氧化或熔化而由烧成的炭素材料承受全部电流。

金属部分比例过小，电极壳不能承受全部电极电流，容易发生电极流糊或软断。金属部分比例过高，导电能力过大，由金属导电向炭素材料导电转变的部位会偏向铜瓦下沿。这种转变发生在温度较高的部位，特别是肋片部位（图4-60），会造成该部位电极焙烧速度过快、电极疏松。

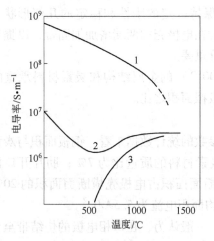

图4-59　自焙电极的导电性随温度的变化
1—电极壳；2—电极；3—碳

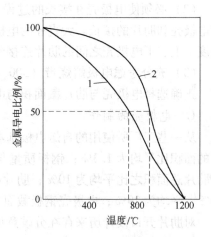

图4-60　自焙电极中金属导电的转变
1—正常比例；2—金属面积比例过大

钢和炭素材料的强度随温度的提高而发生不同的改变。钢的强度随温度升高而降低，炭电极的强度随温度的升高而增强。图4-61所示为按直径为1500mm的电极计算的电极壳和炭电极极限承重量与温度的关系。从图4-61中看出，当温度大于800℃以后，几乎全部质量由炭电极承重，炭电极承重的过渡区域为电极的烧结带（即500～800℃范围内）。

在500～800℃时，普通低碳钢的弹性极限是40MPa，实际使用时不能超过20MPa。肋片的截面积可按承载电极质量的50%来计算。如果肋片不能承担电极自重，则应考虑增加螺纹钢或带钢。矿热炉设计中

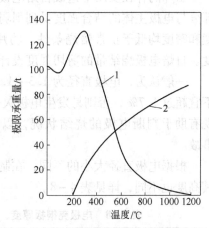

图4-61　电极壳和炭电极极限
承重量与温度的关系
1—电极壳；2—炭电极

必须重视铜瓦对电极的夹持作用。当铜瓦对电极的抱紧力为0.1～0.2MPa时，铜瓦可以承担60%左右的电极质量。

通常电极壳是由冷轧钢板制成的，电极壳的设计必须充分考虑以下因素：

（1）在电极糊未烧结前（500℃以下），电极壳和肋片能承受电极的全部质量，在轴向允许通过应承担的电流而保持一定的强度。钢板安全使用面积电流通常为 $(2.5 \sim 2.7) \times 10^4 A/m^2$；在铜瓦下部已烧结的炭电极可以承受50%电流的情况下，电极壳的面积电流可以按 $5 \times 10^4 A/m^2$ 左右考虑。

（2）必须使电极壳在接长的过程中保持一定的刚性和稳定的几何形状，方便电极壳和肋片的接长。大直径的电极常在电极壳的两端增加加固带，以提高其强度。上、下电极壳之间的肋片连接十分重要。

（3）充分考虑电极焙烧带（500～800℃）的金属结构和炭素材料承重的平衡。正确选择电极壳与肋片截面积与电极截面积之比。

C 电极壳的制作

从一些工厂所使用的自焙电极基本参数的统计数据来看：钢板面积与炭素材料的面积比平均为1.3%；钢板质量与炭素材料的质量比为7%；肋片开口面积与肋片总面积之比平均为10%；肋片横断面面积占电极壳横断面面积的20%～40%，平均为29%；电极壳钢板截面平均面积电流为 $5.5 A/m^2$。

对肋片开口设计历来存在分歧意见。一般认为，在每相电极的烧结带至少要在轴向始终保持有一个肋片开口，同一电极壳的各个肋片开口应位于不同的垂直高度，肋片径向开口应位于肋片的中部。

肋片的存在实质上造成自焙电极烧成后结构不连续和裂缝，被肋片所分割的部分与电极主体的结合强度受到削弱。靠近肋片的部位电极糊烧结速度较高，强度和密度均低于正常焙烧条件。肋片开口的设置有助于加强电极外围部分的强度。自焙电极烧结带的剪切强度设计极限约为1MPa。

一般认为，电极直径为1.3～1.5m时，电极壳的钢板与炭素材料面积之比不宜超过1.7%，否则易发生电极欠烧和软断事故。下放电极时观察电极壳的外观有助于判断电极的烧结状况，以控制下放电极的速度，避免出现电极软断事故。

根据电极直径大小的不同，在制作电极壳时所采取的钢板厚度和肋片数量及其高度也不同，详见表4-8。

表4-8 电极壳钢板厚度、肋片数量及其高度与电极直径的关系

电极直径/mm	钢板厚度/mm	肋片数量/个	肋片高度/mm
300～600	1.0～1.25	3～5	60～150
600～900	1.25～1.5	5～7	150～200
900～1200	1.5～2.0	7～9	200～260
1200～1500	2.0～2.5	9～16	260～350

4.6.2.2 电极糊

A 电极糊制备工艺

电极糊是以无烟煤、冶金焦或石油焦作骨料，适当配加石墨粉，用煤沥青或配加煤焦油作黏结剂充分混匀制成的。电极糊的制备工艺如图4-62所示。我国电极糊的技术指标见表4-9~表4-13。

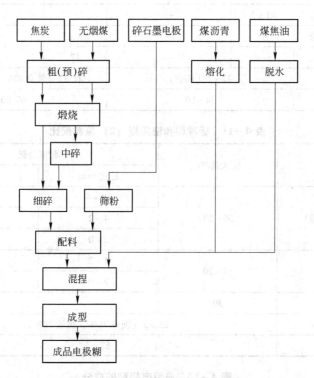

图4-62 电极糊的制备工艺流程

表4-9 电极糊质量标准

牌 号	THD-1	THD-2	THD-3	THD-4	THD-5
灰分含量/%	≤5.0	≤6.0	≤7.0	≤9.0	≤11.0
挥发分含量/%	12.0~15.5	12.0~15.5	9.4~13.5	11.4~15.5	11.4~15.5
耐压强度/MPa	≥17.0	≥15.7	≥19.6	≥19.6	≥19.6
电阻率/μΩ·m	≤68	≤75	≤80	≤90	≤90
体积密度/g·cm⁻³	≥1.36	≥1.36	≥1.36	≥1.36	≥1.36

注：THD-1、THD-2用于密闭矿热炉，称密闭糊。其余各牌号用于敞口矿热炉，称为标准糊。

表 4-10 标准糊和密闭糊（1）原料配比

<table>
<tr><td rowspan="2" colspan="2">名　称</td><td colspan="3">标准糊</td><td colspan="3">密闭糊（1）</td></tr>
<tr><td>配入量/%</td><td>粒度/mm</td><td>用量/%</td><td>配入量/%</td><td>粒度/mm</td><td>用量/%</td></tr>
<tr><td rowspan="11">固体料</td><td rowspan="3">无烟煤
（普煅）</td><td rowspan="3">59±5</td><td>20~4</td><td>40</td><td rowspan="3">50±5</td><td>20~4</td><td>40</td></tr>
<tr><td>4~2</td><td>10</td><td>4~2</td><td>5</td></tr>
<tr><td>2~0</td><td>9</td><td>2~0</td><td>5</td></tr>
<tr><td>冶金焦粉</td><td>41±5</td><td>—</td><td>—</td><td>—</td><td>—</td><td>—</td></tr>
<tr><td>石油焦粉</td><td>—</td><td>—</td><td>—</td><td>33±5</td><td>—</td><td>—</td></tr>
<tr><td>石墨碎</td><td>—</td><td>—</td><td>—</td><td>17</td><td>—</td><td>—</td></tr>
<tr><td colspan="2">油分含量/%</td><td colspan="3">22±2（沥青）</td><td colspan="3">21±2（沥青85%，焦油15%）</td></tr>
<tr><td colspan="2">软化点/℃</td><td colspan="3">74~90</td><td colspan="3">67±3</td></tr>
</table>

表 4-11 标准糊和密闭糊（2）原料配比

<table>
<tr><td rowspan="2">名　称</td><td rowspan="2">配入量/%</td><td colspan="2">粒度分级</td></tr>
<tr><td>粒度/mm</td><td>用量/%</td></tr>
<tr><td rowspan="3">无烟煤（电煅）</td><td rowspan="3">50~53</td><td>12~4</td><td>40</td></tr>
<tr><td>4~2</td><td>5</td></tr>
<tr><td>2~0</td><td>5</td></tr>
<tr><td rowspan="2">石墨碎</td><td rowspan="2">17~20</td><td>4~2</td><td>10</td></tr>
<tr><td>2~0</td><td>10</td></tr>
<tr><td>石油焦粉</td><td>30</td><td>—</td><td>—</td></tr>
<tr><td>油分含量/%</td><td colspan="3">21±2（沥青78%，焦油22%）</td></tr>
<tr><td>软化点/℃</td><td colspan="3">62±1</td></tr>
</table>

表 4-12 典型电极糊的成分 （%）

名　称	固定碳	挥发分	灰分	硫分	灰分组成					
					SiO_2	FeO	Al_2O_3	CaO	MgO	P
标准糊	80.98	13.26	5.76	0.50	41.6	15.1	23.2	8.1	2.8	0.17
密闭糊（1）	82.95	13.12	3.93	0.41	31.5	18.1	18.4	10.0	5.5	0.19
密闭糊（2）	85.04	13.24	2.72	0.33	33.3	21.5	15.2	12.5	2.7	0.16

表 4-13 典型电极糊的性质

名　称	真密度/g·cm⁻³	体积密度/g·cm⁻³	孔隙率/%	抗压强度/MPa	电阻率/μΩ·m
标准糊	1.91	1.44	23.3	25.8	60.9
密闭糊（1）	1.92	1.45	25.3	23.6	57.8
密闭糊（2）	1.95	1.45	25.5	23.5	55.7

B 制备电极糊的原料

制备电极糊所用原料的质量好坏直接影响电极使用效果。

(1) 无烟煤。无烟煤是变质程度较高的煤种,具有挥发分低、致密、坚硬、发热值高、燃烧时火焰短而少烟、不结焦的特点。其发热值为 32 ~ 35MJ/kg,热稳定性好。煅烧无烟煤的目的是排除水分和挥发分,增加密度,提高强度,增加导电性,提高化学稳定性。经回转窑在 1250 ~ 1350℃ 下煅烧的无烟煤称为普煅无烟煤,经电煅炉在高于 1700℃ 温度下煅烧的无烟煤称为电煅无烟煤。电煅无烟煤可以达到半石墨化程度,随着矿热炉向大型化发展,电煅无烟煤将逐渐代替普煅无烟煤。

(2) 冶金焦和石油焦。冶金焦是利用焦煤(30% 左右)搭配气煤、肥煤、瘦煤,在炼焦炉内经焦化处理(1000 ~ 1300℃)而生产的。石油焦是石油炼制的副产品,石油焦灰分含量一般小于 1%。石油焦在高温下容易石墨化,主要用于制备密闭糊。

(3) 煤沥青与煤焦油。两者是电极糊的黏结剂。密闭糊中加入适量的石墨碎,同时加入少量的煤焦油可以降低黏结剂的软化点。用石油焦代替冶金焦,使密闭糊在烧结过程中有较好的导电性和导热性,烧结速度较快。但加入焦油后,密闭糊的孔隙率大于标准糊,强度低于标准糊。

C 制备电极糊应注意的问题

(1) 糊料混合是在卧式双辊混捏机上进行的,混捏的目的是填充固体炭素料颗粒的间隙,并使分散的固体颗粒表面涂上一层黏结物,将其颗粒黏结在一起,混捏成均匀糊料。把按一定比例配好的固体料加入混捏机,搅拌 30min,使糊料混合均匀,糊温达到 115 ~ 140℃,可将糊料送往成型。电极糊的形状以加入方便、便于保管为准。电极糊块度过小不便于保管,在气温高时容易黏结和被粉尘污染。块状糊易造成悬糊,采用圆柱形电极糊有助于克服以上不足。

(2) 电极糊中的无烟煤占 50%,无烟煤破碎成较大的粒度,一般在 20mm 以下。控制粒度组成的目的是使颗粒之间互相填充最为密实,因此得到强度大、导电性好的电极。

(3) 黏结剂的加入量不能过少,否则在制备电极糊时不易搅拌均匀,电极烧结以后强度不够;但也不能过多,否则电极糊会过稀,在烧结过程中会造成颗粒分层、组织不均匀。制备电极糊时,黏结剂加入量为固体料的 20% ~ 24%。

(4) 在电极糊中加入部分石墨可以增加其可塑性、减少糊与压料壁和压缩嘴壁之间的摩擦以及糊本身内的摩擦、改善压型条件,这样就有可能获得更为致密的制品。加入少量(5% ~ 10%)的石墨,可增加制品的电导率、热导率和热稳定性。因此,生产电极糊时在标准糊中配加石墨化焦,在密闭糊中配加石墨碎。

4.6.2.3 自焙电极的烧结

A 自焙电极的烧结过程

自焙电极的温度分布如图 4-63 所示。

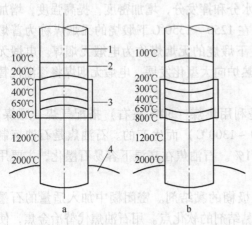

图 4-63 自焙电极温度分布
a—敞口炉；b—密闭炉
1—电极；2—电极壳；3—铜瓦；4—炉料

自焙电极的焙烧过程可分为以下几个阶段：

（1）温度由室温升至 200℃，电极糊由块状逐渐熔化至全部成为液态。温度在 100℃ 以下的区域为固体电极糊区域。在铜瓦上沿温度为 100~200℃ 的区域，电极糊开始软化呈塑性，此区间内仅其中的水分和低沸点的成分开始挥发。该处的温度可通过电极把持筒上部装设的通风机来调节。为了保证寒冷季节密闭矿热炉电极的烧结，可向电极把持筒内送热风。

（2）铜瓦部位为电极烧结带，温度为 200~800℃。电流通过电极壳和肋片加热电极糊，使挥发分逸出，电极糊转变成具有一定强度的导电体。温度由 200℃ 升至 600℃ 的区间内，熔化电极糊中的黏结剂全部开始分解、气化，排出挥发物，尤其在 400℃ 左右时进行得最为激烈，电极糊由熔融态逐渐变为固态。一部分碳氢化合物在糊柱的压力下残留在电极糊中，形成热解碳。电极下放速度慢或矿热炉长时间超负荷运行会造成电极过烧，使烧结带高于铜瓦，严重时会使电极壳变形、电极直径增大，以至于电极无法正常下放。

（3）温度由 600℃ 升至 800℃，在此期间少量的残余挥发物继续排出，经过 4~8h，当电极从铜瓦中出来后电极烧结基本结束。铜瓦以下至电极工作端部温度继续升高，电极壳熔化或氧化脱落。电极内部温度可以达到 2000℃ 以上。电极端部是炉内温度最高的区域，也是化学反应最激烈的部位，炭质电极参与化学反应是电极消耗的主要原因。为保证工作端长度，电极焙烧速度应与电极消耗相适应。

一般挥发物从三个地方排除：从电极壳的焊缝中排出；电极烧结后体积收缩，挥发物从电极与铁壳之间的缝隙中逸出；在电极冷却风量小的情况下，气化温度低的成分从电极壳上口排出。其中，主要排出途径是电极与铁壳之间的缝隙。

自焙电极的烧结有一定的自我调节能力。流向电极的电流大部分流经铜瓦下部已经烧结好的电极，由于该部位电阻较小，所产生的电阻热是有限的，当烧成带足够大时，由电极烧成带向上的传热量较少。这时，电极的烧结速度减慢，烧成带处于稳定状态。这种调节机制使自焙电极得以适应变化的炉况和运行条件。

B 自焙电极的烧结热量

电极烧结的热量主要来自电流通过电极内部产生的热量和铜瓦与电极接触的电阻热，还有少量来自炉内的传导热和辐射热。

(1) 电阻热。电流通过自焙电极本身所产生的电阻热，占输入电流的3% ~ 5%。电阻热可按下式计算：

$$Q = 0.24I^2Rt$$

式中　Q——电阻热；

　　　I——通过电极的发热电流；

　　　R——电极本身电阻；

　　　t——电流通过电极的时间。

电流 I 的大小，可通过改变电极把持方式来改变。组合把持器就是通过直接夹紧肋片的方式，消除了圆筒电极的集肤效应，使电极的发热电流变大，从而使电极更易烧结。电阻 R 主要由电极糊的材质决定，电阻率高，电极烧结得就快。

(2) 传导热。自焙电极热端与冷端温度相差悬殊。热端的热量沿电极向上传导，使由上向下移动的电极糊被加热。

(3) 辐射热。由炉内温度向上辐射的热量即为辐射热。

密闭炉基本没有辐射热，电极烧结主要是通过电阻热来完成。

烧结带消耗的热量有铜瓦冷却水带走的热量和电极烧结热量。电极烧结热量包括挥发分的汽化热、相变热、电极升温热和向环境辐射的热量。自焙电极烧结带的热平衡如图4-64所示。

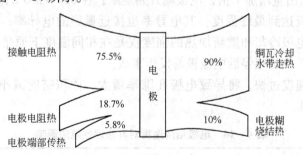

图4-64　自焙电极烧结带的热平衡

铜瓦与电极之间接触电阻产生的热几乎立即被铜瓦冷却水带走。由于电极温度远远高于铜瓦温度，还有一部分电极电流产生的电阻热向铜瓦传递，由冷却水带走。

C 自焙电极的烧结特性

自焙电极电阻率与焙烧温度的关系如图 4-65 所示。当温度低于 100℃时，由于煤沥青、煤焦油的熔化使电极糊的电阻率上升。当温度高于 100℃时，电阻率大幅度下降。在 700℃时，电阻率下降了约 98%。温度进一步提高，电阻率平稳下降，在 900℃时为 82μΩ·m，在 1000℃时为 65μΩ·m，在 1200℃时为 55μΩ·m。

焙烧时电极抗压强度的变化随温度升高而增加，如图 4-66 所示。加热温度低于 400℃时，电极糊由固态变为可塑性物质，没有强度。当温度由 400℃上升到 700℃时，电极抗压强度急剧上升到最大值 55MPa，继续加热到 1200℃后不再发生任何变化。

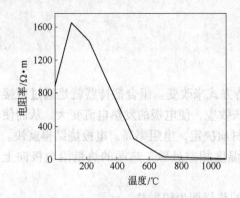

图 4-65 自焙电极的电阻率与
焙烧温度的关系

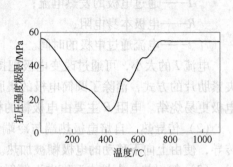

图 4-66 自焙电极抗压强度
随温度的变化

由图 4-67 可见，新焙烧的电极强度较高。在 400℃以上挥发分大量逸出，到 500℃气体逸出量增加 7 倍，电极糊开始烧结；在 600~700℃范围内，黏结剂变为残炭，电极达到最终强度，其电导率也接近最终的电导率；在 1500℃以下温度范围内，电极冷却和重新加热的强度仅是在相同温度下原焙烧强度的 50% 左右。因此，矿热炉热停后电极极易发生事故。

电极焙烧速度过快，将导致电极孔隙率增大、体积密度减小、电极强度下降，见表 4-14。

表 4-14 电极焙烧速度对其物理性能的影响

加热速度/℃·h⁻¹	体积密度/g·cm⁻³	孔隙率/%	抗压强度/MPa	电阻率/μΩ·m
15	1.516	22.57	55.7	60.91
25	1.459	23.47	51.5	60.7
50	1.479	25.46	51.0	65.8

续表 4 - 14

加热速度/℃·h⁻¹	体积密度/g·cm⁻³	孔隙率/%	抗压强度/MPa	电阻率/μΩ·m
150	1.436	26.66	41.6	77.28
200	1.419	27.53	40.0	78.24

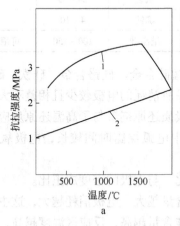 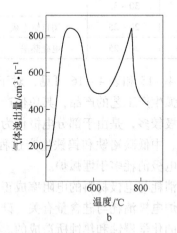

图 4 - 67　自焙电极的抗拉强度和气体逸出量与温度的关系

a—抗拉强度与温度的关系；b—气体逸出量与温度的关系

1—初次加热；2—冷却后重新加热

4.6.3　电极的使用和维护

4.6.3.1　电极消耗

　　影响电极消耗的主要因素有冶炼工艺特性、电极材质和质量、电极表面的氧化作用、矿热炉负荷、电极事故及电极管理。

　　单位质量产品的自焙电极和石墨电极消耗量见表 4 - 15 和表 4 - 16。

表 4 - 15　部分产品自焙电极消耗量

产品	电极消耗量/kg·t⁻¹	产品	电极消耗量/kg·t⁻¹	产品	电极消耗量/kg·t⁻¹
硅铁45	34~40	高硅硅锰合金	64~70	中低碳铬铁	30~40
硅铁75	50~60	硅锰合金	24~40	钨铁	44~55
硅钙合金	200~250	中低碳锰铁	20~30	电石	25~35
碳素锰铁(有溶剂法)	30~35	碳素铬铁	20~30	钛渣	25~35
碳素锰铁(无溶剂法)	14~25	硅铬合金	34~45		

表 4-16 部分产品石墨电极消耗量

产品	电极消耗量 /kg·t⁻¹	备 注	产品	电极消耗量 /kg·t⁻¹	备 注
低碳锰铁	10~15	可用自熔电极	真空铬铁	5	固态真空脱碳法
金属锰	30~35		钒铁	24~35	
低碳铬铁	20~25	可用自熔电极	磷铁	4~10	
微碳铬铁	20~25	电硅热法	结晶硅	100~150	可用炭素电极

由表 4-15 和表 4-16 可见，对于锰硅合金、硅铬合金、硅铁、碳素铬铁、电石等埋弧生产工艺的产品，其单位产品所消耗的电极较少且相差不大；硅钙合金消耗电极较多，是由于部分电极作为炭质还原剂参与了高温还原反应。由于中低碳锰铁、中低碳铬铁和钨铁生产过程中电弧裸露时间较长，电极氧化损失较大，因此电极消耗多于埋弧炉。

电极消耗与电极材料的电阻率成正比，与电极的密度成正比。

硅铁炉电极消耗与硅含量有关，硅含量越大，电极消耗越大，这主要是由高温反应区的化学侵蚀和热蚀所造成的。硅含量越高，反应区温度越高，坩埚区的 SiO 蒸气分压越大。对于相同功率的矿热炉，电极直径越小，电极消耗越大；矿热炉功率越大，电极消耗越大。

4.6.3.2 降低石墨电极消耗的措施

降低石墨电极消耗的措施，主要立足于电极材料的改进、电极表面处理和采取冷却电极等手段。电极表面氧化损失降低后，电极头损失也随之降低。具体措施如下：

(1) 金属陶瓷涂层电极。涂层电极采用普通石墨电极作原料，表面用等离子喷枪喷涂一层金属铝薄膜，在铝层外部涂一层耐火泥浆，最后用电弧的高温使金属铝与耐火材料熔化在一起，反复 2~3 次，形成既能导电又能在高温下抗氧化的金属陶瓷层。抗氧化涂层具有以下性能：电阻率为 $0.07~0.1\mu\Omega\cdot m$；在 900℃ 以下，工作 50h 之内不会产生气体渗透；涂层材料分解温度在 1850℃ 以上。与相同质量的石墨电极相比，使用带抗氧化涂层的石墨电极可降低电极消耗 20%~40%。

(2) 无机盐浸渍电极。采用硼酸盐和磷酸盐浸渍法可以提高石墨电极的抗氧化能力，同时提高石墨电极的强度。浸渍过程在低真空条件下进行，将预热的石墨电极浸入热的浸渍液中，使无机盐渗入石墨的微孔中去，浸渍过程为 3~4h，然后干燥和进行表面处理。浸渍电极表面导电能力比涂层电极要好，使用浸渍电极可降低电极消耗 20% 左右。

（3）无机盐和金属粉涂层。采用添加铬、钼、碳化硅粉的无机盐涂刷石墨电极，可以在一定程度上提高电极的抗氧化能力。

（4）电极表面喷水冷却法。在电极把持器的下方装有环形喷水管，向电极表面均匀喷水，在电极表面形成薄薄的水膜。水的汽化从电极吸收大量热量，使电极表面温度降低，减少电极的氧化损失。

（5）组合电极。组合电极由带螺旋接头的金属水冷电极和石墨电极组成。上部的金属电极与铜头相接触，承担将电流从铜头传递给石墨电极的作用。金属电极的冷却水将石墨电极的热量带走，降低石墨电极的温度，在一定程度上降低了电极氧化损失的速度。采用组合电极可以降低电极消耗 20% ~ 30%。组合电极的缺点是接长程序复杂，延长了停电时间，增加了工作量。

（6）新型复合电极。用于金属硅矿热炉的新型复合电极由石墨芯与外部的自焙电极糊衬组成，烧成的电极从钢壳中挤压出来，保证电极连续下放。

4.6.3.3 自焙电极的接长和下放

自焙电极的焙烧和消耗是连续进行的。中小型矿热炉和敞口式矿热炉通常添加每块 5kg 左右的块状电极糊，密闭矿热炉则采用粒度小于 200mm 的小块电极糊。电极糊的添加要与电极的下放量相适应。维持电极糊柱的高度，使电极焙烧带的电极糊具有一定的压力，以增加液态电极糊的致密程度，从而提高烧成电极的强度。糊柱高度与电极直径的关系如图 4 – 68 所示。实际操作中，冬季电极糊柱可以偏低，夏季可以略高。

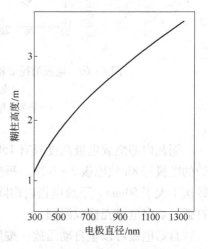

图 4 – 68　糊柱高度与电极直径的关系

糊柱过高，低分子组分逸出后被冷糊柱捕集而凝固，使该部分糊柱可塑性增大，容易出现偏析现象。同时，还会造成电极糊悬糊，悬糊将使电极壳内形成充满可燃性气体的空间，具备点火条件时会发生爆炸事故。

电极壳的接长过程要注意电极壳的定位。按工艺要求，电极壳的钢板接缝必须满焊，焊缝应连续密实、平整均匀，肋片要焊牢。研究指出，在 1000℃ 时，电极炭素材料承担 50% 的电流，其余 50% 由电极壳和肋片承担。肋片要承担电极壳 29% 的电流。如 12.5MV·A 的矿热炉，肋片大约承担 6500A 的电流，忽视肋片的焊接将导致肋片连接处附近的电极壳电流过大，焊缝过热，发生软断及掉头事故。

由于电极不断消耗，为保持电极工作端长度应按一定时间间隔下放电极。电极下放量和频度依冶炼品种、电极烧结状况、电极消耗速度而定。正常工作时，电极下放量应等于电极消耗量。图 4-69 所示为电极消耗量和临界电极下放量与电极电流的关系。

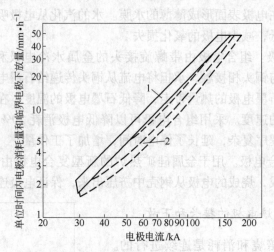

图 4-69　电极消耗量和临界电极下放量与电极电流的关系
（电极直径 1700mm）
1—临界电极下放量；2—电极消耗量

铜瓦内部烧成电极高度只有 150~200mm。电极下放量不能过大，通常密闭炉的电极每 8h 放电极 5~6 次，每次下放 20mm 左右；敞口炉每 8h 最多放 4 次，每次不大于 50mm。下放电极时需降低负荷 30%，以防止铜瓦与电极接触不良而打弧，烧穿电极壳造成漏糊。

自焙电极可以全自动压放，按照电流和时间设定的平均脉冲信号（I^2t）来发出下放电极的指令和决定电极下放量。

4.6.3.4　电极事故与排除

在矿热炉冶炼过程中，由于设备、原料、操作等因素造成的电极事故主要有电极下滑、电极烧结过早或欠烧、电极硬断、电极漏糊、电极软断等。在生产中如何减少电极事故、提高作业率、减少事故的发生，对于提高冶炼经济指标十分重要。

　A　电极下滑的处理

在各种电极事故中，影响生产的事故主要是电极下滑。由于电极壳的焊接质量问题而产生少量漏糊，长时间后电极糊积在铜瓦和保护套内，使压力环油缸活动不灵；或由于电极的过烧，使电极压放时不易抱紧；或由于电极压放时间间隔短，而使电极烧结质量差等原因，都会造成电极下滑。电极下滑的严重后果是导致铜瓦打弧、电极壳烧穿、产生漏糊及软断事故。而由于在电极下滑后处理不当，会造成多次停电，尤其是带保护套装置的电极，由于每次电极压放量在25~50mm 之间，表现得尤为明显。所以，在正常操作时必须要做到：压放电极前降低该相电极负荷30%；焊接好电极壳的每个焊缝；定期对大套内电极糊的积块进行清理；每次最多压放两相电极，发生电极下滑时易处理。

如果某相电极压放时发生电极下滑，当下滑量在 250mm 以内时，应稳住该相电极，调整其他两相电极负荷，约 30min 待下滑电极固化成型后，可调整三相电极负荷，使之正常运行，否则必须停电倒拔电极。

若某相电极经常发生电极下滑事故，则必须停电清理干净保护套内的漏糊，使压力环油缸正常工作。当然，电极的下滑也可能与电极压放装置的压力、设备、炉况等因素有关，要视具体情况制定处理措施。

B 电极硬断的处理

已焙烧好的电极从中间折断称为硬断。产生硬断的原因有如下几种：

(1) 电极糊中混入杂质或电极糊在焙烧过程中由于电极糊油分太大、流动性太好等原因使糊中的粗、细颗粒分层，降低了电极强度。

(2) 电极糊中各组分混合不均，导致电极烧结后组织不致密、强度低。

(3) 矿热炉热停时间长，在停炉或送电的过程中，由于电极表面与内部温度的变化，使电极工作端产生热应力而出现裂纹、造成硬断。

电极硬断有时是电极糊质量的问题，有时与冶炼操作有很大关系。如三相电极负荷的不均、电极糊糊柱高度过高、长时间热停炉后的重新送电、电极负荷的不稳定递增，会造成急冷急热及产生热应力、硬断等。

电极硬断后，应立即停电，取出断头，将电极放至正常的工作端长度，进行"死相"焙烧约 6h 后，该相电极就可正常工作，然后加强压放电极，使工作端完全满足工作需要。如电极断头较短也可直接"坐"入炉内。在有渣法工艺中，如取出硬断电极较困难，可将硬断电极"坐"至炉料中，尽量使断口埋入料内，然后将电极放长，压住断口，低电压送电进行"死相"焙烧，逐渐消耗断头至正常为止。

对于电极硬断事故的预防除加强电极糊的管理外，主要采取两个措施：一个是选择最佳电极糊配方，另一个是减少热停。自焙电极的电极糊在焙烧期间，因焦化后的黏结剂趋向于收缩，而填充的固体料在该温度下是稳定的，这些物理性质的差别导致材料内部产生热应力，如固体颗粒受到压缩应力，而焦化后的黏结剂受到拉伸应力。

硬断常常发生在料面处，停炉时对电极裸露部分要保温。硬断的另一个危险区在铜瓦下端，停炉后将电极下放足够的量、减少铜瓦冷却水量，也是避免硬断的可行方法。

C 电极软断与漏糊的处理

电极在未烧成的部分发生断裂称为软断。电极软断的原因有电极欠烧时不恰当地下放电极，或由于电极抱紧设施失灵造成电极下滑。当铜瓦与未烧成的电极接触，通过电极壳的面积电流过大会使电极壳熔化，造成电极脱落、电极糊流出。在电极发生硬断事故后，往往由于处理不当，极易发生电极软断以致漏糊。

电极发生软断时应立即停电，将电极冷却风机开至全风量，认真检查电极筒损坏状况，做出正确判断后进行处理。通常可将断口"坐"回到铜瓦以内，将电极对正压紧，然后夹紧铜瓦，缓慢送电。如断口处电极壳已烧毁，位置在铜瓦下部坐不到铜瓦内，可将电极下放，将断口对正压紧，用加"裙子"的办法包围住断口，然后进行死相焙烧；或拉出断电极，重新将电极壳焊上底，下放电极焙烧整根电极。

若在未烧结好的部位发生漏糊，应立即停电处理，进行堵漏和倒拔电极至烧结好部位，然后送电。若是由于电极发生硬断事故造成扩大化的漏糊，可先不清理漏糊，将该相电极下插坐死相，并用料将该相电极埋住，压放该相电极约 1m，用低电压、低电流焙烧电极约 8h，电极完全发红后可活动该相电极。此期间负荷的控制是焙烧电极的关键。

如果电极壳被烧穿发生漏糊现象，可用石棉布塞住。如果漏糊截面过大，还要采用加"裙子"的办法，即在漏糊处用大张电极壳钢板围个圆筒焊在电极壳上。最好用炉料埋住，进行死相焙烧。

最为严重的是电极壳全部打漏（电极糊全部流出）。这时只好把炉内电极糊清理干净，电极硬头尽可能地搜出炉外，电极再焊一个电极壳底，重新用木材焙烧，同时进行死相焙烧。

D 电极过烧的处理

电极发生过烧现象极易损坏铜瓦，造成设备损坏及热停炉。由于电极的电流密度等参数不合理，电极易产生电极过烧现象，尤其是炉子强相电极。这时要检查电极糊质量，还可通过调整电极糊柱高度及增加冷却电极风量来控制过烧。当过烧特别严重时，只好采用打断电极的办法来保证矿热炉正常生产。

E 电极悬糊的处理

电极悬糊多发生在冬季和新开炉期间。其原因是铜瓦上沿以上电极部分的温度低，电极糊难以熔化；电极块比较大，一块或两块刚好塞在肋片之间。如果不细心，悬糊未及时发现，空电极壳进入铜瓦以后，会造成铜瓦打弧烧坏电极壳而产生电极脱落事故。

电极悬糊多发生于精炼矿热炉。在精炼矿热炉后期，电极比较长、熔池距电极水套远、辐射温度低、精炼矿热炉电极直径小，这些都是电极悬糊的主要原因。可以通过敲击的办法检查电极是否悬糊。放完电极后，送电前用木棍敲击锥形套上面的电极壳，如果悬糊，电极壳会发出空洞的声响。轻微的悬糊可用木棍敲击下来；如果情况严重，可从电极壳上用气焊开小口，往里倒油烧，悬糊下来之后再把开口焊上。

4.7 矿热炉熔池砌筑

矿热炉熔池砌筑也就是通常所说的炉衬砌筑。由于矿热炉熔池不仅承受强烈的高温作用，而且受炉料、高温炉气、熔融铁水和高温炉渣的侵蚀和机械冲刷，必须选择特殊耐火材料，采用良好的砌筑、烘炉技术，注意熔池的维护。

4.7.1 筑炉材料的种类、要求及其选择

4.7.1.1 种类

耐火材料有硅砖、黏土砖、碳化硅砖、石墨砖、高铝砖、镁砖、炭砖、冶金焦粉、电极糊、锆英石制品、氧化锆制品、生熟黏土粉等。

隔热材料有石棉板、石棉绳、硅藻土石棉毡、黏土粒、矿渣棉、硅藻土砖等。

4.7.1.2 筑炉材料的物理、力学性能

耐火材料的物理性能、力学性能见表4-17。隔热材料的物理性能见表4-18。

表 4-17 耐火材料的物理性能、力学性能

材料名称	耐火度 /K	荷重软化开始 (2h, 0.1MPa) /MPa	耐压强度 (298K, 2h) /K	密度 /t·m^{-3}	主要化学成分/%	抗渣性 碱	抗渣性 酸	抗热震性
硅砖	1963~1983	1983~1913	17.5~20.0	1.8~2.0	SiO$_2$ >94.5	不好	好	合格
黏土砖	1883~2003	1523~1573	12.5~15.0	1.8~1.9	Al$_2$O$_3$ 30~40 SiO$_2$ 50~65	不好	合格	合格
高铝砖	2023~2063	1693~1773	40.0	2.3~2.73	Al$_2$O$_3$ 48~75	好	合格	好
镁砖	2273	1773	35~40.0	2.6	CaO 3.0 MgO 35	好	不好	不好
铬镁砖	2123	1743~1793	15.0~20.0	2.6	Cr$_2$O$_3$ 8~12 MgO 48~35	好	合格	合格
炭砖	>2273	2073	25.0	1.55~1.65	C >92	合格	不好	好
碳化硅砖	>2273	1923~2073	50.0	2.4	SiC 82.5~96.0	不好	合格	好
焦粉	易氧化	3773（升华）	—	0.6~0.8	C >95.0	—	—	好

表 4 – 18　隔热材料的物理性能

材 料 名 称	体积密度/g·cm⁻³	允许工作温度/K	热导率/W·(m·K)⁻¹
硅藻土砖	0.6	1173	$0.1452 + 3.138 \times 10^{-4}T$
泡沫硅藻砖	0.5	1173	$0.1105 + 2.325 \times 10^{-4}T$
轻质黏土砖	0.4	1173	$0.813 + 2.208 \times 10^{-4}T$
石棉线	0.34	773	$0.872 + 2.325 \times 10^{-4}T$
矿渣棉	0.3 ~ 0.4	773	$0.0697 + 1.744 \times 10^{-4}T$
玻璃线	0.3	1023	$0.0697 + 1.569 \times 10^{-4}T$
石棉板	0.25	973	$0.0372 + 2.558 \times 10^{-4}T$
石棉绳	0.9 ~ 1.0	773	$0.0163 + 1.744 \times 10^{-4}T$
石棉水泥板	0.8	573	$0.0733 + 3.318 \times 10^{-4}T$
硅藻土	0.55	1173	$0.0931 + 2.416 \times 10^{-4}T$
硅藻土石棉灰	0.32	1073	0.085

4.7.1.3　对筑炉材料的要求

（1）应具有较高的耐火度，高温时形状、体积不应有较大变化；
（2）在高温时具有一定的强度；
（3）抗渣性能好，高温下化学稳定性好；
（4）具有差的导电、导热性；
（5）高温下具有较好的抗氧化性能；
（6）耐火砖外形应合乎标准要求；
（7）各种耐火材料应保持清洁，不得粘有灰尘、泥土等杂物。
砌筑矿热炉常用的耐火材料有炭砖、镁砖、耐火黏土砖等。

4.7.1.4　耐火材料的选择

炭砖是炭素材料的一种。它是用碎焦炭和无烟煤制成的。其规格为：断面 400mm×400mm（允许误差为 ±30mm），长度为 800 ~ 1600mm（允许误差为 ±5mm）；机械强度为：优等 25MPa，一等 20MPa，二等 18MPa。

采用炭砖的优点是耐火度高、抗热震性能强、抗压强度大；稳定性好，特别是体积稳定性，在 237 ~ 1173K 时线膨胀系数为（5.2 ~ 5.8）× 10⁻⁶；抗渣性能好。但在高温下易氧化，773K 就开始氧化，而且随温度升高氧化速度加快。因此，炭素材料高温时不能和空气、水蒸气等气体接触。炭素材料热导率高，保温性能差。在矿热炉中，凡是冶炼不怕渗碳的品种，都可用炭砖作为炉衬材料。

镁砖的主要成分是氧化镁，其耐火度在 2273K 以上，抗碱性能力很强；但负荷软化点较低，抗热震性能差。精炼炉大都在碱性环境下冶炼，应该选用抗碱性侵蚀的碱性耐火材料，如以镁砖作内衬。

黏土砖用 Al_2O_3 和 SiO_2 总含量大于 30% 的耐火黏土作原料，以熟料作骨料，以软化黏土料作结合剂，制成砖坯后烧结而成。它属于弱酸性的耐火材料，能抵抗酸性渣侵蚀作用，对碱性渣抵抗能力稍差；热稳定性好；负荷软化点比耐火度低，只有 1623K，而且软化开始温度和终了温度间隔很大。耐火黏土砖不能在高温下使用。

4.7.2 熔池砌筑方法

筑炉质量对炉衬寿命有很大影响。矿热炉的炉衬有两种，即炭质炉衬和镁质炉衬。

4.7.2.1 炭质炉衬的砌筑方法

炭质炉衬的砌筑方法如图 4 - 70 所示。

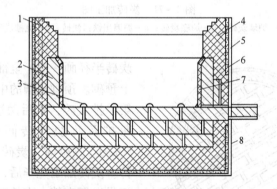

图 4 - 70 炭质炉衬剖面图

1—排气孔；2—炭砖；3—补偿帽；4—黏土砖；5—石棉板；6—弹性层；7—黏土砖层；8—炉壳

A 准备工作

按要求备齐材料，严格检查质量。材料的加工如图 4 - 71a 所示，将炭砖断面加工成梯形，炭砖两侧各加工成三道沟槽，沟宽为 40 ~ 50mm，如图 4 - 71b 所示。出铁口炉墙立炭砖两块，表面加工成出铁沟槽，如图 4 - 71c 所示。出铁口流槽炭砖（四块）表面加工成流铁沟槽，如图 4 - 71d 所示。对炉壳进行检查，炉壳的形状要规整，主要尺寸要合乎要求，炉壳设置要水平，炉壳中心和极心圆中心要对准。

B 砌筑

如图 4 - 72 所示，先在炉体附近的空地上用木板铺平，在板上以炉底第一层

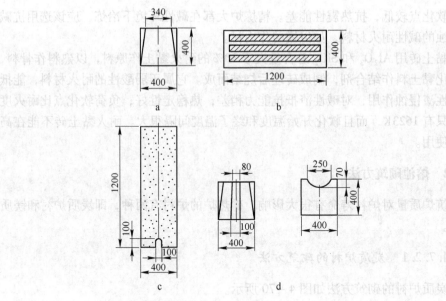

图4-71　炭砖加工图

a—炉墙炭砖；b—炉底炭砖；c—炉墙出铁口炭砖；d—流槽炭砖

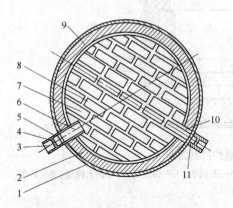

图4-72　第三层炭砖砌筑

1—弹性层；2—黏土砖围墙；3—出铁口流槽炭砖；
4—铁口流槽炭砖底糊缝；5—出铁口流槽黏土砖；
6—出铁口炉底炭砖；7—炉底成行排列炭砖；
8—炉底炭砖糊缝；9—围墙与炭砖间底糊缝；
10—出铁口炉底炭砖与围墙间底糊缝；
11—出铁口流槽

炭砖半径画一圆，全部炭砖都要在此圆上预砌。预砌从圆的中心线开始，先铺第一排炭砖，然后两边分别砌筑炭砖，每排及每块炭砖间的距离为40～50mm。预砌时，炭砖多余的部分应去掉。炭砖加工完毕后，在砖面上标顺序记号以便砌筑。砌筑时先找好中心。在炉底先铺一层10mm厚的石棉板，要紧靠在炉底钢板上，石棉板的接缝处要叠放。在石棉板上铺一层80～100mm厚的黏土砖粒，其粒度为3～8mm，它可以缓冲炉体加热后所产生的膨胀力，并加强保温作用。在炉底黏土砖粒层上干砌第一层耐火砖，砖缝应小于2mm，水平砌公差要小于5mm。检查合格后再砌第二层。第二层、第三层可干砌，也可湿砌。砖缝要尽量小（不超过2mm）。湿砌时，泥浆要饱满，充填要实。在炉墙四周，从炉底开始直通炉口砌筑8～12个排气孔。炉底砖一般采用人字形砌法，每层砌砖方向与前一层错开30°~50°，共砌8~10层。砌炉底黏土砖的同时放炉墙的石棉板，留出弹性层的空间位置（80~100mm）。每砌完三层黏土砖填充一次黏土砖粒。砌完炉底黏土砖，砌炭砖围墙黏土砖层。砌到一定高度后，铺第一层炭砖。炭砖之间、炭砖与围墙之间留40~50mm的缝隙。砌第一层炭砖时，砌筑炭砖的方向应与出铁口的方向交错成120°，此后每层炭砖都交错60°，第三层炭砖正对出铁口。摆放炭砖之前铺水平糊（石墨粉与水玻璃之比为2∶1）10~15mm，炭砖放正。摆好每层炭砖，砖缝之间用木楔紧固，以免发生移动。底糊加热良好，倒入炭砖立缝，每次倒入厚度不得超过100mm，分层捣固夯实。每条缝要求填满、填平捣实为止。第三层炭砖必须与一侧出铁口中心线平行，中间的一行炭砖从出铁口伸出100mm（高度与方向都合适）。

炉底炭砖砌完并检查合格（水平公差不超过±5mm）后，砌炉墙围墙炭砖，放石棉板，黏土砖与石棉板之间留弹性层80~100mm。每砌3~5层，填充一次黏土砖粒。

炉底两层炭砖砌好后，开始砌筑炉墙炭砖（图4-73），炉墙炭砖距黏土砖墙50~80mm，内用熟电极糊充填。炉墙炭砖底下仍用水平糊充填，其厚度小于5mm。为延长炉衬寿命，炉墙炭砖缝捣固后，炭砖上部炉口部位要采用优质黏土砖，砌筑成阶梯形。为补偿炉底炭砖立缝底糊加热后的收缩，在底糊缝面上，铺打宽约100mm、高约30mm的肋条，边缘直角处也用底糊填充打结，如图4-74所示。炉墙炭砖上表面水平公差为±8mm，与炉底炭砖接缝处小于5mm。立缝内侧为40mm，外侧为70mm左右；炭砖和炉墙间立缝为40~50mm。

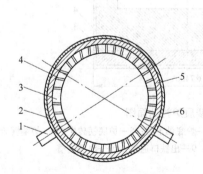 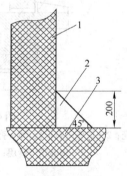

图4-73 炉墙炭砖砌筑图　　　　　图4-74 炭砖围角
1—出铁口流槽；2—出铁口黏土砖围墙与　　　1—炉墙炭砖；2—围角；
炉墙炭砖之间底糊层；3—炉墙炭砖；　　　　　3—炉底炭砖
4—炉墙炭砖之间立缝；5—炉膛；6—弹性层

炉墙炭砖上面砌黏土砖，逐渐向炉壳方向收缩砌成梯形，最上面三层砖外侧不留弹性层。通气孔至炉墙上缘，其出口处用砖覆盖住。

出铁口流槽的砌筑如图 4 - 75 所示，在流槽铁板上面铺一层石棉板，其上摆两块加工过的小炭砖（400mm + 600mm），两侧用黏土砖卡住。外炭砖必须长出流槽铁板 100 ~ 150mm。炭砖缝隙与流槽表面铺填电极糊，使其烧结牢固。

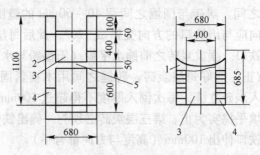

图 4 - 75　出铁口流槽砌筑

1—流槽电极糊；2—出铁口流槽；3—流槽炭砖；4—流槽黏土砖；5—炭砖底糊缝

4.7.2.2　镁质炉衬的砌筑方法

镁质炉衬的砌筑方法如图 4 - 76 所示。

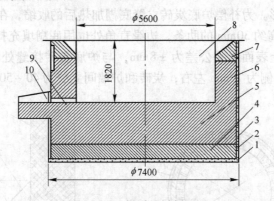

图 4 - 76　镁质炉衬剖面图

1—炉壳；2—炉壳内石棉板；3—弹性层；4—炉底黏土层；5—炉底镁砖层；6—炉墙镁砖层；7—炉墙黏土砖层；8—炉膛；9—出铁口通道；10—出铁流槽

在炉壳内铺一层石棉板，要铺平夯实。石棉板上面铺一层 80 ~ 100mm 厚的黏土砖粒作弹性层。弹性层上平砌第一层黏土砖，要求砌成公差不超过 ±5mm，经检查合格后方可砌下一层。第二层仍然平砌，砌完要测水平度。共砌五层（平砌二层、侧砌三层），全部干砌，砖缝要小，要求砌平，每砌一层砖，用加热干燥过的黏土粉充填砖缝并填满。生黏土粉与熟黏土粉配比为 1 : 1。砌砖时，每层砖缝应错开 30° ~ 45°。砌炉底黏土砖的同时，放炉壳石棉板，留出弹性层的空间位置（150mm 左右），每砌完三层砖填充一次黏土砖粒。

黏土砖以上侧砌 10 层镁砖，砌砖缝要小（小于 2mm），充填被加热的细粉为镁砂粉与黏土粉，其比例为 4:1。当炉底砖层砌筑高度达到西出铁口下缘时，平砌一层镁砖。砖缝方向与出铁口中心线平行，并从西出铁口伸出，东出铁口打渣。此后侧砌三层、平砌一层镁砖，砖缝与东出铁口中心线平行，并从东出铁口伸出，西出铁口打渣。侧砌第二层砖从西出铁口伸出，东出铁口打渣。其余两层同前。

每层砖缝错开 120°。每层砖砌完后填充干燥细粉料，配比同前。每砌完 1 ~ 2 层，周围填充黏土砖粒，要求同前。

炉壳内侧出铁口附近不留弹性层，从出铁口方孔边界向外（上、下、左、右）400mm 处留缝隙，宽 65mm，充填卤水镁砂，打结牢固。卤水事先熬好，镁砂中配 20% 镁砂粉。

炉墙厚度为 900mm，即镁砖层为 740mm、弹性层为 150mm、绝热层（石棉板）为 10mm。第一层镁砖平砌且不留出铁口，为死铁层，按人字形砌法，交错接缝处避开高温易漏部位。砌砖、填充镁砂粉同炉底。炉墙第二层砖留出铁口，两侧高度相同。

出铁口截面尺寸为 115 × 100mm，内侧用砖块堵牢，外侧用白黏泥封住，中间填充干镁砂。炉墙共砌十七层，其中十一层镁砖、六层黏土砖。厚度为 65 + 115 × 10 + 115 × 4 + 65 × 2 = 1805mm。每层砌筑成四个人字形，从第四层开始向炉壳方向收缩成阶梯形，上部收缩较大。砌最上面三层砖，靠炉壳只铺石棉板，不留弹性层，以黏土粉填充。

出铁口流槽的砌筑方法是：在流槽铁板内平铺一层石棉板，上面侧砌三层、平砌一层镁砖，即厚 115 × 3 + 65 = 410mm，平砌缝隙要小。流槽镁砖两侧缝隙及流槽表面打结卤水、镁砂，填实捣固，表面做成沟槽状。

4.7.2.3 旧炉衬的拆除及砌筑

以中碳锰铁炉衬的旧炉衬拆除与修砌为例。

旧炉衬在修砌前首先拆除旧砖，拆到砖层完整时为止，清扫干净即可砌筑。应采用合格的镁砖筑炉。

中碳锰铁炉衬的砌筑方法如图 4 - 77 所示，其新炉衬砌筑方法与碳素铬铁新炉衬（即镁砖炉衬）砌筑方法相同。

炉底砖层采用立砌或侧砌的人字形砌筑方法。砖层间立缝应错开 30° 或 45°。到达出铁口流槽时，砖层走向与一侧流槽中心线平行并伸出，另一侧出铁口处打渣。出铁流槽砌筑方法同碳铬矿热炉。

砖层表面要平整（公差为 ±3mm），缝隙要尽量小（公差为 ±2mm）。炉墙

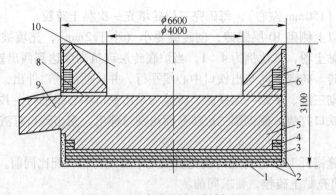

图 4-77　中碳锰铁炉衬剖面图

1—炉壳；2—炉底（墙）石棉板；3—弹性层；4—炉底黏土层；5—炉底镁砖层；
6—炉墙镁砖层；7—炉墙轻质砖层；8—出铁口；9—出铁流槽；10—炉膛

弹性层宽度为 150~200mm，每砌完一层砖，应立即用黏土粒填满。砖缝用加热干燥的细粉填满夯实。粉料配比为：铬矿粉：镁砂粉：黏土粉 =5:4:1。

炉墙第三层砖以上，向炉壳方向收缩成阶梯形。最上面五层可用拆炉旧镁砖砌筑。最上面三层砖外侧不留弹性层。

铺炉底保护层时，每相电极下面（0.5m 处）砌一层镁砖。

4.7.2.4　出铁口的修砌

对于炭质炉衬的出铁口，在使用中要受到氧化，有时侵蚀严重，当损坏到一定程度时要进行热修。在热修前将出铁口封实，用电极棒烤火，尽量烧深，消除残渣和冷铁合金；先下铁管，沿该处炉壳砌筑黏土砖堵墙达到一定高度；然后灌入破碎好的电极糊（标准糊，粒度小于 100mm）。

出铁口流槽炭砖由于氧化侵蚀而变短、变薄，应根据情况进行更换。

碳素铬铁出铁口不用修补。每当炉墙变薄、出铁口变大时，可通过调整炉渣配比、提高炉渣熔点来使炉墙增厚。碳铬矿热炉出铁口流槽平时经常铺镁砂，以便于清理残渣和加强维护；损坏时，用卤水和镁砂修补，损坏严重时应重新修砌。

4.8　矿热炉的开炉

开炉过程分为三个阶段。第一阶段为焙烧电极工序，使电极工作端具有足够的长度；在焙烧电极的同时，炉衬也得到充分干燥和预热。第二阶段为电烘炉，即以焦炭作为导电和加热的介质充分加热炉底，提高炉衬温度，同时也继续焙烧电极。从第三阶段开始向炉内加料，炉温得以进一步提高。各相电极周围逐渐形成单独的反应区。随着功率增加，炉衬蓄热接近饱和，炉内的三个反应区相互沟通，炉膛内形成整体熔池，并积蓄一定数量的炉渣和铁水。

电极焙烧是开炉最重要的环节，开炉不正常往往是由于电极事故频繁发生而造成的。

4.8.1 新开炉电极焙烧

新建的和经过大修的矿热炉新电极焙烧，采用强化烧结办法。如果烧结温度上升缓慢、烧结时间过长，加热的液态电极糊会发生离析。这时，烧成电极达不到要求的强度，在提高负荷时会断裂。焙烧速度过快会造成电极疏松、强度低，在升负荷时也会发生电极断裂。通常的开炉过程电极烧结方法有三种，即焦炭焙烧电极、天然气焙烧电极和电焙烧电极。

4.8.1.1 焦炭焙烧电极

我国电极直径在1.3m以内的矿热炉，电极焙烧常采用此方法。采用此方法的优点是简单易行，开炉工序短，一般3~4天可以出铁。

开炉前将电极末端的电极壳制作成带底的下小上大的圆台，尽量放长电极壳直至圆台坐在炉底平砌的黏土砖上，分期分批向电极壳内加入电极糊，加至铜瓦以上1~2m处。为便于使电极糊的挥发分逸出，必须在电极壳上均匀扎一些小孔。3个电极周围用黏土砖砌成花墙或用圆钢焊成铁栏，在花墙或铁栏内加入焦炭，点火燃烧。火焰要自下而上、由小到大均匀燃烧，完成电极焙烧后将花墙拆除，将铜瓦抱在焙烧好的电极上，抬电极送电。

图4-78所示为12.5MV·A矿热炉焦炭焙烧电极的开炉过程送电制度示意图。送电初期，负荷不宜过大，适当延长达到50%额定电流的持续时间。在烘炉送电和投料的初期，焦炭和料层厚度较薄，电极的消耗速度较快。由于焦炭焙烧的电极长度有限，升负荷时间过长会造成电极工作端长度不足。因此，应尽量缩短达到满负荷的时间，使电极消耗速度与负荷增长速度相匹配。

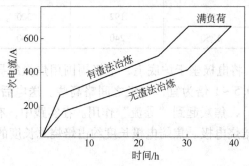

图4-78 12.5MV·A矿热炉焦炭焙烧电极的开炉过程送电制度示意图

通常可根据焦炭焙烧的电极长度计算达到满负荷的时间 t_f：

$$t_f \leqslant \frac{L_B - L_N}{L_C}$$

式中　L_B——焦炭焙烧电极长度，m；

　　　L_N——正常电极工作端长度，m；

　　　L_C——1h 电极消耗长度，m。

4.8.1.2　天然气焙烧电极

天然气焙烧电极的特点是开炉周期短、负荷上升快。电极直径为 1.5m 的矿热炉开炉过程如下：炉底铺约 500mm 厚的大块焦，电极下端焦炭厚约 800mm，焙烧电极长度约 2000mm，利用天然气焙烧电极 3 天。焙烧至第 2 天开始压放电极。至第 3 天焙烧结束时，电极工作端可达 5.4m。在焙烧电极期间，每班必须添加一次电极糊，糊柱高度应控制在铜瓦上沿 1m 处。焙烧结束时糊柱高度为 2m。焙烧电极结束以后必须送电烘炉。通常采用低电压、小电流（不大于 30% 的额定电流）电烘 3 天，然后逐渐提高电压、增加负荷。在适当时机开始加料，至送电后的第 5 天达满负荷。

4.8.1.3　电焙烧电极

一些厂家对大直径电极采用电焙烧电极和电烘炉。这种方法升负荷缓慢、开炉时间较长，但工人劳动强度低。

表 4-19 所示是一些生产用矿热炉电焙烧电极的情况。

表 4-19　一些生产用矿热炉电焙烧电极情况

矿热炉容量/MV·A	电极直径/mm	电烘时间/h	耗电量/MW·h	备　注
50	1450	236	480	硅铁合金
36	1300	288	590	炉衬整体打结
30	1400	184	320	锰铁合金
30	1500	192	300	锰铁合金
25	1250	240	500	硅铁合金

电焙烧电极时，将电极坐于炉底上，电极周围用焦炭等导电性物料围起来，高度以电极直径的 0.5~1 倍为宜，电极之间略高些。送电后，电极间形成回路（主要是三角形回路），焦炭起到"导流"作用。在实践中，有如下几种情况：

（1）先用焦炭焙烧电极。焦焙电极长度约占焙烧总长度的 1/3，再送电继续焙烧电极。

（2）矿热炉大修时，三根电极端头留有 0.5m 左右长度的硬头。

（3）三相电极都无硬头，端头用铁皮焊死，密闭电极壳后，重新加入电极糊，直接送电焙烧。

开炉送电后，根据实际情况，以适宜的供电制度，在焙烧电极的同时达到逐渐烘烤炉衬的目的。

保留旧电极硬头直接电烘炉时，首先要解决的问题是保证送电后电极不发生硬断，即实现电极从室温状态到高温状态（冶炼反应所需的温度条件）的顺利过渡。自焙电极内部的应力因温度分布差异、受力状况及微观结构差异而呈现分布不均和变化状态。当电极内部应力超过极限强度，电极就会发生裂纹，而频繁或急剧的温度变化会使这些裂纹合并、长大，导致电极硬断。

电极电流变化对电极热应力的影响如图 4 - 79 所示。电极热应力随电流周期波动次数的增加而递增，表面应力是中心应力的 1.6 倍。根据电极热应力的产生和分布规律，只要减小电极电流的变化率，就可以防止电极内部产生裂纹和防止裂纹扩大。可以采取的措施是：停电或送电均采取较小的电流变化率。停电前，尽可能在一段时期内逐步降低电流值，不能从满负荷分闸停炉。送电时，缓慢提高负荷，在变压器调压许可的范围内，尽可能使负荷递增并呈连续状态，以降低运行电流的变化率、防止电极硬断。

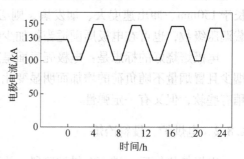

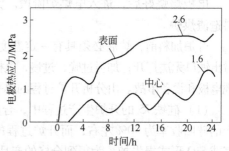

图 4 - 79　电极电流对电极热应力的影响

直接送电焙烧电极，其能量来源主要是电阻热。刚送电时，电极糊呈块状，电阻很大，电流几乎全部经电极壳通过，需要研究的是此时电极壳能否承受变压器输出的电流，电极壳是否会被击穿或熔穿。在某实验中，用厚度为 1.5mm 的钢板制成直径为 900mm 的电极外壳和炭质极芯，在不同温度下作出 1cm 长度内的电阻值列于表 4 - 20。

表 4 - 20　电极壳和炭质极芯在不同温度下的电阻实验数据

名　称	截面积/cm²	1cm 长度内的电阻/μΩ					
		400℃	500℃	600℃	700℃	800℃	900℃
电极壳	65.5	0.5	0.6	0.67	0.75	0.91	1.0
炭质极芯	5293	94	39	25	8	1.3	1.03

在该实验中，电极壳所承受的平均电流密度为 $6.1A/mm^2$。在低温时，电极壳电阻率比较低，它更能承受较大电流。电极壳冷却条件好的部位（如铜瓦夹紧位置）更不会被击穿。

在直接电焙烧电极的工艺条件下，电阻热逐步使电极糊熔化、气体挥发吸热，电极壳实际温度不至于迅速升高而被熔穿。而且，随着电极糊熔化、烧结，温度升高，炭质极芯电阻率降低。也就是说，电极截面中炭质极芯会逐步承担分流（电流）任务，电极壳内实际承受的电流密度逐渐变小。

电焙烧电极负荷控制的要点是：可根据电极壳外面冒出火焰的情况观察、判断电极烧结状况，当冒出火焰无力、长度小于 50mm，可增加负荷；当冒出火焰长于 150mm、冲出速度大、烟发黑，则必须降低负荷。负荷调整方式为变更有载调压级数，也可在电极周围适当投加少量焦炭以调整电流值。

电极焙烧好的标志是：电极壳表面呈灰白色，电极外表微呈暗红，排气孔冒烟少且冒烟量不随负荷的增加而明显变化；或者用带尖的圆钢棍探刺，此时手感稍有些软，但又有一定弹性。

4.8.2 电烘炉、投料冶炼

电极焙烧好后，进入电烘炉阶段。为更有效地利用热能、烘烤炉底，可以投料造渣烘炉。

开炉加料前，炉底必须具有一定温度。加料过早、过急，会使炉底上涨，严重时出铁口无法打开；加料过晚、过慢，电极振动大，炉口温度高，热损失大，极易出现电极和设备事故。由分析开炉过程的热平衡和物料平衡，可以得出如下结论：

(1) 硅铁 75 的开炉生产过程中，合金硅的回收率远远低于正常生产。实际生产的硅回收率为 90% 左右，而开炉过程的硅回收率仅为 45%，大量的硅元素以蒸气或 SiO 形式损失掉。为得到合格的产品就要考虑出炉前的配料比和加料量。

(2) 开炉初期的热利用率远远低于正常生产的热利用率。硅铁 75 生产过程的热利用率为 50% 左右，开炉过程的热利用率仅为 20%。送电初期，长时间的裸弧操作和炉衬的蓄热使炉温偏低。开炉初期的加料速度不宜过快，否则将造成炉底上涨甚至矿热炉冻结而不能维持生产。表 4 - 21 列出了烘炉过程炉衬中部实测的温度数据，表明炉衬升温和蓄热是一个缓慢的过程，需要经过一个多月的时间炉温才能达到平衡，即炉衬各部位温度分布基本维持不变。

表 4 - 21 烘炉过程炉衬中部实测的温度数据

时 间	5月17日	5月18日	5月19日	5月20日	5月25日	5月28日	6月1日	6月13日	6月21日
操 作	焦烘炉	电烘炉		加料	炉口密闭	正常生产			
温度/℃	280	352	500	750~800	1130	1150	1230	1250	1280

开始加料时间一般选择在电极达到满负荷电流25%~30%时，加料速度要高于正常生产，这是由于炉内除电极周围熔炼区需要添加较多的炉料外，炉内的死料区也需要在开炉过程中添足炉料。加料速度应与耗电量成正比。建议采用下式计算每单位耗电量的加料批数N：

$$N = f \frac{C_k}{QC_e}$$

式中　　f——修正系数，硅铁75为1~1.1，碳素铬铁为1~1.2，锰硅合金为
　　　　　　1.35~1.5；

　　　　C_k——正常生产时单位产品电耗；

　　　　Q——正常生产时矿石单耗；

　　　　C_e——料批中矿石数量。

加料时应少加、勤加，保持料面缓慢上升，这对无渣法冶炼工艺尤为重要。电极附近缺料时，应尽量用大铲推料。为快速形成熔池或坩埚，可在加料初期加入一些破碎好的回炉铁，其加入数量与正常一炉出铁量相当。

4.8.3 出铁时间的确定

新开炉的热利用率远远低于正常冶炼，热损失大。第一炉铁的耗电量远大于正常炉的耗电量。某12.5MV·A矿热炉冶炼硅铁75，从烘炉算起，耗电55000~60000kW·h时安排出第一炉铁；以后在五个班内把料面逐步加到正常高度，即进入正常生产阶段。该炉电焙烧电极耗电约60000kW·h，时间为31h；电烘炉耗电70000kW·h，时间为13h；整个开炉过程耗电约200000kW·h，历时约50h。

不同冶炼品种的炉膛内结构差别很大，硅铁75、工业硅等产品开炉，应以形成良好结构的坩埚为主要目的，第一炉耗电高于其他品种，通常是有渣法的2~3倍。用有渣法开炉，可以充分利用炉渣和合金流动性好、导热好的特点，迅速提高炉温，创造较好的出炉条件。由于开炉初期炉温较低，炉内积存一定量炉渣和铁水有助于加热炉衬；有渣法的第二、三炉耗电应适当高于正常炉耗电，以保证炉渣和铁水足够过热。无渣法形成坩埚的过程时间较长，因此出炉时间仍需要适当延长。

4.8.4 合金成分的控制

在开炉初期，炉膛温度逐渐升高，而元素回收率、热利用率等与正常生产差别较大。电烘炉初期炉膛内充满过剩焦炭，若不采取相应措施适当调整配料比，则不可避免地造成开炉过程中产品成分的波动和炉况的恶化。

加料时要估算出炉内存焦量，在加料的前期按减焦20%~30%计算料批，

将炉内存炭作为还原剂消化掉。由于开炉初期料层薄，坩埚没有形成，有相当一段时间用明弧操作，大量硅元素气化损失，中间产物 SiO 得不到充分利用。在料面较低时，铁屑熔化形成的金属珠会很快落入炉底熔池，如不适当调控入炉钢屑数量，势必造成合金硅含量低。为了保证合金成分，通常在开炉初期应减少钢屑配入量。

合金中的杂质元素铝、磷、硫等的回收率也与温度有关。温度低有利于磷的还原，加上开炉初期硅利用率低的特点，前几炉产品的磷含量一般都高于正常产品。为保证合金成分，开炉初期应适当配入含磷低的原料。硫含量也与炉温有关，开炉初期合金硫含量普遍偏高。

通常铁的还原优于合金元素的还原，因此开炉初期，钙、铬、锰、硅等合金可能出现主元素偏低的情况。

事实上，合金成分变化反映了炉内温度状况。根据合金成分变化可以推测炉温的恢复状况和炉况的好坏，为处理炉况和调整炉料配比提供依据。

5 矿热炉的机械设备

◀◀

矿热炉机械设备，由炉体、电极把持系统、液压系统、加料系统、冷却系统、出铁系统、出渣系统、烟气捕集及排烟除尘等系统组成。

5.1 炉体

在矿热炉内，由于电弧放出的高温使炉料熔化和进行还原反应而生成成品。炉体就是为矿热炉冶炼反应区提供的反应场所，由炉壳和耐火炉衬组成。电极把大电流输送到炉内，通过电极间炉料电阻和电极端部产生的电弧或仅电极端部产生的电弧使电能转换为热能。在埋弧操作中，由于电弧发出的热很集中而形成一个高温反应区，这一电弧作用区在埋弧操作中通常称为坩埚区。试验矿热炉的坩埚区如图5-1所示。坩埚区内的温度高达2000~2500℃，浸满焦炭的坩埚壁内温度约1900℃、外层约1700℃，坩埚的外围各层以及离电极较远的区域获得的热量较少，温度逐渐降低，离电极较远的区域容易形成死料区；而在明弧操作中，电极端部产生的电弧热提供整个反应区的热量。所以，无论是埋弧操作还是明弧操作，只有在离电极较近的反应区域内才明显地进行着炉料的熔化、还原和形成合金。熔池反应区的热量由合金液、渣液传向炉底、炉墙耐火材料、壳底钢板和车间大气之中。为了控制合适的熔池温度，希望纵深方向的温度差尽量减小，这就要求合金液、渣液深度不应过大。同时，炉底、炉墙应该具有足够的热阻，即炉底、炉墙要有足够的厚度，并在外层采用良好的绝热材料。

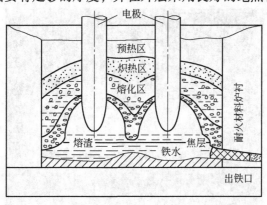

图5-1 试验矿热炉坩埚区剖面图

炉体按电极在炉内分布和炉体形状，可分为圆形炉、矩形炉等，炉壳也随之分为圆形炉壳、矩形炉壳等。

5.1.1　圆形炉壳

由于圆形炉壳强度高、相对冷却表面积小、短网易于合理布置，因而三相炉的炉形一般多采用圆形结构。圆形炉体内由炉衬构成圆桶形炉膛，三相电极呈正三角形布置在炉膛内。电极下部是主要反应区，电能通过电弧和电阻转化为热能。圆形炉炉膛直径、深度、电极与炉膛的相对位置等几何尺寸对炉内电流分布和热分布影响很大。由于反应区温度很高，炉体的容积一般大于反应的空间，使反应区与炉衬之间留存一层炉料，用于保护炉衬。圆形炉体又有固定和旋转之分，固定炉体放置在炉基之上，没有旋转机构，冶炼过程中炉体不动；而旋转炉体在冶炼过程中缓慢转动。旋转炉体又分为炉体整体旋转和炉体上下段相对旋转：整体旋转炉体是在炉体与炉基之间设置有旋转结构，分段旋转炉体是炉体上部或下部设置有旋转结构。旋转炉体在正常冶炼过程中作缓慢转动。旋转炉体理论上有利于增强炉料透气性、扩大熔池反应区，因而是矿热炉发展方向之一。但从大多数旋转炉型使用结果来看，冶炼高硅合金时有一定的作用，其他品种效果并不明显。

炉壳由炉底、炉墙、炉口和出铁口组成，采用 16～20mm 厚的锅炉钢板焊接制成，并装设水平加固圈和横、竖加强肋加固。出炉口流槽由钢板焊接或铸钢制成。炉口放置在炉底工字钢上。

对炉壳的要求是：强度应能满足炉衬受热而产生的剧烈膨胀，适应炉衬热胀冷缩的要求，而且要力争节省材料和便于制造。

图 5-2 所示为圆柱形固定炉体下部炉壳和出铁口的外形。图 5-3 所示为圆柱形固定炉体炉壳。

图 5-2　圆柱形固定炉体下部炉壳和出铁口的外形

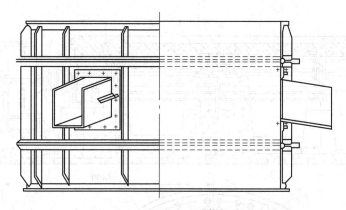

图 5 - 3　圆柱形固定炉体炉壳

在部分大容量电石炉上采用倒圆锥形炉壳，锥角为 7°。从结构上比较，倒圆锥形炉壳比较简单，横、竖拉肋较少，如图 5 - 4 所示。

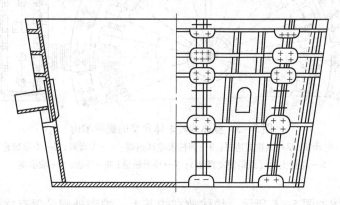

图 5 - 4　倒圆锥形炉壳

旋转炉体的旋转机构由辐梁、上环形轨道、滚轮导向架、下环形轨道、齿轮驱动装置组成，由电动机驱动，驱动电机由变频器控制，设定旋转范围为 128 ~ 637r/h。

整体旋转炉体典型的旋转结构如图 5 - 5 所示。

为了保证人身和设备安全，炉壳应有良好的接地装置。

5.1.2　矩形炉壳

三根电极或六根电极直列布置时，炉壳则为矩形或椭圆形，目前多为矩形，常用于多渣冶炼。由于矩形炉可以做得较大，炉体自重和熔体质量大，矩形结构的强度本来就比圆形的差，设计时更要注意强度应能满足炉衬受热而产生的剧烈膨胀，适应炉衬热胀冷缩和承重的要求。

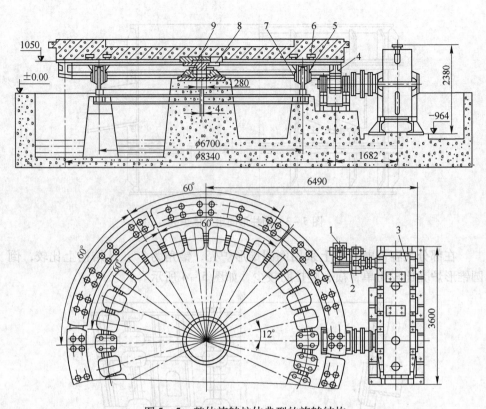

图 5 – 5 整体旋转炉体典型的旋转结构

1—电动机；2—涡轮减速器；3—圆柱齿轮减速器；4—大齿圈；5—支撑滚轮；
6—混凝土板（或钢制支撑架）；7—环形轨道；8—钢轴；9—轴承座

矩形炉体如图 5 – 6 所示。炉体放在炉基上，炉壳外侧设置有立柱骨架，立柱骨架与炉壳螺栓连接，骨架应具有一定的弹性，用以平衡部分膨胀力。近年来，为了提高渣线部分的炉衬寿命，炉壳采用分块围板和骨架配合固定炉衬砖，采取了水冷围板，既起围护作用，又起水冷作用。炉壳钢板厚度为 20～40mm。

炉壳内采用炭砖和耐火砖砌筑的炉衬，要求炉壳接口处的焊缝焊接良好，必要时焊上薄钢板以密封焊缝，以防止炉壳受热后接缝松开，漏入空气会使炭砖氧化。

5.1.3　炉壳底部

炉壳的底面是水平的，固定式电炉的炉体浮放在间隔布置的工字钢梁上，这样在受热时炉壳和工字钢梁都能自由膨胀而不互相影响，工字钢梁之间形成炉底的空气通道有利于炉底冷却；整体旋转炉壳放置在旋转机构上，而旋转结构又放置在电炉基础上；上部旋转的分段旋转炉体与固定式电炉与基础连接的形式相同，下部旋转的分段旋转炉体与整体旋转式电炉与基础连接的形式相同。

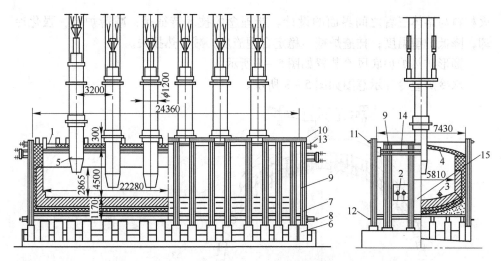

图 5-6 矩形矿热炉炉体及其骨架简图

1—排烟口；2—排渣口；3—金属排放口；4—加料口；5—电极；6—柱状基础；7—底板；8—下部纵拉杆；
9—立柱；10—炉顶上方钢梁；11—上部横拉杆；12—下部横拉杆；13—上部纵拉杆；14—横梁；15—围板

5.1.4 炉体冷却

　　矿热炉内部的高温热腐蚀、机械冲刷和化学侵蚀的作用，以致采用任何的耐火材料都无法避免炉衬的损毁。高功率密度和熔池高搅拌强度是强化多渣矿热炉的主要措施，而这又使炉衬工作条件更加接近或超过了耐火材料所能承受的性能范围，单纯靠材料材质的改进已难以适应工艺发展的需求。近年来，冶金行业对炉衬的研究，已从单纯追求材料材质转向从结构上采取强冷措施来延长炉衬的寿命。人们充分认识了炉衬传热和绝热的作用，平衡了热量损失和炉衬损耗的得失，开始重视对炉衬的冷却作用。

　　传统的炉膛设计，往往为了提高电炉的热效率而增加炉衬和绝热层厚度。但是实际上由于炉膛内部的热平衡，炉墙和炉底局部温度过高，所增加的炉衬最终还是消耗掉，并不能起到防护作用。而采用增大炉壳直径的措施，除了导致增加炉衬费用还会加大炉眼至炉内高温熔体的距离，也给出炉造成困难。实践已证明，增加炉衬材料的导热性是延长炉衬寿命的最有效措施。尽管这种设计将有很多的热量通过炉衬损失，电炉的热效率因此有所降低，但导热性能好的炉衬对产品单位电耗并无大的影响。

　　这一新理念的炉衬设计，已在熔炼电炉上得到应用。它的基本原理是：无论温度多么高和化学侵蚀多么强的熔体，都会在一定的冷却强度下转变成为侵蚀作用极小的固态；凝固的金属和炉渣所形成的假炉衬则对高温熔体起着良好的防护作用。其关键技术是冷却强度、冷却元件和冷却介质的选择，以及冷却元件、耐火材料与熔体三者之间界面的设计。新理念的技术特征是：减薄炉壁，强化冷却，降低炉壁温度；挂渣炉壁，稳定合理渣皮，减少热损失。

圆形矿热炉炉底风冷装置如图5-7所示。

水冷炉壁冷却示意图如图5-8所示。

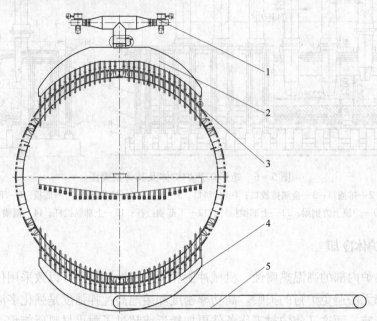

图5-7　圆形矿热炉炉底风冷装置

1—风机；2—炉底进风箱；3—冷却风道；4—炉底出风箱；5—排风管

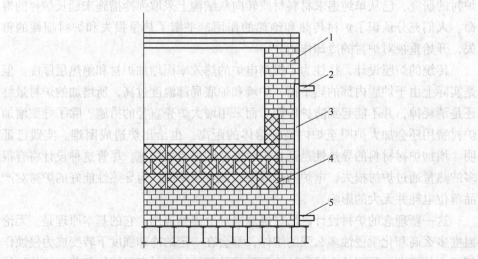

图5-8　水冷炉壁冷却示意图

1—耐火砖；2—回水管；3—水冷板；4—炭砖；5—进水管

5.2 烟罩与炉盖

5.2.1 烟罩演化

　　烟罩是矿热炉的重要组成部分。早期使用的敞口式矿热炉炉口直接暴露在空气中，机械化程度低，对环境污染很大，工人的劳动条件恶劣。最直接的改进方法就是在炉口正上方悬吊一个集气罩，即高烟罩。高烟罩为吊挂式钢制结构，其直径和矿热炉口直径相当。高烟罩底端与炉口操作平面之间留有一定空间，供工人操作用。高烟罩的使用在一定程度上抑制了生产过程对环境的污染，在捕集烟气和改善操作条件等方面有一定的效果。

　　随着矿热炉技术的不断发展，生产厂家普遍通过技术改造或更新换代等方式将炉型改为半封闭低烟罩形式。与高烟罩相比，低烟罩具有非常明显的优点，如引用水冷系统，极大降低了烟罩的外部温度，减少了对周围的热辐射，提高了设备的使用寿命；设置炉门，既可以供加料、拨料和捣炉操作，又可以减少冷空气进入量，调控炉内温度；短网母线直接装在水冷盖上方，缩短了母线长度，有利于降低电耗；烟气量减少，温度提高，有利于净化处理和余热利用。

　　低烟罩可以设计成圆形、六边形、八边形、十边形或多边形。按照其结构形式，大致分为耐火混凝土结构、全金属水冷结构以及金属水冷骨架与耐火混凝土混合结构三类。

　　耐火混凝土结构的低烟罩在操作平台上，由于不使用金属结构件，因此不用考虑绝缘和隔磁的问题；但这种低烟罩自重大、结构强度低、使用寿命短，目前已基本淘汰。

　　全金属水冷结构低烟罩采用金属水冷骨架作为炉盖的承载支架，骨架之间放置水冷盖板，盖板内部固定隔水挡板；连接处等关键部位采用不锈钢制作，用以防磁。该结构优点是强度高、检修方便，但制作成本增加，焊缝多，骨架易漏水，维修困难。由于全金属水冷管式结构烟罩在炼钢炉上的成熟应用，目前已有部分科研单位将此成功应用于矿热炉上，使用效果不错。

　　混合结构的低烟罩也采用金属水冷骨架作为炉盖的承载支架，骨架之间放置水冷盖板，盖板的内部固定隔水挡板。不同的是，盖板内侧喷涂或捣打了耐火混凝土材料。这样，金属骨架就支撑起了耐火混凝土材料和水冷盖板的重量，同时承受电极把持器带来的附加作用力，构成一个刚性整体炉盖。为了减少涡流损失，炉盖靠近电极的区域采用防磁金属材料制作，也可以采用水冷骨架整体混凝土形式。其优点是金属材料用量减少，降低了成本；焊缝等经耐火混凝土层保护，漏水现象减少；烟罩寿命得到进一步提高。缺点在于骨架漏水仍存在，且不便维修。

国外的冶金工业发展较早，矿热炉的设计水平已经相当成熟。其中，德马格、克虏伯、埃肯等公司的技术体现了当今世界矿热炉技术的最高水平。德马格公司的低烟罩炉盖结构采用管式骨架，管间打结耐火混凝土，炉盖内表面吊挂许多紫铜盘管以提高炉盖寿命，在绝缘、隔磁等方面的设计也有独到之处。日本的铁合金生产企业则采用多边形全金属低烟罩炉盖，呈组合活动水冷盖板式，便于检修和更换。

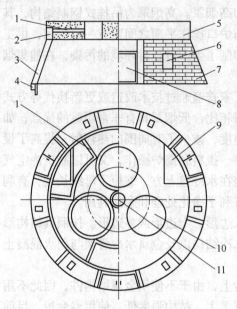

图 5-9　整体结构混合式低烟罩

1—顶盖骨架；2—进水分配管；3—支架；
4—回水管；5—耐火混凝土层；6—小炉门；
7—侧墙；8—大炉门；9—排烟孔；
10—电极孔；11—中心料管孔

5.2.2　低烟罩结构

目前国内采用的低烟罩多为混合式结构。以水冷金属梁为骨架、耐火混凝土为保护层，包括支架、侧墙、操作门、排烟孔等部分的整体结构混合式低烟罩如图 5-9 所示。金属骨架支撑由一个内嵌 3 个防磁电极孔圈、多个加料孔圈的大圆环及若干水冷支管连接组成，并且采用防磁不锈钢管与锅炉钢管。每个电极孔圈与周边加料孔圈、部分水冷支管组成循环冷却水路，各水冷支管间用 T 形钢板加固连接，各孔圈、水冷支管均在同一平面上。立柱、底板直接压在绝缘板面并且"坐"在楼层土建环梁上。耐火混凝土层采用高耐火的铝铬渣为骨料，经整体浇灌制作而成，将整个顶盖骨架保护起来。支架由空心钢柱和回水管组成，不仅支撑起低烟罩的重

量，同时构成操作门及侧墙的框架。侧墙一般采用耐火砖砌成，操作门开在电极的大面。排烟孔则依炉盖和侧墙的位置情况开设，分别与烟囱或炉气除尘回收设备相连接。炉盖上方则根据实际情况，开设烟道孔和加料管口。这种结构形式具有耐火度良好、抗形变、承载强度大、电耗小、投资省、使用寿命长等优点。

某 12.5MV·A 半密闭矿热炉冶炼硅铁车间的低烟罩和炉口操作平台如图 5-10 所示。

这种结构形式的不足之处在于：耐热混凝土一旦整体浇筑后就很难改变工艺参数；在使用中发现，这种结构因骨架漏水造成热停炉时间较长（占全部热停炉时间 50% ~86%）；耐火混凝土层长期使用后会脱落；烟罩对地绝缘性差，易漏电。因此，在实践中出现了多种改进。由于骨架是整个炉盖的关键部位，要求

图 5 – 10　某 12.5MV·A 半密闭矿热炉冶炼硅铁
车间的低烟罩和炉口操作平台

有足够的刚度、强度、防磁性能和绝缘性能，有的生产企业把骨架设计成"中心凸式骨架"，即保持骨架大水圈、加料圈、各水冷支管相互连接在同一平面布置不变，将 3 个电极孔圈及中心料管孔圈提升一定高度（超出原平面 50 ~ 100mm），形成中心凸出的连接方式。电极孔圈采用防磁性好的不锈钢材质（1Cr18Ni9Ti），受辐射的骨架水冷支管、大水圈和三角肋板等采用 T 形钢板与 20G 钢管相结合，加强受力部位的机械强度，其余加料孔圈采用普通低碳钢（Q235）制作，同时在关键部位实施隔磁措施，如图 5 – 11 所示。支撑于楼面的方式则改为密封固定混凝打结式绝缘，并使其放于炉壳法兰内，内铺硅酸铝纤维毡、高铝耐火砖，通过底板将各立柱按角度固定焊接，并用高铝水泥按配比混

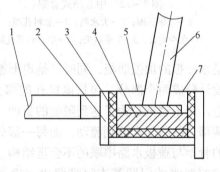

图 5 – 11　密封固定混凝打结式绝缘示意图
1—楼层；2—炉壳法兰；3—硅酸铝纤维毡；
4—高铝耐火砖；5—底部钢板；
6—立柱；7—高铝混凝土

凝打结，实现了对地永久性绝缘。骨架内部采取整体打结耐火混凝土，其厚度为 280 ~ 340mm，耐火打结料距构件底部及孔圈的厚度为 40 ~ 60mm，形成"水冷金属 – 耐火混凝保护"的混合结构。它可将骨架与炉气这一强腐蚀介质环境隔离开来，既降低炉气对骨架的腐蚀破坏，又起到缓解温差、隔热的作用，且具有良好的相对相、相对地的绝缘性能。由于改进了烟罩骨架的受力结构、绝缘和冷却方式等，大大延长了炉盖的使用寿命，提高了经济效益。中心凸式骨架如图 5 – 12 所示。

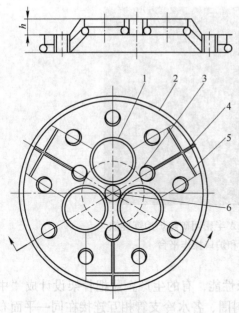

图 5 – 12　中心凸式骨架

1—电极孔圈；2—大水圈；3—加料孔圈；
4—水冷支管；5—T 形钢板；6—中心料管孔圈

由于骨架的存在，漏水将始终无法避免，只有取消骨架才能彻底消除漏水之患。由于三相电极在极心圆周上是呈 120°星形对称布置的，任意两相电极之间即成圆心角为 120°的扇形，因此有的生产企业取消了骨架，设计了 3 个圆心角为 120°的扇形拼装炉盖。取消骨架后，水冷盖板和骨架合二为一，炉盖无疑将起到骨架和密封的双重作用，除自身重量外，特别是要承受把持器（大套）升降过程中产生的径向推力和竖向摩擦力作用，炉盖的刚性及水路设计尤为重要。为了使冷却水在水冷板中强制流动、减小结垢对烟罩的影响，水路设计时应减少死角和回路，但又要保证冷却水流过烟罩的每一个地方。可将水路隔板沿径向设置成散射状，这样隔板既是水冷板的加强肋板，同时又是扇形循环水路的隔板，如图 5 – 13 所示，炉盖的设计分成两个部分，包括电极孔的部分用不锈钢制造，外面部分用普通碳钢制造。用不锈钢是为了达到隔磁的目的，而用普通碳钢可以解决炉盖漏水的问题。两部分的冷却水分别流动，而每一部分的冷却水采取单进单出，改变了过去所有的骨架与盖板水路串联的不合理结构。该低烟罩在实际生产中的应用效果良好，炉盖漏水的问题基本得到解决，投产 3 年没有遇到因炉盖漏水造成的热停炉事故。

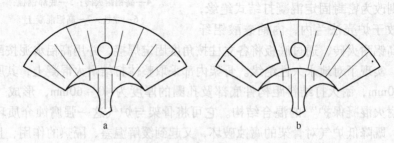

图 5 – 13　扇形炉盖隔板分布

a—无烟道开孔；b—有烟道开孔

5.2.3 密闭炉炉盖

密闭炉的炉盖以水冷钢梁作为骨架，砌以耐火砖及耐火材料。水冷钢梁包括内外环梁、斜梁、直梁、电极环梁等，这几个梁分别通水冷却。钢骨架在现场组装，组装好后进行水压试验和气密性试验，然后采用湿法砌筑耐火砖。炉盖下有密封止口，插入炉体炉壳外面的砂封中，形成一个气密的顶盖。图 5-14 所示为一种密闭炉炉盖结构示意图。

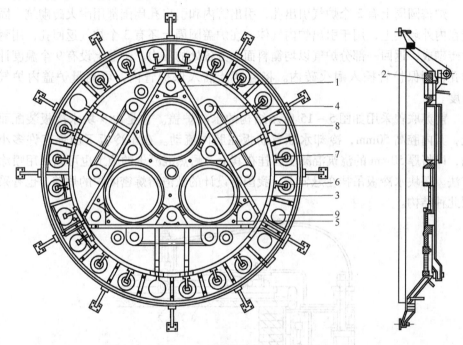

图 5-14 密闭炉炉盖结构示意图

1—水冷架；2—耐火砖；3—电极孔；4—投料孔；5—温度计插入孔；
6—操作孔；7—防爆孔；8—炉气返回孔；9—炉气引出孔

炉盖顶部的 3 个电极孔主要是让三相电极把持器贯通炉内，并用绝缘材料使电极把持器与炉盖绝缘。为了减少由于电磁感应引起的电能损耗，凡是靠近电极附近的构件均为非磁性钢材，以减少涡流损耗。

炉盖顶部还有 16 个能与上部料仓连接的投料管口，其中 3 个是调和料管口，设在每个电极的外侧；另外 13 个投料管口，其中有 1 个是中央投料管口，其余平均分布在每个电极的同心圆周上。3 个调和料管口和中央投料管口用耐火砖砌成，其余投料管口都有冷却梁，外面砌耐火砖。加料管通过投料管口插入炉内，加料管下端是水冷却结构、内部有冷却水，以免被炉内的高温烧毁。下端水冷套管可以上下移动，借此可根据生产的需要来调整炉内料面高度。

在炉盖侧面设有 13 个防爆孔，用耐火砖砌成。防爆孔孔盖的连接杠一端连接在孔盖上，另一端连接在内环梁上。当炉内压力突然升高时，将孔盖顶打开，泄去压力后又可自动关上。孔盖与防爆孔之间垫工业玻璃棉或用封砂密封。

炉盖侧面还设有 6 个带有快速启闭盖的操作孔，盖上有手柄、连接杠和固定板。炉子运行中可根据需要或停电后，打开盖子观察炉内情况，进行必要的操作和事故处理。

炉盖圆周上有 2 个炉气引出孔，引出管内和引出孔周围都用耐火砖砌筑，固定在内外环梁上，用于引出炉内气体。在炉盖圆周上还有 3 个炉气返回孔，用耐火砖砌成，返回一部分炉气以均衡料面上方各处的压力。炉盖上设有 9 个温度计插孔，用保护管插入耐火砖内。将温度计插入保护管内，可测量炉盖内炉气温度。

前苏联曾采用如图 5 – 15 所示结构的水冷炉盖。它是由 9 块水冷板装配而成，其内腔高 50mm，冷却水顺着肋板在腔内流动。在水冷板下面焊有许多小钩，以将厚 50mm 的浇筑混凝土层挂在其上；耐热混凝土的施工也可以采用喷涂方法。每块水冷板吊挂在悬臂上。我国新设计的钛渣熔炼密闭炉的炉盖，也有采用此种结构。

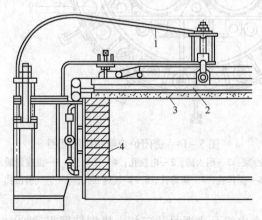

图 5 – 15 水平式水冷炉盖剖面图
1—吊挂悬臂；2—水冷板；3—耐热混凝土；4—炉体砖墙

5.2.4 矩形炉炉盖

矩形炉长度较长而宽度较窄，炉盖一般沿炉子的长度方向分成几段，每段 3 ~ 6m，段与段之间留 25 ~ 30mm 的膨胀缝，允许炉子加热时砖体沿长度方向膨胀。炉盖上开孔较多，在炉顶中心线设置电极孔，而烟道孔一般设置在靠近端墙，加料孔则根据炉子容量、炉料粒度、加料制度和布料制度等决定其直径和布置。炉盖结构与圆形炉相似，但要简单些。有混凝土整体浇筑的矩形炉炉盖，也有用水冷骨架与耐火混凝土或耐火砖组成的复合结构，如图5-16所示。近来出现了全金属水冷结构和全管式水冷结构，如图5-17所示。

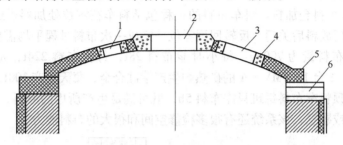

图5-16 矩形炉炉顶示意图
1—加料孔；2—电极孔；3—烟道孔；4—砖砌炉顶；5—转角砖；6—防爆孔

图5-17 矩形矿热炉炉盖

随着我国冶金工业的发展，矿热炉的设计水平日趋成熟。烟罩与炉盖采用的20G钢管和不锈钢钢管端部（一般离钢管端20~30mm）焊接同材质挡板用来封水，在相互搭接处施焊并设置加强肋板来解决强度，在钢管挡板附近另焊一冷却用水管用来导通水管，并且尽量减少冷却点的串联，在骨架、炉盖底面喷涂隔热防腐剂，从而提高了烟罩与炉盖的使用寿命。

5.3 加料系统

加料系统是把原料按冶炼要求加入炉内的整套设备，包括炉顶料仓、加料管、流槽等。料管直径、料管数目、料管分布、料管距炉口距离等参数与冶炼品种和炉料特性有关。

炉顶料仓要有足够的容积，以保证炉子生产的连续性，不能造成断料。炉子加料机构要灵活好用，炉内不能缺料，否则造成炉口热损失增大、电耗上升。

根据布料工艺的要求，一种炉顶布料系统机构与动作流程如图 5 – 18 所示。料车在零位装满料后，通过一直径为 6m 的轨道，按照操作命令给出的方式沿轨道排列的 11 个料仓加料。料车布料的过程包括料车在零位处加料、运行到预定的仓位、开门放料后关门、反转回到零位。完成一次布料过程平均需要 90s 的时间，每一次布料量为 700kg，每小时能布料 28t，每班布料 224t，每天能布料 672t。例如，1 台 12.5MV·A 的矿热炉生产锰硅合金，每天生产 100t，需要用料近 400t，炉顶料车布料每班只需布料 5h，既可满足生产所用的原料，又余 3h 留给系统检修或歇息，该系统还有很多检修空间和很大的布料能力。

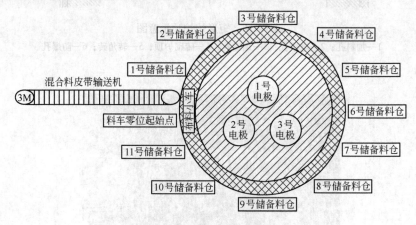

图 5 – 18　布料系统机构与动作流程

加拿大 QIT 公司矿热炉炉顶加料孔的布置是其一项关键技术，为便于对照，现示出熔炼冰铜的 50MV·A 矩形矿热炉炉顶加料孔布置（图 5 – 19）。

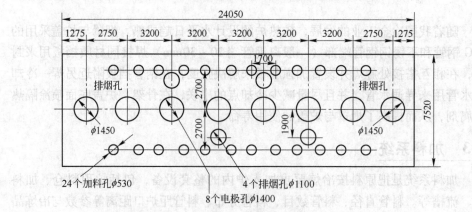

图 5 – 19　熔炼冰铜矩形炉炉顶加料孔的布置

5.4　排烟通风设施及除尘装置

冶炼还原过程产生大量 CO 浓度很高的炉气，同时带走大量的粉尘。为了排除炉气和粉尘、改善劳动条件，烟尘通过烟罩、烟囱排空或接入除尘器的方法进行除尘。高烟罩或低烟罩炉的烟罩都与烟囱相通，利用烟囱的自然抽力吸取烟尘。烟囱要有足够的抽力，不能造成炉口平台烟尘排不出的现象，否则既恶化了劳动条件，也对炉内反应不利。近年来，大部分低烟罩的排烟通风系统如同密闭炉一样，利用炉盖将烟气收集起来，经烟道送入净化系统。为了保证矿热炉运行安全，密闭炉炉盖内部的压力应维持在微正压。炉前出铁口上方也设置烟罩，出铁前打开抽风机，将随铁水排出的烟气经烟罩送入除尘系统。图 5 - 20 所示为某硅铁车间除尘系统。从车间引出的烟气经过旋风除尘器和袋式除尘器除尘后，回收微硅粉。

图 5 - 20　某硅铁车间除尘系统

矿热炉炉气治理和综合利用技术可归纳为三种，即湿法回收后再利用、直接利用后除尘和干法除尘后再利用。

湿法回收后再利用工艺较为成熟，但工艺系统复杂、气密性要求高、安全隐患较多，而且系统的动力消耗大、维护费用高、占地面积大，还会造成二次污染。

直接利用后除尘是将密闭炉炉气作为燃料在余热锅炉内燃烧，其除尘方式是直接应用成熟的锅炉除尘工艺；采用锅炉燃烧炉气经济合理，不易发生堵塞；流程短，占地面积小，系统安全可靠性大大增强；减少了气体中灰尘的含量，其物理显热与灰尘中的炭尘燃烧值均得到充分利用。

干法除尘后再利用，主要是指大容量全密闭电石炉配套气烧石灰窑的生产工艺。气烧石灰窑所制得的生石灰比较柔软、反应性较好，对电石生产有利，可以综合利用小块石灰石，而且临时性地开、停窑操作方便。

5.5 矿热炉电极把持器

电极把持器是矿热炉的主要核心设备，它是由导电装置、抱紧装置、压放装置和把持筒、电极壳等组成。电极把持器的主要作用是通过抱紧装置使导电元件在适宜的压力下贴紧电极壳，保证从短网传来的大电流通过集电环或无集电环的集电支撑器（座）、导电铜管经导电元件传到电极上。当电极压放时，通过电极压放装置，使电极与导电元件之间产生滑动，既保证电极壳不变形，又要确保导电元件与电极壳不会因打弧而烧毁导电元件、击穿电极壳，造成漏糊等事故。在更换导电元件时，要求拆卸、更换方便，以降低矿热炉的故障热停炉时间。把持器不仅承担着电极的负载，而且处于下端的设备还被炉口的辐射热、炉气及电流通过导体的电阻热、强大电流产生的涡流等所加热，电极把持器在这种环境下工作，应具备良好的绝缘性、防磁性、耐高温性，且牢固地夹住电极而不使电极在生产过程中下滑，同时还应在作业过程中能够随着电极的烧损而压放电极以及下移或上升电极插深，以调整三相电极负荷，满足生产工艺要求。

5.5.1 电极把持器的抱紧装置

我国目前的矿热炉装备水平差异较大，使用的电极把持器类型较多。目前国内使用的电极把持器如果按照抱紧装置的类型区分，有径向大螺钉顶紧式把持器、大螺栓夹紧式把持器、锥形环式把持器、组合式或标准组件式把持器、径向顶紧式把持器（液压缸式把持器、波纹管式把持器）、波纹管式把持器等。这些把持器中，前两种相对落后，目前仅在一些小厂和旧式炉子上使用，属于淘汰范围。

5.5.1.1 锥形环式把持器

锥形环式把持器如图 5 - 21 所示。这种结构的把持器是目前国内应用最多

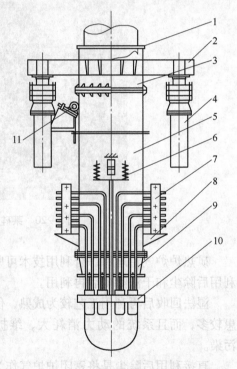

图 5 - 21　锥形环式把持器

1—密封导向装置；2—把持筒上部横梁；
3—上把持筒；4—升降油缸；5—下把持筒；
6—弹簧保压松紧装置；7—夹紧绝缘装置；
8—集电环支撑座；9—锥管吊架；
10—锥形环；11—导向辊及支架

的一种，它由锥形环、水套、弹簧、松紧油缸、电极把持筒、集电环、导电铜管、铜瓦吊架及铜瓦等部分组成。锥形环的内锥面紧靠导电铜瓦的外锥面，通过锥形环的上升或下降，使锥形环与电极之间产生径向压力来实现压紧或放松电极。

根据电极密封结构的不同，锥形环与导向水套可为整体式，即固定水套式；也可分开，即活动水套式，如图 5 – 22 所示。锥形环一般为空心通水冷却，材质采用防磁钢，也可普通碳钢加部分用防磁钢使环状水套断磁。锥形角一般为 10°～18°，最小为 6°。当使用弹簧时，锥形环的升降油缸在工作状态时不送油，靠压缩弹簧的作用使把持器夹紧，这样可以防止出现事故时压力油外泄造成火灾，并可以延长油缸密封的使用寿命。把持器松开时向油缸送油，使弹簧松开，锥形环下降，把持器即松开。当不用弹簧时，则用双作用油缸完成锥形环的升降，只是对油缸的密封要求更高一些，并要增加接近限位开关来控制行程。

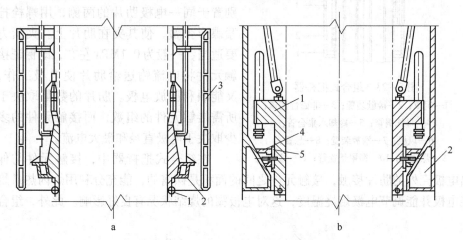

图 5 – 22　锥形环式把持器的水套结构
a—锥形环和导向水套分离式；b—锥形环和导向水套整体式
1—铜瓦；2—锥形环；3—固定水套；4—锥形块；5—云母垫

5.5.1.2　组合式或标准组件式把持器

组合式或标准组件式把持器对传统把持器的结构进行了很大的改造，它是挪威埃肯公司最先设计研制出来的，国内引进的大型矿热炉上也有应用。

组合式把持器主要由压放装置、电极壳、接触装置等组成，通过伸出电极壳的肋片夹紧电极和导电，取代了传统电极把持器的铜瓦。组合式把持器结构如图 5 – 23 所示。电极压放装置不同于传统的抱闸压放装置，它克服了电极下滑的弊端，避免了电极软断事故的发生。它由 6 组夹紧缸和压放缸组成，6 组电极压放装置间隔经过夹紧缸松开、压放缸上升，夹紧缸夹紧、压放缸下降来完成电极的

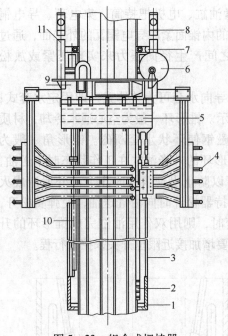

图 5 – 23　组合式把持器

1—铜罩；2—接触装置；3—非磁性钢罩；

4—母线铜管；5—冷却水集合管；

6—风机；7—滑放装置；8—悬置；

9—悬置架；10—铜罩悬置管；11—立缸

压放，每次压放电极 20mm。电极导电装置不同于传统的锥形环导电装置，它的特点是设两块接触元件，通过蝶形弹簧的夹紧力夹住电极壳的肋板，将电能通过电极的肋板传输至电极，导电面积大，有利于电极的焙烧。另外，组合式把持器相对于传统的锥形环导电装置节约铜材 2/3，且铜材基本不会产生烧损。

组合式把持器的电极肋片穿过圆形钢并深入接触元件内，如图 5 – 24 和图 5 – 25 所示。铜质导电接触元件是一种蝶形弹簧压紧装置，由两块接触元件分别置于同一电极肋片的两侧，用螺栓拧紧蝶形弹簧，使其夹在肋片上。夹紧力要适当，一般为 0.1MPa 左右，既保证接触元件将电流输送给肋片使电极工作，又能顺利压放电极。肋片的数量取决于所需接触元件的组数，而接触元件的多少取决于电极直径和最大电流。

在组合式把持器中，接触元件与伸出电极壳外的肋片接触，接触元件之间的面积是裸露的，能充分利用炉内热量焙烧电极并能调节电极焙烧温度，这对电极糊的烧结状况有良好影响。此外，组合

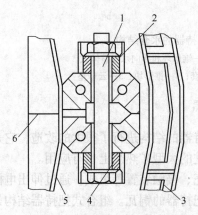

图 5 – 24　接触元件剖面图

1—螺栓；2—蝶形弹簧；3—水冷罩；

4—接触器；5—电极壳；6—电极壳肋片

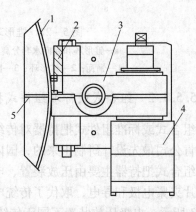

图 5 – 25　组合式把持器滑放装置

1—电极壳；2—蝶形弹簧；3—夹钳；

4—油缸；5—电极壳肋片

式把持器有以下优点：这种接触方式能使电极壳达到最佳的电流分布，进一步改善电极的烧结；适用性强，可用于不同功率、不同电极直径的矿热炉；由于结构设计合理，导电元件的使用寿命成倍提高；日常维护费用大大降低，设备开动率明显提高。缺陷是电极不能倒拔。

5.5.1.3 径向顶紧式把持器

近年来，一些大型炉和密闭炉采用水平顶紧式液压缸压力环和波纹管压力环把持器，因为是水平压力顶紧，铜瓦受力均匀、平衡，不像锥形夹紧环那样多块铜瓦不易同时压紧，强行拉紧又易损坏设备。所以，水平顶紧式液压缸压力环和波纹管压力环在现代大型和中型矿热炉上得到广泛应用。图 5-26 和图 5-27 所示为某厂 25.5MV·A 矿热炉正在安装中的液压缸式电极把持器和其水平顶紧式液压缸压力环。

图 5-26　正在安装中的液压缸式电极把持器

目前比较先进的径向顶紧式把持器是德国制造的液压波纹管式把持器，其波纹管压力环如图 5-28 所示。它是由整体冲压成的封头与环板焊接构成的密封环体，环体内安装有波纹管和由一组隔板分割成的冷却水道。顶紧装置是由螺栓连接的压板，压装有波纹管，由波纹管的弹簧施力来顶紧铜瓦。一种改进型波纹管式把持器的结构如图 5-29 所示，是用环状钢管与环板 T 形焊接成封头，不需冲压制作整体封头部件，降低了制作难度和生产成本，可延长把持器工作寿命。每一个铜瓦依靠波纹管内指向电极中心的弹簧力，将接触铜瓦紧紧压在电极壳表面上。该把持器的优点是接触压力比较均匀，是一种技术含量高，对电极夹紧压放工作质量好，运行稳定且可靠性高的把持器。

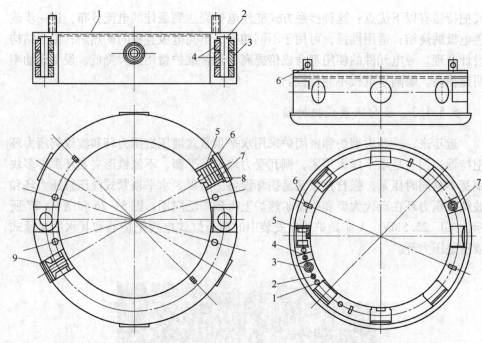

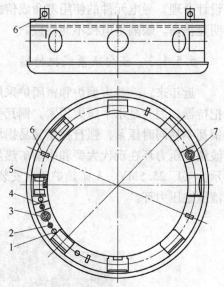

图 5–27　液压缸压力环

1—半环；2—销轴；3—耳环；4—压力环铜套；

5—油缸；6—钢筒法兰；7—活塞；

8—密封圈；9—压力环套筒装配

图 5–28　波纹管压力环

1—出水管；2—进水管；3—轴销；

4—隔水板；5—波纹管组件；

6—吊耳；7—油管

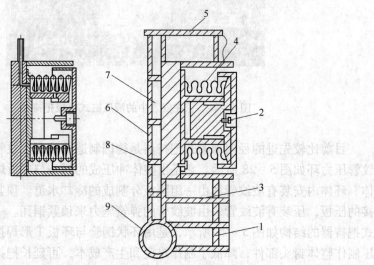

图 5–29　改进型波纹管式把持器

1—右环板；2—螺栓；3—长隔板；4—波纹管；5—内环板；6—左环板；

7—循环水道；8—短隔板；9—环状不锈钢管

5.5.2 把持筒

把持筒是把持系统中的重要部件之一，又称为电极外筒，用来悬吊电极把持器和电极，并在操作时能使电极升降。传统把持筒一般由把持筒上部横梁、上把持筒、下把持筒等组成，采用 8 ~ 15mm 厚的 Q235 钢板焊制，其长度取决于炉子的冶炼工艺，内径应大于电极直径 100mm 左右。把持筒上端通过电极升降装置支撑在车间的高位平台上，下端通过吊架悬挂电极把持器和铜瓦。把持筒上口有鼓风机把空气送入把持筒与电极之间，其作用是冷却电极并控制电极筒内电极糊焙烧速度。在把持筒内适当位置处有 12 块长 1000mm、宽 200mm 左右的云母绝缘物，与电极壳绝缘。在把持筒上端与电极壳之间、把持筒与导辊之间的把持筒与炉盖密封环之间，都用两圈直径约 100mm 的石棉绳绝缘和密封，使炉内大量烟气受阻，不致传到焊接电极壳的工作场所。绝缘方式为：升降油缸与把持筒上横梁、上把持筒与下把持筒、铜瓦拉杆吊耳与下把持筒、导向辊（支座）与把持筒绝缘等。

接近导电部位的把持筒还要有良好的防涡流性能。例如，在下把持筒处安装无集电环支撑座（图 5 - 29），增加一个锥管吊架（材质 1Cr18Ni9Ti），其下端直径比下把持筒直径小一合理尺寸，并增加锥管吊架与下把持筒间的一层绝缘，安装和固定导流管的无集电环支撑 T 形板（紫铜）。这解决了下把持筒防磁性差而产生涡流，致使其接近导电铜管处发红的故障；同时，还解决了生产塌料或电极升降油缸不同步而造成电极偏斜，使电极与把持筒相碰，甚至一旦导向辊绝缘损坏就会造成电极接地的问题。

5.5.3 导电装置

传统的导电装置一般包括集电环、导电铜管和铜瓦或铜导电接触元件。

集电环主要起均压作用，将电流集合起来，然后再分配给导电铜管，以使每根电极上每块铜瓦的电流基本相等。集电环中部有等分连接压紧装置，主要与导电铜管连接。铜圆环结构的集电环一般安装在把持筒上，并用绝缘材料隔离；导电铜管是集电环和铜瓦之间的连接管，其接口部位与冷却胶管连接，主要作用是传导电流、管内通水、自身冷却和铜瓦冷却；铜瓦的作用是传导电流和控制电极的烧结，按其材料的不同可分为铸造铜瓦和锻造铜瓦，铜瓦内部通水冷却，外部配有与导电铜管和夹紧环相配合的有关零部件。

近期的设计已经针对导电铜管的缺陷，将移动集电环到铜瓦之间的导电铜管改成了软铜带，这样就克服了原有铜管对压影响，采用无集电环结构就彻底解决了压盖打弧现象。

铜瓦是将电能送到电极的主要部件。铜瓦用紫铜铸造，其内部有冷却水管。

铜瓦与电极接触面允许的电流密度在 $0.9 \sim 2.5 A/cm^2$ 范围内，铜瓦的高度约等于电极直径，铜瓦数量可根据每相电极的电流来计算。实际设备中，小炉子的铜瓦为 4 块，中型炉子为 6~8 块，大型炉子为 8 块。两块铜瓦之间的距离为 25 ~ 30mm。应保证铜瓦与电极良好接触，使电流均匀分布在电极上，以减少接触电阻热损失并保证电极烧结良好。

锻造铜瓦是最近几年发展起来的高效节能铜瓦。铜瓦是采用锻轧厚铜板，经深钻孔后再挤压成型，最后封孔，如图 5-30 所示。水直接冷却铜瓦体的直冷式铜瓦致密度高、导电效果良好，所以是目前较新式的铜瓦，正在逐渐推广使用。当然，对如何选择电损耗少、制造容易、经久耐用、价格低廉的材质，还需进一步的研究和实验。此外，与铜瓦相接触的电极壳表面质量的好坏，也是影响铜瓦寿命很重要的因素。

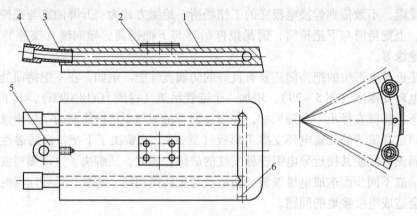

图 5-30 锻造铜瓦

1—铜瓦本体；2—绝缘垫板；3—铜管；4—铜接管；5—铜瓦吊耳；6—堵块

电极烧结带是整个电极强度的薄弱环节，铜瓦对电极的抱紧力为 0.05 ~ 0.15MPa，接触压力来源于电极把持器。

5.5.4 电极水冷系统

由于电极把持器是处于高温条件下的部件，承受着炉口的辐射热、热炉气以及强大电流通过导体产生的热量。电极把持器附近的平均温度在 500℃ 左右，在强烈高温情况下，有时高达 900~1500℃，因此电极把持器部分必须采用水冷却。电极夹紧环、铜瓦或导电元件、集电环、导电铜管、锥形环、保护环等都采用水冷却。铜瓦一般两块连成一个回路，导电元件也是每组两块组成一个回路，中间用过桥铜管连接。水冷不但可以提高零件的寿命，还可以改善电路的导电性能。

电极水冷系统运转正常十分重要。冷却水进口温度要尽量低些，出口水温一般控制在45℃左右，以防水温过高、水垢生成而堵塞管道，造成断水烧坏设备而热停工。冷却水要注意选硬度低些的水，若硬度大于10mg/L则必须进行软化处理。有的采用磁水器，处理效果也较好。在炉子分水器上应装有水压表，一般应保持6MPa的压力，以保证水流畅通。

半密闭炉和密闭炉的炉盖、烟罩、操作门等钢结构件，也都采用水冷却。

所有进出水管排列在炉盖上方，从上沿把持筒而下，用无缝钢管穿过烟罩进入把持器。固定水管在适当部位都应有一段橡胶管连接，以便于维护和保证安全。水管要集中排列，标记清楚，遇到事故可以马上关闭相应水路。除了总水管有阀门外，每根水管也都要有阀门，以便于操作、维护。

5.5.5 电极升降装置

电极升降装置是通过提升和下放电极以改变电极位置、调整电极电弧长度来调整电阻，达到调节电流大小的目的。一般用卷扬机或液压油缸来提升或下降。由于炉料运动，电极电流可在瞬间发生急剧变化，工艺要求电极提升速度大于下降速度。自焙电极自重较大，电极移动过快会使电极内部产生应力。电极的升降速度视炉子功率的不同而异，上升速度比下插速度快，一般电极直径大于1m时升降速度为0~2.5m/min线性可调，电极直径小于1m时升降速度为0~1.5m/min线性可调。电极上升速度较快，下降时较慢。电极升降行程为1.8~2.8m。

近年出现一种吊缸式液压电极升降装置。图5-31所示为25.5MV·A矿热炉正在安装中的吊缸式电极升降装置，周围为炉顶加料装置，由料仓、料管、给料机等设备组成。新建或改建的大型炉子多采用液压驱动系统，电极靠两个同步液压缸升降，压放电极靠程序控制的液压抱闸来完成。其结构原理如图5-32所示。

图5-31　正在安装的25.5MV·A矿热炉吊缸式电极升降装置（周围为加料管）

5.5.6 电极压放装置

在冶炼过程中，自焙电极不断消耗，故要定时下放电极，以满足电极工作端的长度。电极压放装置的作用是定期压放电极，使电极消耗掉的部分得以补充，保持电极固定的工作端长度。电极压放装置有钢带式电极压放装置、双闸活动压放油缸式电极压放装置、下闸活动无压放油缸式电极压放装置、四闸活动油缸加蝶形弹簧式电极压放装置及双气囊压放油缸式电极压放装置等。

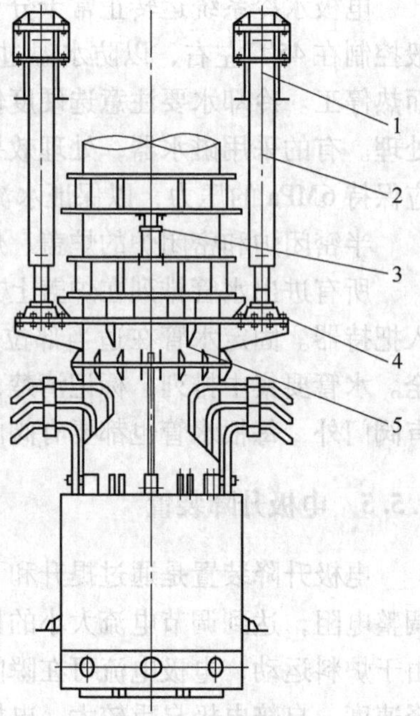

小型炉子多在把持筒下端电极壳部分装有电极轧头或钢带，压放时操作电极把持器使铜瓦稍微松开，电极卷扬机提升把持筒即可完成电极压放操作。电极轧头或钢带可以防止操作时电极在自重作用下下滑。

大型矿热炉及密闭炉采用液压自动压放装置，有摩擦带式、蝶形弹簧式和气囊式几种抱闸式机构。具有压放程序功能的现代大型矿热

图 5 - 32 吊缸式液压电极升降装置
1—底座；2—电极升降油缸；3—电极
压放装置；4—吊架；5—上把持筒

炉使用双抱闸蝶形弹簧式电极压放装置，如图 5 - 33 所示。抱闸机构由上抱闸、下抱闸和两个同步运动的升降油缸组成。每个抱闸在水平方向对称安装 4 个油缸，油缸的活塞被弹簧顶出，活塞杆顶紧摩擦片从而夹紧电极。油缸的活塞杆端进油，可压缩弹簧而松开电极。下抱闸固定在电极把持筒上，升降油缸固定在下抱闸上，上抱闸支撑在升降油缸的活塞杆上，平时上、下抱闸均处于夹紧状态。下放电极时，稍松开铜瓦，上抱闸松开，下抱闸夹紧电极，升降油缸提升上抱闸到所需位置；然后上抱闸夹紧，下抱闸松开，升降油缸复位，下抱闸再夹紧。有时因操作需要必须倒放电极，即将电极缩回把持筒，此时自动压放装置的动作顺序与压放过程相反。

5.6 电极液压系统

国内最近建造和改建的大型矿热炉，普遍采用了全液压传动。液压传动可实现电极升降、电极压放和松紧导电铜瓦等远程操纵，也可以实现程序控制。

电极液压系统一般由液压站、阀站和电极升降、压放、把持器各工作油缸等组成。图 5 - 34 为 25.5MV·A 矿热炉液压系统原理。图左侧为阀系统，集中安装在阀站；右侧为泵系统，集中安装在泵站。

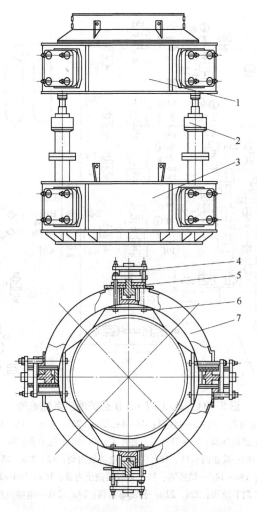

图 5-33 双抱闸蝶形弹簧式电极压放装置

1—上抱闸；2—压放油缸；3—下抱闸；4—蝶形弹簧；5—油缸组件；6—抱闸体；7—闸瓦

　　液压站由 3 台 CB-100 型齿轮油泵、4 个储油罐、油箱、各种阀件和管路组成。3 台油泵中 2 台为工作泵、1 台为备用泵。3 台油泵并联使用，在集管处用油管和溢流阀相连。当系统需要油量少时，油泵可做卸荷运转，泵的卸荷是由安置在溢流阀旁边的电磁换向阀接通其卸荷口而实现的，卸荷后系统降至低压。

　　液压站工作时，系统内的油压若超过工作压力，则高压油由于集管前单向阀 4d 的作用，在其前后产生压力差，油泵打出的油则经阻力较小的溢流阀返回油箱，使某一油泵卸荷，以稳定油压。当系统油量不足时，电磁换向阀 6 切断溢流阀 5 的卸荷口停止卸荷，系统压力即可升至正常工作压力 10MPa，这时油泵打出

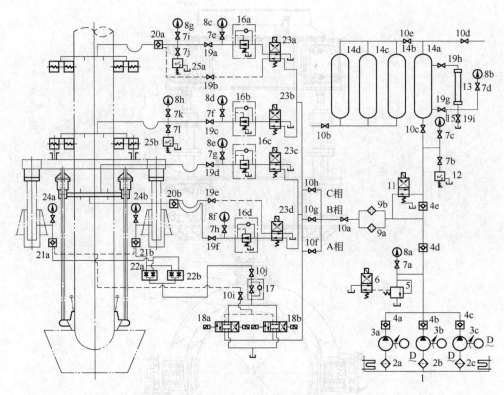

图 5 – 34　25.5MV·A 矿热炉液压系统原理

1—油箱；2a～2c—滤油器；3a～3c—油泵；4a～4e，20a，20b，21a，21b—单向阀；5—溢流阀；
6，23a～23d—电磁换向阀；7a～7l—压力表开关；8a～8h—压力表；9a，9b—精过滤器；
10a～10j，19a～19i—截止阀；11，18a，18b—电液换向阀；12，25a，25b—压力继电器；
13—液位计；14a～14d—储压罐；15—远程发送压力表；16a～16d—单向减压阀；
17—单向节流阀；22a，22b—分流集流阀；24a，24b—电接点压力表

的油通过单向阀 4d 向系统供油，一路经过单向阀 4e 进入储油罐，另一路则经精过滤器 9a、9b 分三路进入各相电极的工作油缸。

阀站是由控制电极升降、压放和把持器铜瓦夹紧三部分的所有液压元件组成，这些元件全部布置在一块金属板面上，称为阀屏。

电极升降系统的每相电极有 2 个 34DYOB20H - T 型电液换向阀 18a、18b，1个 LDF - B20C 型单向节流阀 17，2 个分流集流阀 22a、22b，2 个 DFY - B20H2 型液控单向阀 21a、21b 和 2 个电接点压力表 24a、24b。电液换向阀一个工作、一个备用，作用是控制油流方向。此种阀 3 个工作位置，当其两边的线圈都不带电时，内部弹簧的作用使阀处于中间工作状态，电极升降油路不通，电极相对静止不动；当右边线圈带电时，上升的油路接通，电极升起；当左边线圈带电时，

回油及控制油路接通，液控单向阀的控制油口打开，电极靠自重下降。单向节流阀的作用是控制电极的升降速度，电极升起时要求速度快，不需节流；电极下降时要求速度慢，需要节流，节流口的大小可以调节。两个电极升降油缸的同步，是靠两个分流集流阀的控制来实现的。设置在分流阀和升降油缸之间的两个液控单向阀，是为防止管路出故障时因泄油可能造成电极突然下降而配置的。两个电接点压力表是为实现电极程序压放而配置的。

电极压放系统的每相电极分两条支路，一条是通向上抱闸的，另一条是通向下抱闸的。上、下抱闸支路各有一个 24D0 – B8H – T 型电磁换向阀 23a、23b，JDF – B10c 型单向减压阀 16a、16b 和 PF – B8C 型压力继电器 25a、25b。上抱闸支路上还另有一个 DFY – B10H2 型液控单向阀 20a。上、下抱闸的油流方向靠电磁换向阀 23a、23b 控制。压力大小由单向减压阀 16a、16b 来调节。PF – B8C 型压力继电器是能将油压信号转换成电信号的发送装置，有高、低两个控制接点，能使上、下抱闸实现连锁。当上抱闸松开时，压力继电器 25a 上接点接通，发出信号，控制下抱闸电磁换向阀 23b 关闭工作油路，下抱闸不能松开；当上抱闸夹紧电极时，压力继电器低压接点接通，发出信号控制下抱闸电磁换向阀 23b，使其工作油路接通，下抱闸才有松开的可能性。如果此时下抱闸松开，压力继电器 25b 高压接点接通，将电信号发给上抱闸的电磁换向阀 23a，工作油路关闭，上抱闸不能松开。综上所述得知，压力继电器的作用是使上、下抱闸在工作过程中没有同时松开的可能性，从而避免由于误操作可能使电极突然下降的危险。上抱闸液控单向阀 20a 是为防止其前面的管路及阀件发生故障时，因泄油使上抱闸突然抱紧、电极不能动而设置的。

电极把持系统的每相电极也有两条支路，一条是提升油缸上腔支路，另一条是下腔支路。两条支路上分别有电磁换向阀 23c、23d 和单向减压阀 16c、16d。下腔支路还另有液控单向阀 20b。它们的作用和工作情况与前述相同。

液压站内 4 个储压罐的作用是：一方面能克服油路系统工作时的尖峰负荷，另一方面可以使油泵工作状态合理。储压罐 14a ~ 14d 内分别充有氮气和液压油，每个储压罐容积是 321L，其中 3 个全部充氮气；另外一个上部充氮气、下部充油，两种介质互相接触，靠压缩氮气产生压力。4 个罐通过上部连通管连通。充油前，先将截止阀 10e 打开，将截止阀 10c、10d 和 19i 关闭，通过打开的截止阀 10b 将 4 个储压罐充氮气至压力为 8.9MPa 时，关闭截止阀 10b，然后启动油泵，打开截止阀 10c，将油充入储压罐内。正常工作时，要求罐中保持的最高液面为 1225mm、最低液面为 375mm，对应的压力分别为 10MPa 和 9.17MPa。在储压罐侧壁的上下各开一个小孔，安装一个液位计。液位计外壳为不锈钢管，在管中装入有机玻璃制成的浮子，浮子里装入一块永久磁铁，在液位计的外壁沿 4 个液面高度分别固定几组干簧电接点。储压罐内的液面高度与液位计的液面高度是一致的，因此储压罐的液位达到某一预定液位高度时，液位计的永久磁铁与相应高度的干簧电接点接通，发出电信号。此外，储压罐还有 PF－B8G 型压力继电器 12 和远程发送压力表 15，以控制储压罐内压力的上下限，这样可以从液位和压力两个方面控制油泵的运行状态：当储压罐液位等于下极限液位（275mm）或压力等于下极限液压（9.07MPa）时，浮于液位计和压力继电器第一对接点接通，电液换向阀 11 与储压罐系统的油路被切断，以防氮气进入系统，同时启动两台油泵工作。当液面到达低工作液位（375mm）时，低液位干簧电接点接通，则电液换向阀与储压罐系统的油路接通，一台油泵停止，一台油泵继续工作。液位到达高液位（1225mm）时，高液位接点接通，油泵卸荷运转。液位到达上极限位置（1325mm）时，最高液位接点接通，油泵电机停电，油泵停止运转。液压件的动作由电气程序控制进行，可通过如下几点实现压放电极的程序动作：

（1）电磁换向阀 23a 切断油源和上抱闸油路，上抱闸夹紧电极。

（2）电磁换向阀 23b 接通油源与下抱闸油路，下抱闸松开电极。

（3）电磁换向阀 23d 切断油源与把持器油缸下腔的油路，把持器铜瓦对电极的压力由 0.2MPa 降至 0.1MPa。

（4）电液换向阀 18a 接通油源与升降油缸的油路，升降油缸升起。如果升起压力超过 5MPa 时，则升降油缸附近的两个电接点压力表 24a、24b 触点接通，控制电磁换向阀 23c 换向，把持器油缸上腔通油，铜瓦对电极的单位压力降低。

（5）升降油缸提升到位后，电磁换向阀 23c 切断油源与把持油缸上腔的通路，铜瓦抱紧电极。

（6）电磁换向阀 23b 切断油源与下抱闸油路，下抱闸抱紧电极。

（7）电磁换向阀 23a 接通油源与上抱闸油路，上抱闸松开电极。

上述动作可以通过控制设备自动实现，也可由操纵工人通过操纵各液压阀件的电动按钮手动实现。

6 矿热炉的电气设备

6.1 矿热炉供电系统

矿热炉供电系统包括开关站、炉用变压器、母线等供电设备和测量仪表以及继电保护等配电设施。图 6-1 所示为三相矿热炉的变配电原理，由供电主线路、测量仪表回路、变压器继电保护回路三部分组成。

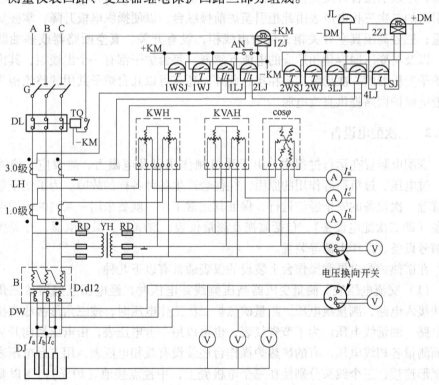

图 6-1 三相矿热炉的变配电原理

KM—跳闸回路电源母线；G—隔离开关；DL—断路器；B—变压器；DW—短网；DJ—电极；

LH—电流互感器；$I'_a \sim I'_c$—高压侧三相电流测定值；$I_a \sim I_c$—低压侧三相电极电流；

TQ—跳闸手动按钮；YH—电压互感器；RD—熔断器；AN—手动按钮；DM—报警回路

电源母线；KWH—有功功率表；KVAH—无功功率表；$\cos\varphi$—功率因数表；T, I, t—各继电器

驱动信号，分别为温度、电流和时间；WSJ—瓦斯继电器；WJ—温度继电器；

LJ—过流继电器；SJ—时间继电器；ZJ—中间继电器；JL—警铃

矿热炉在运行中是允许短时间停电的，所以采用一个独立电源供电即可满足要求。输电过程是：电能由高压电网经过高压母线、高压隔离开关和高压断路器送到炉用变压器，再经过短网（母线）到达电极。

6.1.1 高压配电设备

矿热炉一般采用 35～110kV 电压等级，其高压配电设备一般是将高压电源引进厂，先经过户外柱上高压隔离开关及避雷器等保护，然后用地下电缆引进厂内总控制室的进线高压开关柜。总控制室一般设有三个开关柜：一号进线高压开关柜又称为进线柜，设有开关、少油断路器、电流互感器等，其容量要足以带动全部电力负荷；二号高压开关柜又称为 PT 柜，设有开关、电流互感器、电压互感器，用以引接各种测量仪表，同时将有功功率表、一次三相电流表和电压表以及引入的二次三相电压表由此柜引至炉前操纵台，以便操纵电极升降，掌握负荷用量；三号高压真空开关柜又称为出线柜，设有开关、真空断路器或多油断路器，以及与变压器容量相适应的电流互感器。每台炉子都有一个出线柜，其出线与炉子变压器的一次出线端头相接。此外，还有可以几台炉子共用的整流柜为各种继电保护回路提供直流电源。

6.1.2 二次配电设备

变配电装置在运行过程中，由于受机械作用以及电磁力、热效应、绝缘老化、过电压、过负荷等作用的原因，往往会产生各种各样的故障。为了便于监视和管理一次设备的安全经济运行，保证其正常工作，就要采用一系列的辅助电器设备（即二次配电设备），包括监视及测量仪表、继电器、保护电器、开关控制和信号设备、操作电源等装置。

在矿热炉配电屏和操作台上装设的仪表通常有以下几种：

（1）交流电压表。测量变压器高压侧线路电压时，经电压互感器按三角形接法接入电路，测量线电压。测量矿热炉二次工作电压时，按三角形接法直接接入电路，测量线电压。为了节省仪表，也可以用一台电压表，由电压换向开关换接而测量各相线电压。有的矿热炉操作台还装设有效相电压表，用三台电压表接成星形连接，三个线头分别接在三个电极壳上，中性点接地（炉壳），用以观察和优选矿热炉运行的操作电阻值以及控制电极升降。

（2）交流电流表。一般的矿热炉设备将电流表装接于变压器的一次侧，测量一次电流以控制电极升降。为了使各电流表读数能正确反映出对应电极的工作情况，各电流表和对应电极的相位必须一致，这与变压器的接线组别有关。当变压器采用 D，d12 和 Y，y12 接线方式时，电流互感器应接成星形。如果电流互感器采用二相式不完全星形接线，则应注意第三个电流表与电极电流的相位一致。当变压器采用 Y，d11 接线组别时，电流互感器应接成三角形。新式的矿热炉变压器已把电流互感器安置在变压器内二次侧，可方便地接线和测量二次电流，能直接反映各相电极的工作情况。

（3）交流功率表。交流功率表分为有功功率表和无功功率表，用来测量有功或无功电能消耗。矿热炉设备一般使用通过高压互感器接入的三相三线电度表。它的内部有两个按 V 形接法的电压线圈，引出三个电压端头，分别接电压互感器次级的三相；另外两个电流线圈引出四个电流端头，分别接电流互感器次级。应注意接线时三相相序及电流极性不能接错。图 6-1 中，无功功率表是由有功功率表的一个电流线圈反接后来度量的，将其测量值乘以 $\sqrt{3}$ 后即为无功功率。各仪表的电流线圈与电流互感器次级互相串联成回路，各仪表的电压线圈与电压互感器次级并联成回路。

（4）功率表和功率因数表。在测量三相三线电路功率时，通常用二元三相功率表，两个独立单元的可动机械部分连接在同轴上。每个独立单元相当于一个单相功率表，按照交流电路功率计算式 $P = IV\cos\varphi$ 的原理来测量电功率。功率因数表在结构原理上与功率表相似，供测量瞬时功率因数用。

6.1.3 继电保护回路

继电保护的作用是当设备出现故障时，或是作用于断路器使其跳闸，或是对出现不正常状态发出警告信号。矿热炉设备的不正常状态可能是电极短路、变压器温升过高或是变压器内部产生过量瓦斯，这时必须迅速切除负载，用电流继电器、温度继电器或瓦斯继电器等使供电主回路断路，并使信号回路发出报警信号；当设备恢复正常后，继电器自动使电路接通。而当电极出现过负荷或变压器内部温升和瓦斯刚达到极限允许值时，并不需要马上切除负载，但应发出不正常状态的预警信号。图 6-1 所示的继电保护回路中，左边是作用于断路器跳闸的继电保护回路，右边是作用于发出音响预报的信号回路。这两个回路中都应用了中间继电器来放大接点容量。在信号回路中，采用电流继电器和时间继电器的定时限接线。两个回路的功用实质都是用作另一个回路的开关，继电保护回路是跳闸回路操作电源母线 KM（±）的开关，信号回路是电铃回路操作电源母线 DM（±）的开关。

6.1.4 矿热炉变压器

6.1.4.1 变压器的类型和电气参数

变压器的类型有三相和单相两种。可以采用一台三相变压器来变换三相交流电源的电压，也可用三台单相变压器连接成三相变压器组来进行变换，但三台单相变压器的规格必须完全一致。

如图 6-2 所示，在三相变压器组的各个铁芯上或三相变压器各个铁芯柱上都装有原绕组和副绕组。各相高压绕组的始端和末端可分别用大写字母 A、B、C 和 X、Y、Z 表示；低压绕组的始端和末端可分别用小写字母 a、b、c 和 x、y、z 表示。根据电网的线电压和变压器原绕组的额定电压，以及供电要求和变压器副绕组的额定电压，确定原、副绕组的接线形式。

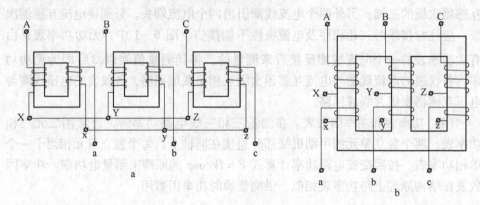

图 6-2　变压器绕组示意图

矿热炉变压器的主要接线形式有三角－三角形、星－三角形、三角－星形、星－星形四种，实际中采用三角－三角形接线法比较广泛，小型炉采用三角－星形接线法，少数工厂采用三角－星形接线法。变压器铭牌上常有其绕组接线示意图，说明三相变压器原、副绕组的连接是三角形还是星形。

接线组别则是用时钟的指针来表示原绕组和副绕组电压之间的相位关系。三相变压器有 12 个组别，如三角－三角形或星－星形连接可得到 12 组，原、副绕组的电压同相位，如果误接线，也可能接成 6 组，原、副绕组反向，电压相位相差 180°；如果是星－三角形连接，因绕组的首尾端不同，可接成 11 组或 1 组，电压相位相差 30°。

变压器的额定容量也称为额定视在功率，是以二次侧绕组额定电压和额定电流的乘积所决定的视在功率来表示：

$$S = \sqrt{3} I_2 V_2 \times 10^{-3}$$

式中　S——变压器的额定容量，kV·A；

　　　V_2——二次侧绕组的额定电压，V；

　　　I_2——二次侧绕组的额定电流，A。

由于变压器效率很高，有时也用变压器一次侧的额定值计算其额定容量，可近似认为两侧绕组的额定容量是相等的。变压器负载运行时，由于其内部的阻抗引起了电压降，随着负载电流大小的不同，测得的二次电压也各不相同。因此，二次侧的额定电压必须以变压器空载下的数值为准，而且一般均指线电压。额定电流也是指线电流。

变压器铭牌型号的含义为：H 表示矿热炉用，KS 表示三相矿热炉，SP 表示强迫油循环冷却，Z 表示有载调压。例如，HKSSPZ - 12500/110 表示容量为12500kV·A、一次额定电压为110kV 的有载调压强迫油循环水冷式三相矿热炉变压器。变压器铭牌标出的容量为额定容量，是所能达到的最大视在功率，受矿热炉设计和冶炼条件限制，人们常用实际生产中矿热炉的有功功率说明其规模。

变压器内的绕组或上层油面的温度与变压器周围空气的温度差，称为变压器的温升。国家标准规定了变压器的额定温升，当其安装地点的海拔高度不超过1000m 时，绕组温升的限值为 65℃，上层油面温升的限值为 55℃。同时，变压器周围空气的最低温度为 -30℃，最高温度不超过 +40℃。因此，变压器在运行时，上层油面的最高温度不应超过 95℃（55℃ +40℃）。另又规定，为了不使变压器油迅速劣化，上层油面温度不应超过 85℃。在规定的正常条件下，变压器绝缘的寿命可达 25 年，温升每升高 8℃，寿命便要减少一半，此即变压器 8℃原则。

如果将变压器的低压绕组短路，使高压绕组处于额定分接位置，并施加以额定频率（50Hz）的较低电压，当高、低压绕组中流过的电流恰为额定值而绕组温度为 75℃ 时，所加的电压值则为变压器的阻抗电压降，称为变压器的阻抗电压或短路电压。一般短路电压用额定电压的百分数来表示。

6.1.4.2　矿热炉变压器的特点

由于冶炼工艺的需要，矿热炉用变压器在性能及结构方面与电力变压器相比有许多不同的特点，制造工艺比较复杂，价格也比同容量、同电压级的电力变压器高。其特点如下：

（1）有较合适的电气参数。矿热炉变压器的主要参数是二次侧电压、二次侧电流和各级电压相对应的功率。矿热炉变压器高压绕组的电压按照供电电网的标准电压等级设计，而低压绕组的电压是由冶炼实践经验选定的。由于矿热炉负载的大小、产品的品种规格、炉料电阻率的大小、矿热炉设备的结构布置、操作人员的熟练程度等都是决定电压值高低的因素，因此，选用合适的二次电压尤为重要。通常用下面经验公式计算二次电压和二次电流：

$$V_2 = K\sqrt[3]{S} \qquad I_2 = \frac{10^3 S}{\sqrt{3}V_2}$$

式中　V_2——变压器二次电压，V；

K——变压器的电压系数，与变压器容量和产品品种有关，一般为 4 ~

10，特殊的精炼矿热炉可达 12 ~ 22；

S——变压器的额定功率，kV·A；

I_2——变压器二次电流，A。

例如，对于 12.5MV·A 的矿热炉，如果取 $K = 6.15$，则：

变压器的二次工作线电压约为：$V_2 = 6.15 \times \sqrt[3]{12500} = 143V$。

变压器的二次线电流：$I_2 = \dfrac{10^3 S}{\sqrt{3} V_2} = \dfrac{10^3 \times 12500}{\sqrt{3} \times 143} = 50467A$。

由此例可知，炉用变压器的变压比很大，二次电压较低、电流很大。故低压绕组一般都只有几匝，匝间绝缘可用绝缘垫片来保证，并作为冷却油通道。因为电流大，则低压绕组截面积也必须大，要用多根导线并列绕制，而且每相都由多个线圈并联。

图 6 - 3　矿热炉用 HKSSPZ –
12500/110 三相变压器的
引线铜管排列外形

（2）绕组端头的引出。矿热炉变压器低压绕组每相的首、尾端都要引出箱外。每相并联绕组的引线端头首、尾端相间，分别用低压引线铜排引出箱外，并用层压板胶垫密封在箱体上。如当每相为 4 路并联时，则每相由 8 块铜排引出，都是首端、尾端、又首端、又尾端相间排列。图 6 - 3 所示为矿热炉用 HKSSPZ – 12500/110 三相变压器的引线铜管排列外形。这样引出可以充分利用绕组的容量，降低二次母线上的电阻损耗和电压损失，也便于散热；可方便地改变绕组的串、并联方式，而使调压级数增加一倍，且不降低变压器容量。相间引出还便于布置短网，可使二次母线交叉排列，以降低其电抗、提高功率因数。将二次绕组通过电极接成三角形时，还可以减少引出端附近和母线附近铁磁体中的损耗。高压绕组每相的首、尾端也应引出箱外接线，以充分利用绕组的容量，便于布置绕组和使电磁场均匀，也可避免在负荷不对称时产生单相磁通。为了绕组接线方便和均匀散热，矿热炉变压器一次侧一般都接成三角形，只有在开炉初期或炉子不正常时才改为星形连接，可降低电压和负荷运行，以利于更好地操作，使炉子恢复正常生产。尤其是密闭炉和大、中型敞口炉的变压器，均应采用这种接线方法。

（3）具有多级的电压分接开关。矿热炉对二次工作电压值的大小非常敏感，尽管电压升降仅几伏的数值，炉子也会发生显著的反应，在冶炼过程中，往往由于各种条件发生变化，使工艺过程不稳定。例如，生产品种变化、炉料电阻波动、电源电压大幅度波动、炉底积渣层发生变化和电极发生折断事故等，都需选用合适的电气参数以适应新的情况。因此，要求矿热炉变压器必须具有可调节的多级二次电压，这种调节工作通过电压分接开关来实现，电压分接开关分为有载调节和无载调节。从工艺角度考虑，分接电压越多越好，但级数越多，变压器的造价将越高。所以，小型矿热炉变压器一般只具备 3～5 级电压的无载分接开关，少数有达 8 级的。无载分接开关通过改变一次绕组的工作圈数来调节二次电压，必须在停电后才能进行换接，新型大容量炉用变压器采用低压绕组串联变压器的有载分接开关，有 20 多级电压调整，级差为 3～15V，可在冶炼过程中对二次电压进行分相有载切换，根据炉况特点随时调整电气参数，调压非常方便。

（4）具有良好的绝缘强度和机械强度。为了保证操作人员的安全，必须加强高、低压间和高压、低压对地的绝缘。另外，矿热炉变压器拉、合闸也比较频繁，为防止由于操作过电压等原因造成变压器损坏，矿热炉变压器应具有加强的电气绝缘强度。

在变压器运行时，特别是二次侧短路时，高、低压绕组间受到很大的电磁力，以致会损伤绝缘或使绕组导体变形而损坏变压器。矿热炉在运行中由于下放电极或加料、塌料，会出现冲击性过负荷和短路应力，偶尔会造成电极短路等。为了能经受住这些冲击，要求矿热炉变压器在结构上应具有坚固的机械强度。

矿热炉负载较为稳定，短路冲击电流较小，一般与电力变压器的阻抗电压相仿，为 5%～10%。为预防变压器低压出线处短路电流太大，可在该处加强保护措施，要求具有较高的绝缘强度和机械强度。

（5）具有一定的过载能力和良好的冷却措施。矿热炉由于负载比较稳定，一经投入使用，基本上就是长期满载运行。有时为调整炉况需进行适当的过载运行，故炉用变压器一般具有 10%～30% 的短期过载能力。这样，在变压器正常满载运行时，绕组温度较低，既安全可靠，又降低了铜损而提高了电效率。因此，炉用变压器除了绕组导线具有足够大的截面外，还需要有良好的冷却措施，如采用风冷或强制油循环水冷却等。

6.1.4.3 矿热炉变压器的能量损耗与经济运行

当矿热炉变压器运行时，在其内部有一定的能量损耗，这种损耗由空载损耗和短路损耗组成。

空载损耗包括磁滞损失和涡流损失。磁滞损失由铁芯中的磁畴在交变磁场作用下周期性旋转，使铁芯发热所引起；涡流损失是变压器中感应电流引起的热损失，与铁芯电阻有关。这两种损失与负载大小无关，称为铁损。

变压器的线圈有一定的电阻，电流在绕组内部产生的功率损失与电流大小和温度有关。额定电流下绕组产生的电功率损失称为短路损失，又称为铜损。

变压器的功率损失为：

$$\Delta P = \Delta P_0 + \beta^2 \Delta P_K$$

式中　ΔP——变压器的功率损失，$kV \cdot A$；

ΔP_0——变压器的铁损，即空载功率损失，$kV \cdot A$；

β——有功经济负载系数，$\beta = \dfrac{I}{I_2}$（I 为二次负载电流，I_2 为二次额定电流）；

ΔP_K——变压器的铜损，即短路功率损失，$kV \cdot A$。

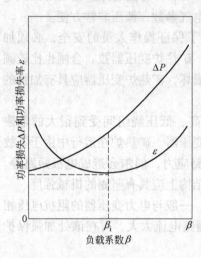

图 6-4　变压器的功率损失和功率损失率与负载系数的关系

变压器的功率损失率为 $\varepsilon = \dfrac{\Delta P}{P}$，$P$ 为变压器的输入功率，$\eta = 1 - \varepsilon$ 为变压器的效率。变压器的功率损失和功率损失率与负载系数的关系如图 6-4 所示，该图的镜像可视为变压器的效率曲线。当变压器输出为零时，$\Delta P = \Delta P_0$，$\varepsilon = 1$，效率为零；输出增大时，ε 下降直到一个最低点，然后又开始上升。这是因为，变压器的铁损基本上不随负载变化，因此负载小时功率损失率大；而铜损与负载电流的平方成正比，负载增大后，铜损增加很快，功率损失率降到最低点后又增大。在该点，铜损等于铁损，变压器的效率最高。最大效率大致在负载系数 $\beta_i = 0.5 \sim 0.6$ 时出现。实际上，在矿热炉冶炼生产中，变压器的内部损失是一个很小的数值，矿热炉变压器的造价又很高。因此，采用过低的负载系数在经济上并不合理。比较合适的负载系数约为 0.8。

6.1.5　矿热炉短网

6.1.5.1　短网的组成

短网是指从矿热炉变压器的二次侧引出线至矿热炉电极的大电流全部传导装置。有水冷铜管结构和铜排结构两种。

铜排（或铜管）结构的短网如图 6-5 所示，可分为以下四部分：

(1) 穿墙硬母线段。包括由紫铜皮组成的或水冷软电缆形式的温度补偿器、紫铜排或由铜管组成的硬母线，以穿过墙壁，连接变压器与矿热炉。

(2) U 形软母线段。可由紫铜软线或铜皮组成，又称为可挠母线，以便于电极升降。其前端分别通过上、下导电连接板（或称集电环）与两段固定的硬母线连接。现多为水冷软电缆连接。

（3）炉上硬母线段。由铜管组成，在炉面上方把电流送至铜瓦。由于炉面温度很高，这段铜管必须通水冷却。

（4）铜瓦和电极。它是把电流输入炉内的特殊传导装置。

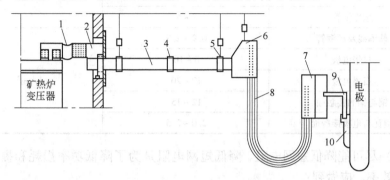

图 6-5 矿热炉短网结构

1—补偿器；2—铜排；3—短网铜排（或铜管）；4—夹紧装置；5—夹紧悬吊装置；

6—上导电连接板；7—下导电连接板；8—裸软铜缆；9—导电铜管；10—铜瓦

狭义的短网一般不包括铜瓦和电极。在研究矿热炉电气特性时，一般将矿热炉电路分成三段分析，即变压器、短网、矿热炉。有时进而简化为两段分析，即分为变压器及短网的炉外部分和炉内部分两段。电极插入炉料内的部分可使炉料预热，归入炉内考虑；而铜瓦下缘到料面一段电极的阻抗，既产生阻抗压降使入炉有效电压降低，又增大功率损耗，故称电极有损工作段，并入炉外短网考虑。

6.1.5.2 对短网的基本要求

短网是输送低电压、大电流电能的装置，为使它能将取自电网的能量最有效地输入矿热炉，考虑配置合理的短网结构、选择适宜的短网电流密度，对获得良好的电气运行指标、节约有色金属用量具有很大的经济意义。

短网的主要作用是传输大电流，故短网中的电抗和电阻在整个线路中占很大比重，足以决定整个设备的电气特性，因此必须满足下面几个基本要求：

（1）有足够的载流能力。实质上就是要保证导体有足够的有效断面面积。首先要按照适当的断面平均电流密度确定导体的截面积，常用材料的电流密度推荐值见表 6-1。

导体的有效断面主要是考虑交变电流集肤效应的影响。根据理论研究计算，要求实心矩形断面的铜排、板厚度不超过 10mm，铝排、板的厚度不超过 14mm，宽和厚度的比值尽可能大；对于空心铜管，壁厚不超过 10mm，管外径与壁厚的比尽可能大。

表 6 - 1 常用材料的电流密度推荐值

材 料 名 称	推 荐 值	单 位
紫铜排、板	2.2 ~ 2.5	A/mm²
铝排、板	0.6 ~ 0.9	
水冷铜管	3 ~ 5	
软铜线及薄铜管	0.9 ~ 2.3	
自熔电极	5 ~ 10	
石墨电极	12 ~ 20	A/cm²
铜与铜的接触面	12 ~ 15	
铜瓦与电极接触面	2.0 ~ 2.5	

(2) 尽可能降低短网电阻。降低短网电阻是为了降低功率损耗和提高矿热炉的电效率。应做到：

1) 尽量缩短短网长度。使变压器尽量靠近矿热炉，甚至将变压器适当抬高，使其出线铜排和电极上的连接处一样高。

2) 降低交流效应系数。交流电流通过导体时，由于集肤效应和邻近效应的影响，导体的交流电阻值较其直流电阻值增大的现象称为交流效应。为了降低电阻增大的倍数，即降低交流效应系数，应采用薄而宽的导体截面，并使宽面相对且平行。

3) 减小导体的接触电阻。短网的导电接触面越大越好，一般取接触面积为导体断面积的 10 倍左右，用螺栓连接时增加到 15 ~ 18 倍以安置螺栓。接触表面要刨平、磨光并镀锡，其平整度和光洁度应符合要求。导体的连接方法优先采用焊接，其次用螺栓连接，最后才考虑用压接。连接要有足够的压力，一般铜与铜之间的压力为 10MPa，铝和铝之间的压力为 5MPa。

4) 避免导体附近铁磁物质的涡流损失。导体附近的大块铁磁体被交变磁场磁化会产生感应涡流，引起额外的能量损失。因此，应减少垂直于磁力线方向的导磁面积、在闭合磁路中设置空气间隙或隔磁物质、在载流导体与磁结构间用厚铜板隔磁；采用短路的大铜圈屏蔽导磁体等。电极把持器半环或锥形环的涡流和磁滞损失较大，最好采用非磁性材料制造。

5) 降低导体运行温度。导体的电阻值随着温度的升高而增加。因此，应设法降低导体的运行温度，一般不应超过 70℃。如采用较小的电流密度，伸入烟罩内的短网应采用挡热板或用水冷却等。

(3) 短网的感抗值应足够小。短网导体中的电流引起的交变磁场，使导体具有很大的电感。短网的电抗大于有效电阻，短网中发生的用以维持磁通不中断的无功功率比电损耗功率要大。原则上，导体的感抗是一种不利因素，对它应该加以抑制。工程上一般采用近似公式计算电感与互感，计算结果表明，要降低感抗，短网导体的几何参数应满足以下条件：

1）尽可能缩短短网长度，因为电感与导体长度成正比；

2）导体间净间距应尽可能小，一般取 10～20mm；

3）导体厚度应尽可能小，一般取 10mm，导体高度应尽可能大；

4）母线应采用多个并联路数，并将电流相位相反的母线交错排列并相互靠近，将电流相位相同的母线间距拉远。

（4）有良好的绝缘及机械强度。短网母线由变压器室穿过隔墙到矿热炉间的部位，除了应加强正、负极之间的绝缘外，也要注意短网对大地的绝缘，并做好夹持和固定。母线束的正、负极之间及其外侧均用石棉垫板绝缘。

在短网导电体周围应尽量做好隔磁措施，以免引起附加电抗的增加及涡流和磁滞的损失。为使短网稳固，每隔 0.5～1.0m 用非磁性材料做夹板紧固。短网铜管的夹紧及悬吊装置结构如图 6-6 所示。为切断短网铜管四周的闭合磁路，在螺栓与槽钢的接触处均套一只铜垫。

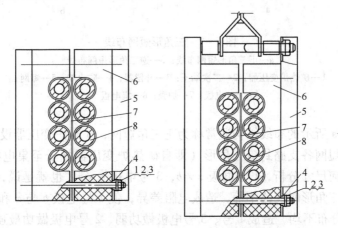

图 6-6 短网铜管的夹紧及悬吊装置结构
1—夹紧双头螺栓；2—螺母；3—垫圈；4—铜垫；5—夹紧槽钢；6—短网木夹板；
7—短网绝缘隔板；8—φ75/40 铜管

变压器二次引线端与母线连接处采用伸缩性较好的软铜皮作温度补偿器，以减轻热胀冷缩和机械振动对变压器引出端的影响，避免变形和漏油。

6.1.5.3 三相短网的配置方式

矿热炉短网配置的合理性决定单位电耗的高低，因为短网电抗占整个矿热炉电抗的 70%～80%，电抗决定矿热炉的电力输入特性。因此，在配置短网时应尽可能减小短网阻抗及不平衡度以降低电抗，保证炉子有较高的电效率。

使用单台三相变压器的圆形炉三相短网如图 6-7 所示。

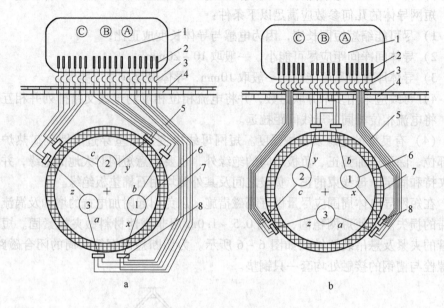

图 6-7 三角形短网布线

a—正三角形短网布线；b—逆三角形短网布线

1—矿热炉变压器；2—二次端子；3—补偿器；4—防火墙；5—短网；

6—电极；7—炉壳；8—集电板

图 6-7a 所示的布线结构通常称为正三角短网，矿热炉变压器设计三个开口三角形，在短网各支路封口三角形（即自矿热炉变压器端子至集电板）时，从短网自身几何尺寸分析，1 号电极 $x \neq b$，3 号电极 $a \neq z$。也就是说，1 号、3 号电极短网封三角形时支路不等，造成电阻差异，使 1 号电极 b 与 x 和 3 号电极 a 与 z 的电流分布不均，造成 1 号、3 号电极做功弱、2 号电极做功最强的现象。

相对于正三角短网布线结构，短网逆三角布线结构是指将原靠防火墙近的电极调整到前面，另外两个电极调整到靠防火墙近的内侧，如图 6-7b 所示。这样从自身几何尺寸上分析，3 号电极短网各支路平衡，即 $a=z$，排除了 3 号电极做功弱的现象。1 号、2 号电极存在几何尺寸上支路不平衡，但是在设计制作时 b 与 y 之间的间距增大，使 b、y 两支路电抗增大，从而使 1 号电极 b、x 两支路电压基本相等，2 号电极 c、y 两支路电压基本相等。由于各支路平衡程度得到控制，克服了因二次导体阻抗的差异而引起的功率不平衡。

短网接线系统的选择有如下几种：

（1）在电极上接成星形接线，如图 6-8a 所示。小型变压器的高、低压绕组可采用星形接法，其短网在变压器出线端头接成星形，此时短网中流过线电流，汇流铜管不能头尾交叉排列，因此感抗大，功率转移和负荷分配不平衡程度明显增加。但因接线简单而省铜，一般可用电流互感器直接测量二次电流来控制电极的升降，故在小型矿热炉上采用。

（2）在电极上接成三角形接线，如图 6 - 8b 所示。三角形接线短网各区段流过相电流，汇流铜管头尾交错排列，因而感抗小，功率转移和负荷分配不平衡程度相对较小，且平均功率因数提高。大、中型变压器的高、低压绕组一般采用三角形接法，组别 12 组，这样可使高压与低压间没有相位差，仅依靠高压电流表就可准确地调整电极的升降。

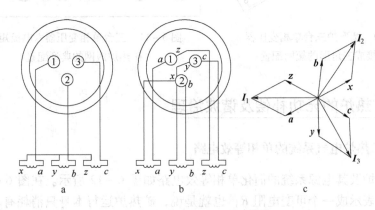

图 6 - 8　星形接线与三角形接线

a—星形接线；b—三角形接线；c—三角形接线电流向量

圆形炉单台三相变压器短网的典型配置如图 6 - 9 所示。图 6 - 9a 中，硬母线段过墙后接成三角形，硬母线流过相电流，每相正负互相补偿，软母线流过线电流；图 6 - 9b 中，在三相电极上接成三角形，除电极流过线电流外，短网其余部分流过相电流，补偿较好。

（3）三台单相变压器短网的典型布置形式。大容量圆形矿热炉常采用三台单相变压器对称接成三角形的短网配置方式，如图 6 - 10 所示。三台单相变压器六电极矩形矿热炉短网的典型配置如图 6 - 11 所示。变压器的这种布置形式可缩短变压器到电极的距离，降低短网阻抗，有利于提高炉子热效率和功率因素。

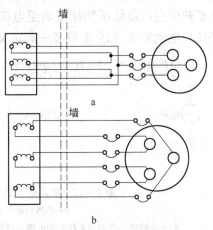

图 6 - 9　圆形炉单台三相变压器
短网典型配置

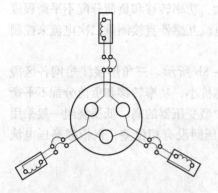
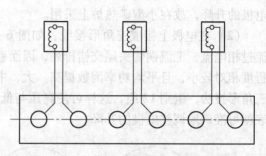

图 6-10　圆形炉三台单相变压器
对称接成三角形的短网配置

图 6-11　三台单相变压器六电极矩形
矿热炉短网的典型配置

6.2　矿热炉的无功补偿及谐波治理

6.2.1　矿热炉电气系统的单相等效电路

矿热炉及其电源系统的简化单相等效电路如图 6-12 所示。在图 6-12 中，矿热炉可表示成一个可变电阻 R，也就是说，矿热炉运行本身只消耗有功功率，有功功率变成矿热炉冶炼的热能。而矿热炉运行过程中所产生的大量无功功率，就产生在从矿热炉电弧到系统电压不变点所在的电抗上。

所有的电抗均归算到矿热炉变压器低压侧绕组电压级。其中，供电网络系统电抗 Z_s 约占总电抗 Z 的 15%，矿热炉变压器漏抗 Z_t 约占总电抗 Z 的 10%，而从矿热炉变压器低压侧接线端至电极间的短网和电极电抗 Z_f 约占总电抗 Z 的 75%。电动势 E_s 和总电抗 Z 一起定义了电弧到电源间的戴维南等效电路。

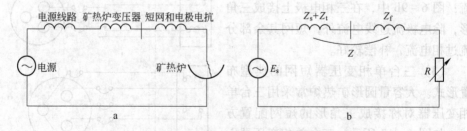

图 6-12　矿热炉及其电源系统的简化单相等效电路

a—矿热炉电气系统；b—单相等效电路

Z_s—从炉变一次侧向系统看的电源系统等效电抗；Z_t—矿热炉变压器漏抗；Z—总电抗；

R—矿热炉的等效可变电阻；Z_f—从矿热炉变压器低压侧接线端至电极间的短网和电极电抗；

E_s—矿热炉变压器低压接线端子上开路电压

若测量点设在矿热炉变压器高压侧，则从测量点算起，矿热炉系统运行所消耗的无功功率就产生在炉变漏抗 Z_t 和从炉变低压侧接线端至电极间的短网和电极等效电抗 Z_f，$Z_f = R_f + jX_f$（式中，R_f 为短网和电极电阻；j 为虚数单位，$j = \sqrt{-1}$；X_f 为短网和电极的等效感抗），R_f 极小可以忽略，故有 $X_f = Z_f$。矿热炉运行的无功功率和电流的关系可表示为：$Q = 3I^2X$（X 为矿热炉系统总感抗），其中，短网和电极等效感抗 X_f 所产生的无功功率占矿热炉系统总无功功率的 75% 左右。

因为矿热炉二次侧电压在 100~250V 之间，矿热炉满载运行相电流达上万或十几万安培。所以尽管短网及电极电抗 Z_f 看似很小，但短网电抗的无功功率相当大。

从矿热炉变压器二次侧出线到矿热炉电弧的短网和电极的集中参数单相等效电路，如图 6-13a 所示。

取电弧电压 U_{dh} 为参考相量，变压器输出容量 $S = P + jQ$。

由于 $P + jQ = U_{dh}I$，则：

短网上的电压降为：

$$U_d = U_t - U_{dh} = I(R_f - jX_f) = (1/U_{dh})(P + jQ)(R_f + jX_f)$$
$$= (1/U_{dh})(R_fP - X_fQ) + j(X_f + R_fQ)$$

因为 $R_f \ll X_f$，上式可简化为 $U_d = U_t - U_{dh} = \Delta U + jU_\delta$。其向量如图 6-13b 所示，可见炉变二次侧短网上沿途存在较大电压降。

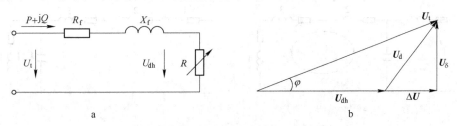

图 6-13 矿热炉低压侧集中参数单相等效电路

a—单相等效电路；b—电压降向量图

U_{dh}—电弧电压；U_t—变压器二次侧端电压；R_f—短网和电极电阻；P—矿热炉有功功率；φ—相位角；ΔU—短网和电极等效阻抗压降；U_δ—短网和电极等效感抗压降；U_d—短网和电极等效总电抗压降

矿热炉由于其短网电抗的相对偏大，以及低电压、大电流的工艺特性所决定的无功功率相对较大，运行功率因数较低，导致供电部门对企业做出罚款或限令停产的处罚，同时还会造成矿热炉本身有功功率偏低，产量低，电耗、矿耗高等。

对于正在设计或运行中的矿热炉，改善、提高功率因数一般采取三个途径：

（1）合理设计矿热炉，使电极直径、炉膛直径、极心圆直径等矿热炉尺寸与所选配的矿热炉变压器相匹配，当矿热炉变压器必须在超载下工作才能满足矿热炉对变压器输送有功功率的需要时，矿热炉及变压器均消耗大量的无功，此时功率因数非常低。

（2）选择原料并控制原料的粒度、水分含量等，同时还必须选择最佳矿热炉工艺参数和设备参数，寻求实施最佳运行方式以提高矿热炉本身的自然功率因数。

（3）采用人工补偿方式。

6.2.2 无功补偿方法

人工补偿最为常见的就是在矿热炉变压器一次侧高压母线上接入并联补偿电容器组，即高压补偿。由于补偿作用只能使接入点之前的线路、供电系统电网一侧受益，满足供电系统对该负荷线路功率因数方面的要求，而矿热炉变压器绕组、短网、电极的全部二次侧低电压、大电流回路的无功功率得不到补偿，即设备并不能得到矿热炉产品产量提高和电耗、矿耗降低的利益回报。高压补偿无功电流的流径如图 6 - 14a 所示。

在矿热炉低压侧针对因短网无功损耗和布置长度不一致导致的三相不平衡问题而实施的无功就地补偿，无论在提高功率因数、吸收谐波，还是在增产、降耗方面，都有着高压补偿无法比拟的优势。短网补偿如图 6 - 14b 所示。

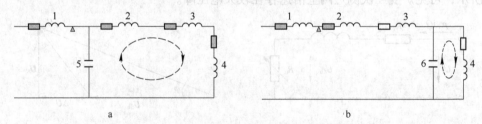

图 6 - 14 矿热炉电气系统等效电路图

（▲表示计量点，图中环路表示无功补偿电流流径）

a—高压补偿；b—短网补偿

1—高压侧等效阻抗；2—变压器等效阻抗；3—短网等效阻抗；4—矿热炉等效阻抗；

5—高压补偿；6—短网补偿

矿热炉补偿电容器的容量应由以下工程公式引算得出：

$$Q = P(\tan\varphi_1 - \tan\varphi_2)$$

式中　　　Q——所需补偿无功容量，kV·A；

　　　　　P——补偿前矿热炉消耗的有功功率，kW；

$\tan\varphi_1$，$\tan\varphi_2$——补偿前、后功率因数角的正切值。

短网补偿前后功率变化如图 6 – 15 所示。短网补偿是在保证补偿前后炉变视在容量不变的情况下做出的，即一次侧电流在补偿前后没有变化。由于电容器的容量是随着实际工作电压 U_2 的下降而呈平方关系降容的，因此实际补偿容量 $Q_补$ 比计算容量大。实际补偿容量采用如下公式计算：

$$Q_补 = Q/(U_2/U)^2$$

式中　U_2——矿热炉实际工作电压，V；

　　　U——矿热炉变压器二次开路电压，V。

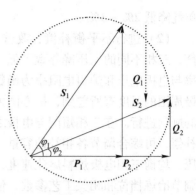

图 6 – 15　短网补偿前后
有功功率、无功功率变化

S_1，Q_1，P_1—分别为补偿前变压器输出
功率、无功功率和有功功率；

S_2，Q_2，P_2—分别为补偿后变压器输出
功率、无功功率和有功功率

6.2.3　低压就地补偿

6.2.3.1　低压就地补偿的特点

低压就地补偿相对高压补偿而言，其优势主要体现在以下几个方面：

（1）提高变压器、大电流线路的利用率，增加冶炼有效输入功率，从图 6 – 15 中可以看出，在炉变视在功率不变的条件下，向炉膛内输送的有功功率加大了，为增产创造了必要条件。从客观上提高了变压器、短网大电流线路的利用率。

对于矿热炉冶炼而言，无功的产生主要是由电弧电流引起的，而短网的大电流特征决定了无功主要以无功电流的形式体现在短网上，从而造成短网上的有效电压下降。在低压侧进行无功功率补偿后，大量的无功电流将直接经由低压电容器和电弧形成的回路流过，而不再经过补偿点前的短网、变压器及供电网路，在提高功率因数的同时可提高变压器的有效输出率，降低变压器、短网的无功消耗，提高变压器的效率。低压就地补偿增加的冶炼有效输入功率如下式所示：

$$\frac{P_2 - P_1}{P_1} = \left(\frac{\cos\varphi_2}{\cos\varphi_1} - 1\right) \times 100\%$$

式中　$\cos\varphi_1$——补偿前的功率因数；

　　　$\cos\varphi_2$——补偿后的功率因数。

由于提高了变压器原载荷能力，变压器向炉膛输入的功率将会增大，为提高日产创造了必要条件；对一些不能运行在炉变额定档位的炉子来讲，更加具有促进和改善作用。同时，由于单位面积上热效应的提高，还原反应充分，矿耗也将明显下降。另外，低压无功就地补偿可以使炉子在炉变低压侧的无功平衡后达到额定运行状态，其补偿后的产量和单耗指标更为可观，一般增产可达到 10%、单耗降低2%~3%。

(2) 进行不平衡补偿，改善三相的强、弱相状况。由于三相短网布置不平衡，三相不同的电压降导致了强、弱相现象的形成。从理论上讲，炉料的熔化功率与电极电压和炉料电阻率为函数关系。由于强、弱相现象的存在，使得三个电极周围的温度有所差别，极心圆内单位面积上的温度相差很大，不利于还原反应的顺利进行。在三相短网与电极之间相同长度处，采取单相并联的方式进行无功补偿，可综合调节各相补偿容量，使三相电极的有效工作电压一致，平衡电极电压，均衡三相电极炉料熔化速度，改善三相的强、弱相状况。在补偿后根据炉况调节冶炼档位和相关工艺参数，使电极作业面积扩大，达到增产、降耗的目的。

从实践上看，最强相的短网最短，其补偿点的相电压降最大，则其补偿量最大，其余两相次之。由于三相的补偿容量不均，因此在设计时应充分考虑冶炼电压档位、三相短网的各自压降以及电抗器压降对电容器运行电压的影响，以确保运行时在不均衡容量补偿的前提下达到设计值。

(3) 降低高次谐波值，减小变压器及短网附加损耗。对于矿热炉供电系统来讲，电弧电流含有部分高次谐波，有时会达到17%。针对低压补偿而言，合理选择合适比例的电抗器对电容器长久稳定运行是非常必要的。如不对此加以限制和吸收，无论对冶炼设备还是补偿装置都会产生不利的影响。根据冶炼的谐波状况，可将并联电容器设计成滤波回路，根据下列公式设计滤波回路的电容和电感值，可使电网中谐波电压趋于零：

$$U_n = I_n\left(nX_L - \frac{X_C}{n}\right) \to 0$$

式中 U_n——谐波电压；

I_n——谐波电流；

X_L——电抗器感抗值；

X_C——电容器容抗值。

为抑制和吸收 n 次以上谐波，应使 $L-C$ 调谐频率小于（$n \times 50$）Hz。例如，针对11次以上的谐波，可将调谐频率设计为520Hz，以吸收或抑制11次以上谐波，从而降低了谐波影响，改善了系统电参数，提高了电能质量。

6.2.3.2 低压补偿技术

矿热炉低压补偿技术是随着低压电容器的发展而逐渐发展起来的一项就地补偿技术。应用低压无功就地补偿时需注意以下几方面：

(1) 电容器选择。自愈、锌银喷镀的电容器是低压补偿技术的首选，但对于薄膜材料、厚度、填充制料以及外壳的选择也很关键。电容器单体容量的参数选择应考虑国内整体的制造水平，不能为了降低设备成本而片面追求大容量单体电容器，这对电容器的安全运行是没有益处的（因为大容量必然产生大电流）。同时，电容器的电压等级除考虑电抗器的压降外，更应该注意补偿点补偿后的压升，否则在补偿投入后，因不准确的计算会导致长期超容运行或达不到设计的补偿容量。

（2）谐波因素。通常情况下，在谐波总量超过7%THD（电网电压总谐波畸变率）的电网中要加装电抗器，保护电容器免受因高次谐波而产生异常发热的致命影响。根据经验，当电抗器比例选择不合适时，电容器的表面温度会达到80℃以上；反之，电容器温度上升仅为 3~5℃。因此，电容器的运行温度对设备的安全、长效运行是极其关键的。所以在实施就地补偿时，电抗器的选择是关系整体设备能否成功运行的关键；而合适的电抗器比例不仅可以保证电容器的安全、长效运行，而且可以部分吸收高次谐波，从而降低变压器及网路附加损耗。另外，从物理学的角度来看，体积小的电抗器通常是最便宜的电抗器，但却很少是最佳解决方案。因为电抗器使用的实地条件不同，而这些条件可能随时发生变化，因此，在设计时通常会留出余量，以满足谐波吸收的要求。

（3）放电选择。放电装置的作用在于使电容器在脱离电网后、投入之前将剩余电压降至安全水平，当电容器再次投入时，其剩余电压不得高于电容测量电压的10%，对低压补偿电容来讲尤为如此。同时，控制器再投入的时间应至少长于放电时间的10%，这一点在控制上很重要。例如，利用晶闸管开关、使用微电脑元件控制电压过零投入、电流过零切除。电容器放电是按指数规律衰减的，当电容器残压大于10%U_E（U_E为电容器设定工作电压，即矿热炉相电压）时，晶闸管开关判断为电压未过零，因而即便控制器此时有投入指令，晶闸管仍处于分断状态，从而保护了电容器。

（4）集成工艺。由于矿热炉的冶炼环境导致低压补偿设备是在导电粉尘大、周围温度高的环境下运行，因此选用的元器件在保证功能及质量的前提下，以密封、不发热为准则。在保持环境清洁、通风的同时，需要在设计上适当放大线路的线径，在连接的处理上尽量采用螺栓连接方式，避免局部发热。

6.3 矿热炉三相电极功率不平衡的预防

矿热炉三相电极的工作状况有时会有较大差别。如某相电极的反应区十分活跃，炉料熔化速度快，电极四周火焰面积大且十分旺盛；而另外某相电极周围则显得死气沉沉，反应区明显小于其他两相电极，炉料下沉缓慢。这时，二次电压和二次电流指示仪表读数差别很大，且难以调整至三相平衡；甚至有时看起来各相电压、电流接近平衡，但实际各相电极工作状况并不均衡，或者各相电极消耗差别很大。这种现象是由于各相电极功率不平衡引起的，这时某相电极的功率远远大于另外一相，将这两种电极工作状况分别称为"减弱相"和"增强相"。

6.3.1　产生功率不平衡的原因

当某相电极处于上限或下限位置时，功率不平衡的现象最为突出。造成这种现象的主要原因是电极过长或过短。当一相电极过短并处于下限位置时，电极电流无法给满，此刻该相电极功率最小。当某相电极过长或电流过大而处于上限位置时，为了防止过电流跳闸，只能减少其他两相电极电流，这时一相电极功率过大，而另外两相电极功率过小。这两种情况都会减少输入炉内的总功率。

电极的非对称排列会使某相电极感抗最小，造成该相电极的功率高于其他两相。

十分严重的弱相被称为"死相"，死相有电流死相和电压死相之分。由于各种原因，矿热炉运行中某相电极的相电压长期接近于零的状态称为电压死相；而某相电极的相电流长期接近于零的状态称为电流死相。

弱相电极输入功率减少会造成该相反应区缩小，各相反应区之间互不沟通，出炉时排渣不畅。这种局面持续下去极易产生电流死相。电流死相时，该相电极电阻增大、电极电流减少。由于该相反应区导电能力很差，电流对电极移动的反应迟钝，即使电极插得很深，电极电流仍然很小。无渣法冶炼中，坩埚区缩小和上移会使电极难以深插。

电极下部导电能力过强会使该相电极电阻减少，相电压随之降低。当电压过低出现电压死相时，就会导致该相电极无法工作。

死相焙烧电极是有意识利用各相电极电阻不平衡现象达到冶炼目的的操作。当某相电极出现软断、无法正常工作或由于某种原因造成电极过短时，可以采取这种措施加快自焙电极烧结速度，增加电极长度。在死相焙烧操作中，将待焙烧的电极置于导电的炉膛中，人为地造成电压死相。死相电极端部没有电弧。由于电极和短网存在阻抗，该相电路仍然有一定的电压降。焙烧过程中，用其他两相电极电流来带动该相电流使其稳步增长，由通过电极的电流所产生的焦耳热来烧结电极。死相焙烧电极过程中，该相电极的功率只用于电极烧结，耗电较少；另外两相电极功率也低于正常生产。在死相焙烧电极的后期，其他两相电极的功率逐渐接近正常，以保证所焙烧的电极有足够大的电流。

6.3.2　功率不平衡对冶炼操作的影响

功率不平衡现象是一种矿热炉故障，对冶炼技术经济指标有很大的消极影响，也危及矿热炉设备的安全运行。其对冶炼操作的影响主要体现在以下几方面：

（1）对产品电耗的影响。三相电极功率不平衡会使产品电耗增加。一座10MV·A冶炼硅铁75的矿热炉，当其电极之间功率不平衡达到0.8MW时，产品电耗升高到 12000kW·h/t。功率不平衡对有渣法生产的影响也是显著的，如一座 16.5MV·A 锰硅合金矿热炉发生功率不平衡故障，曾经使产量降低约 23%、产品电耗增加 500kW·h/t。

（2）对电极操作的影响。强相电极消耗过快，而弱相电极消耗过慢。强相电极的烧结速度往往低于消耗速度，经常出现电极工作端过短的现象。为了保证电极工作端长度，需要进行死相焙烧，这必然增加热停炉时间，减少输入炉内的功率。弱相电极消耗少往往造成电极过烧，容易发生损坏铜瓦、电极硬断等事故。

（3）对坩埚区位置和形状的影响。功率不平衡现象对无渣法的影响比有渣法更大。某相功率减少会使该相的坩埚区温度降低、坩埚区缩小、电极难以下插，致使炉况恶化；严重时还会出现炉底上涨、各相坩埚区沟通差的现象。在工业硅和硅铁生产中，硅的还原是经过气相中间产物实现的，反应物产率与坩埚区表面积成正比，坩埚区缩小必然使生产指标变坏。

（4）对矿热炉炉衬寿命的影响。电极电流和电弧会产生强大的磁场。由于磁场的作用，三相交流矿热炉的电弧有向炉墙一侧倾斜的趋势。功率过高的强相电极所产生的电弧高温，会加剧炉衬耐火材料的热损毁。

6.3.3 影响矿热炉功率不平衡的因素

引起功率不平衡的原因有功率转移、三相电极电阻和电抗不平衡。

由于矿热炉结构上的不对称性和各相电极冶炼操作的差别，矿热炉可以看成是三相电极在炉底接成星形的不对称负载，其中性点电位与电源中性点电位有一定的电位差，如图 6-16 所示。在矿热炉各相电压相位图上，电源中性点 O 位于正三角形的中心，而不对称的星形负载中性点在 O' 点。O 和 O' 点的距离就是中性点的位移。O 与 O' 点之间的电位差可以用电压矢量 $U_{OO'}$ 来计量。OO' 位移越大，$U_{AO'}$、$U_{BO'}$、$U_{CO'}$ 的差别越大。决定 OO' 位移大小的是各相阻抗不平衡的程度。电压死相时，O' 点接近 A 点，即 A 相电极的相电压接近于零。B 相和 C 相的相电压 $U_{BO'}$ 和 $U_{CO'}$ 则高于三相平衡时的相电压，接近于 AC 和 AB 之间的线电压

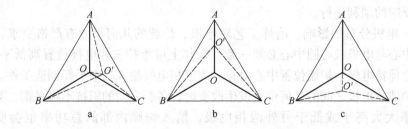

图 6-16 三相矿热炉各相电压相位图

a—正常相位；b—电压死相相位；c—电流死相相位

数值。A 相电极电流死相时，A 相电流接近于零，A 相的相电压 $U_{AO'}$ 增大，B 相和 C 相的相电压相应减少。

在电源相电压平衡时，即使各相熔池电阻和固有电抗相同，电极位置或电流的差异仍然可以引起各相阻抗的变化，使各相的电压出现差异，从而影响各相输入功率的不平衡。这在炉口现象中就表现为"增强相"和"减弱相"。

功率转移是造成功率不平衡的原因之一。功率转移是由短网和电极的电磁场相互作用引起的。如果各相之间的互感不相等，各相之间就会发生能量转移，某一相失去功率，而另一相得到功率。

电极电流越大，工作电压越低，功率不平衡的影响就越突出。影响矿热炉功率平衡的因素如下：

（1）短网结构不对称性的影响。矿热炉短网各相多呈不对称结构，由于母线长短不一，各相的自感和互感互不相等。如某些矿热炉 B 相母线最短，当变压器二次出线电压相同时，B 相线路电压降最小，因此，这些矿热炉的 B 相有效相电压往往高于 A、C 相，有效功率较高。母线越长，各相之间感抗差别越大，越容易出现功率转移的现象。

（2）炉料均匀性的影响。冶金工艺要求还原剂和矿石均匀混合后加入炉内，均匀分布的炉料有助于改善矿热炉内部的热分布，使化学反应顺利进行。从电流分布的角度来讲，还原剂是导电体，矿物是不良导体，如果炉内各部位导电性能差别很大，势必影响各相电极的电阻平衡和电极位置平衡。实测数据表明，电极位置不平衡所引起的功率差别达 $2\% \sim 4\%$。此外，电极位置也影响矿热炉电抗。综合诸多因素，炉料的不均匀性可能使各相电极输入功率的不平衡程度达到 $10\% \sim 20\%$。

还有一种炉料不均匀性是由加料方式造成的。原料中焦炭和矿石的密度和粒度差别很大，当混合炉料从料管呈抛物运动方式进入炉内时，由于惯性作用，矿石和焦炭运动轨迹的差别使料层中的炉料组成发生偏析。电极根部集中了导电性差的矿石，导电性好的焦炭则分散在外围。这样，加料方式可能会造成某相电极局部电阻过大、电极消耗过快，严重时还会使电流无法给满、局部温度降低，阻碍冶炼反应的顺利进行。

（3）电极分布的影响。冶炼工艺对电极、炉膛的几何尺寸有严格要求，规定炉膛中心与电极极心圆中心必须一致。操作上应维持三相电极位置高低平衡，在空间上保持电极、炉墙位置中心对称，为三相电极输入功率平衡创造条件。当电极与炉墙、电极之间的几何位置发生改变时，各相之间的阻抗不再平衡，某一相的功率大大高于或低于另外两相电极，输入炉膛内部的总功率也会明显减少。

（4）出铁口位置的影响。一般矿热炉的出铁口设置在 A 相或 C 相电极侧，铁水流向出铁口使出铁口区域排渣较好，炉料熔化速度较快。对于无渣法冶炼来讲，出铁口一相电极的坩埚较大，电极四周火焰比较活跃。铁水的流动会改善熔池的导电状况，因此，出铁口部位的电极功率较高。为了改善炉内电阻分布状况，适当时间更换出铁口是必要的。

6.3.4 功率不平衡的监测和预防

监测各相电极的熔池电阻和有效功率，可以及时发现功率不平衡现象。

通常变压器二次电压表给出的是各相相电压。由于电源中性点与负载中性点之间有一定电压，因此二次电压表的读数并不能代表电极－炉膛电压。当以导电良好的金属熔池或炉底作为负载的中性点时，负载中性点与电源中性点的电压反映了三相电极负载的不平衡程度。电极壳对炉底的电压可以近似代表电极对炉底的电压，测定电极对炉底的电压和电极电流，就可以计算出每相电极的电阻和输入功率。

为了减少电极功率不平衡对生产的影响，应该采取以下措施：

（1）矿热炉结构设计尽可能做到各相电极的电抗平衡，减少附加电阻。

（2）在安装和大、中修矿热炉时，必须保证矿热炉极心圆圆心、炉盖中心点和炉膛中心点在一条直线上。

（3）保证炉料的均匀性。还原剂必须有合适的粒度，并均匀分布于炉料之中。

（4）采用分相有载调压变压器。根据各相电极电阻值的变化，采用不同的电压等级使各相电极的功率均衡。

（5）控制三相电极把持器的位置平衡和电极下放量，尽量使三相电极工作端长度相等。

（6）监测各相电极功率不平衡状况和电极消耗状况，及时发现各相功率变化的原因，使输入矿热炉的功率始终维持在较高的水平。

6.4 矿热炉的经济运行

矿热炉的经济运行包括矿热炉设备的经济运行和矿热炉的经济负荷运行两方面。设备经济运行的核心是提高矿热炉的电效率，从设备参数和结构方面采取措施降低电能消耗。经济负荷运行是为了降低电力费用，根据分时电价的规定，按照季节和时间调整用电制度的操作。

6.4.1 矿热炉运行条件的改进

通过短网和电极的电流所产生的电阻热引起热损失；电流在矿热炉四周产生强大的交变磁场，在导磁材料内部产生感应电流引起涡流损失。这些损失随着负载电流的增减发生非线性变化。改进矿热炉设计、采用合理的结构和材料，能够最大限度地降低这些电损失。

大型矿热炉的功率因数普遍较低，当矿热炉的功率因数为 0.7 时，继续增加电流只会增加功率损失、降低电效率。

电网电压波动势必影响矿热炉输出功率，也危及变压器的安全运行。当电源电压波动时，要按照变压器运行的制约条件调整电压、电流，使矿热炉仍能以较高的电效率运行，输出较大的有功功率。

6.4.2 矿热炉的经济负荷运行

产品的成本除受电价影响外，也受矿热炉产量、热效率、电耗等综合指标的影响。因此，合理的经济负荷运行制度需因地制宜。

(1) 合理调整矿热炉功率，减少矿热炉的热损失。电极的插入深度与操作电阻成反比。当矿热炉采用恒电阻运行时，不论功率大小，电极插入深度相差不会很大，矿热炉的热损失也不会增加很多。

通常，矿热炉和变压器都有一定的过载能力，在用电低谷时可以使矿热炉超负荷运行，最大限度地增加矿热炉的生产能力。

(2) 自焙电极操作。热冲击是造成自焙电极硬断事故的主要原因。为避免在调整负荷的过程中发生电极事故，必须最大限度地减少电流变化对电极所产生的热冲击。为减少停电以后电极的降温速度，需要对电极采取适当的保温措施，如关闭炉门、将电极埋在炉料之中、逐渐减少电极铜瓦冷却水流量等。

自焙电极的烧结热量来自电极电流。当矿热炉负荷改变时，电极的烧结和消耗也随之改变，如果仍然按照习惯做法下放电极则势必出现电极的软断事故，需要按矿热炉负荷和耗电量调整电极下放制度。

(3) 出铁时间的调整。采用经济负荷运行以后，各时段矿热炉功率差别很大，不再可能做到均衡出铁时间间隔。为了保证出炉铁水温度正常，需要按耗电量调整出铁时间。

6.5 矿热炉的自动控制

6.5.1 供电自动控制

使用计算机控制供电有较好的经济效果（表 6-2），因此现代矿热炉都使用计算机控制供电。

供电控制是通过改变变压器抽头和升降电极来保持三相平衡（不平衡度小于 5%）的。在变压器容量允许的情况下，尽量向矿热炉输入最大的有功功率，同时使各相有效相电压在给定的范围内，并提供电极位置过高、过低、电极折断

表 6-2 计算机控制供电的矿热炉经济效果对比　　　　（%）

冶炼品种（容量）	锰铁（39MV·A）	硅铁（30MV·A）	硅铁（52MV·A）	生铁硅铁（30MV·A）
产量	+20	+7		+11.9
电能消耗	-10～-12	-1.5	-16	
矿热炉负荷	+6	+3		
电极糊消耗	-30	-13.5	-3～-7	
还原剂消耗	-10	-5		
含铁料消耗		-16		
矿热炉寿命	+2.5	+2	+8.8	

等报警信号。其控制手段是基于电阻平衡的方法。由于炉内有功功率为 I_E^2R（I_E 为矿热炉相电流，即电极电流），根据矿热炉等效电路，各相感抗可以认为近似相等，故根据相电压和电流值可计算出等效阻抗，通过升降电极控制各相阻抗平衡，使其达到预先的给定值。

矿热炉负荷控制是：当运行参数偏离设定的炉子最优负荷值时，首先通过升降电极控制电阻平衡，然后控制变压器的等级，后者是个带死区的控制器。矿热炉供电自动控制系统如图 6-17 所示。

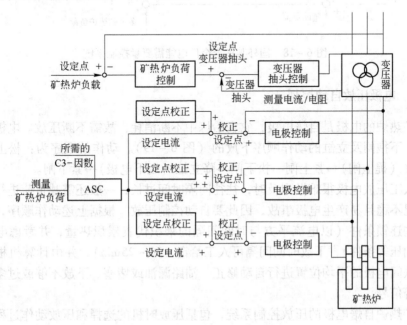

图 6-17　矿热炉供电自动控制系统

为使输入矿热炉的额定功率恒定并力求维持三相功率平衡，通常采用手动和自动两种控制方式，通过升降电极来调节矿热炉功率。

手动控制为人工操作开关（或按钮），使三相负荷电流达到恒定，此种方式多为小型炉所采用。自动控制为采用电子计算机系统，通过采集多种电气参数，如矿热炉操作电阻、电极电流和电压、有功功率、变压器分接开关位置、电网电压等为调节对象，连续或断续地进行自动调节。

6.5.2 工厂电能需要量控制

矿热炉冶炼厂是耗能大户，通常都和供电部门（或电厂）订有合同，如用电超量则要罚款。因此，矿热炉冶炼厂大都使用计算机控制总负荷，使之不超过限值。国外某铁合金厂电能需要量控制系统如图 6-18 所示。

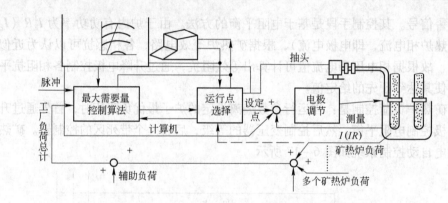

图 6-18 国外某铁合金厂电能需要量控制系统

6.5.3 电极压放自动控制

矿热炉的电极是自焙电极，它在冶炼中不断消耗，故需不断压放。电极是通过上、下抱闸及立缸的动作顺序下放的（图 6-19）。动作的顺序为：松上闸→升立缸（提上闸）→紧上闸→松下闸→降立缸（压下电极）→紧下闸。

人工压放电极很难做到及时，往往间隔时间过长，一般还需减负荷进行，造成炉况不稳且易产生电极事故，因此要自动控制压放。根据上述动作顺序，并考虑某些连锁条件（以电流平方与时间间隔的乘积代表累积热量，并考虑电极温度、油压等条件），下放时间间隔可人工给定（20~25min），并由计算机根据两次出铁间电极的平均位置进行自动修正。油路漏油或堵塞、下放不够或过多均给出报警信号。

矿热炉自焙电极的压放控制系统，包括压放时机的选择和压放动作过程的程序控制。压放时机的选择至关重要，根据生产实践选择"勤压、少压"的操作原则，以保证电极的正常焙烧速度和保持必要的电极工作端长度。判定压放时机的方式，有定时压放、按电极电流平方定时累加判定压放等，但往往凭人工观察和生产实践来判定压放。电极压放动作过程的程序控制有手动顺序开关（按钮）、机电式继电器、可编程序控制器（PLC）等方式。当采用计算机控制系统时，其电极压放控制也应纳入总体控制系统。

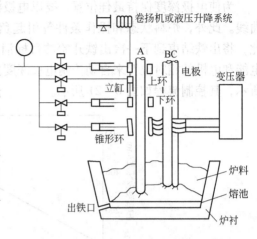

图 6-19 矿热炉电极压放控制示意图

6.5.4 电极深度控制

矿热炉冶炼中所需的热量主要是由电极端部供给的。当电极端部位置最佳时，产品单位电耗和生产率才能最佳，故估计和控制电极深度（电极端头与炉底间的距离）是非常重要的。电极端头位置可用矿热炉产生的气体温度和 CO 含量来表示：

$$电极深度指数 = a \times 矿热炉产生的气体温度 + b \times CO 含量 + c$$

式中　a，b，c——分别为不同矿热炉和产品决定的参数。

$$电极深度 = d \times 电极深度指数 + e$$

式中　d，e——分别为不同矿热炉、品种、电极、炉内电阻所决定的参数。

矿热炉电极深度估计实例列于表 6-3。

表 6-3 矿热炉电极深度实例

冶炼品种			硅锰合金		高碳锰铁	
			2号炉	1号炉	2号炉	1号炉
产生的气体温度/℃			316	294	426	373
气体中 CO 含量/%			60.5	59.8	77.9	75.5
电极深度估计	参数	a	0.79	0.70	1	1
		b	0.71	0.70	0	0
		c	0	0	0	0
	指　数		264	245	426	373
炉内电阻 $R/m\Omega$			0.32	0.39	0.57	0.50
估计的电极深度 y/mm			2154	2280	2344	2150
实测的电极深度 y'/mm			2137	2346	2295	2185
差值 $(y - y')$/mm			+17	-66	+49	-35

为使电极深度保持最佳位置,要以电极深度为纵轴、以时间为横轴作出关系曲线。此外,炉料状态和操作条件等引起负荷的变动也反映在电极深度上。为此,将出铁结束到下一次出铁开始的目标消耗电能十等分,并用每5min消耗的电能和电极的相对位置来自动控制电极深度。电极深度控制实例曲线如图6-20所示,其控制流程如图6-21所示。

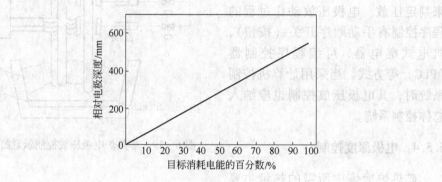

图6-20　电极深度控制曲线

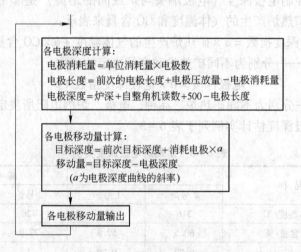

图6-21　电极深度控制流程

6.5.5　上料及称量控制

上料控制包括各料仓的顺序控制。它根据各料仓的料位信号,过低时发出要料信号,使相应的胶带输送机动作,向料仓装入所需炉料。

称量控制包括配料、称量、补正控制以及配料后的运输控制。在计算机配料秤里存储配料公式。当操作者选定配方后,就发出信号给配料控制系统,控制系统将按计算机配料秤的控制信号对各料仓、振动给料机、斗式提升机和胶带输送机进行程序控制。配料秤对各称量斗进行设定，先以粗给料速度给料，当料重达到配方要求的95%时，自动变为以细给料速度给料，直至料重达到设定值。

在称量过程中，由于料斗等粘料，使设定值与实际值间产生偏差，系统将把这一误差存储起来，在下一称量周期中补回这一误差质量。此外，由于焦炭含有水分并因天气而异，必须折算为干焦量。可用中子水分计测定焦炭水分，并由计算机补正这一数值，以保证配料准确。给料过程结束以后，打印一份料批报告，包括时间、料的成分、实际质量、料仓号及炉号等。

6.5.6 过程计算机控制

现代矿热炉工厂大都是分层次控制的。作为设备级控制的仪表及电控系统被称为基础自动化级。作为监控用的电子计算机被称为过程自动化级。后者的主要功能是：

（1）配料计算及建立其数学模型。

（2）炉内碳平衡控制。除了在配料中精确计算焦炭量外，还动态控制炉内碳状态，即在线测量碳量，以作为控制碳的依据。在线测量碳量有多种方法，可测量电参数（因碳在炉中影响电阻值、三次谐波值等）、电极端部位置以及分析炉气成分和测定烟气流量（这仅适用于全密闭炉），入炉碳量减去炉气带走的碳量即为在炉碳量。

（3）数据显示。主要显示工艺参数的设定值、实际值，全厂、车间、工序等流程图，设备状态及事故报警，生产趋势和历史数据等。

（4）技术计算。计算各项生产指标、在炉产品量和渣量等。

（5）数据记录。打印班报、日报、月报、事故记录等。

（6）技术通讯。其与生产管理机相连，进行通讯，与总厂的管理机进行数据传输等。

仪表控制大都用以微处理机为核心的单回路或多回路数字仪表，而仪表实际上只剩下现场检测仪表。对于电控，由于数字仪表也有逻辑功能，且铁合金厂的顺序控制功能简单，故使用 PLC 或 PPC 均可。对于过程计算机有两种方案，小容量炉不设过程计算机，记录、显示或简单运算由数字仪表执行；对较大容量的矿热炉工厂，设过程计算机，着重于复杂的模型运算。国外某铁合金厂的控制系统如图 6 - 22 所示。

我国矿热炉工厂分布式系统的设计：一是选用数字仪表（PPC），它可对热工量、电量等连续控制，对于简单的顺控过程（如上料等），它可满足要求，并带 CRT 和打印机，功能齐全；另一种是连续量控制用 PPC，而顺控用 PLC。此时有两种设备的连接问题，最简单的方法是利用彼此的输入、输出互相连接。如

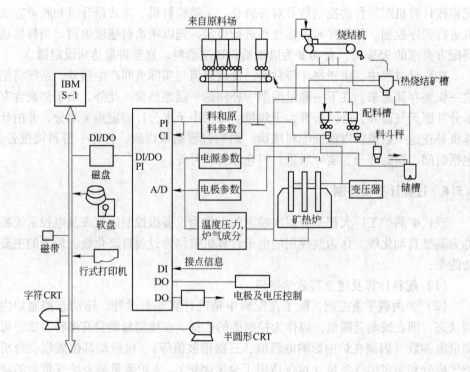

图 6-22　国外某铁合金厂的控制系统

IBM S-1—国际商业机器公司计算机控制系统型号；DO—开关量输出，又称为数字量输出，可用来控制开关交流接触器、变频器以及可控硅等执行元件动作；PI—基于客户机/服务器（C/S）体系和浏览器/服务器（B/S）体系结构的工厂实时数据集成、应用系统；DI—数据信号输入选择通道控制；A/D—模拟/数字转换；CRT—阴极射线管显示器

果有过程计算机作为监控，则分布式系统的网络还必须考虑和 PLC 及过程计算机相连。硬件选择要注意两点：一是要进行优选，以确保可靠性、便于硬件备品、备件易得和有利于生产及维修；二是要具有先进性。

7 矿热炉工艺计算示例

«««««««««««««««««««««««««««««««««««

矿热炉熔炼过程复杂，其工艺计算也很麻烦，要根据产品大纲、原料成分、操作工艺特点等具体进行。本章分别列举矿热炉在无渣法、少渣法、有渣法和共生矿冶炼过程的配料、物料平衡和热平衡等的工艺计算过程。

7.1 电石炉的物料平衡及热平衡

7.1.1 工况测定及体系模型

7.1.1.1 工况测定

A 操作情况

电石炉容量：20MV·A；

平均功率：14500 ~ 15000kW；

平均二次电压：146V；

平均操作电流：64400A；

电极工作长度：1000mm；

平均投料配比：68（加副石灰后为63）；

平均出炉时间：60min/炉；

出炉电石量：191.195t/48h（相当标准电石 186.096t/48h）；

测定时间：48h；

环境温度（作基准温度）：21℃。

B 物料分析

（1）石灰的总投料量为174734kg，其组成见表7-1。

表 7-1　石灰的组成　　　　（%）

物质名称	CaO	CO_2	H_2O	SiO_2	R_2O_3	MgO	其他	合计
质量分数	88.64	5.85	2.3	0.81	0.59	0.5	1.31	100

注：R_2O_3 表示其他氧化物。

（2）焦炭的总投料量为110982kg，其组成见表7-2。

表 7-2 焦炭的组成 (%)

物质名称	C	H_2O	CaO	V_m	S	P	SiO_2	R_2O_3	MgO	合计
质量分数	84.81	0.42	0.69	0.93	0.63	0.23	6.37	5.66	0.26	100

注：V_m 表示挥发分。

（3）电极糊的总投料量为 4129kg，其组成见表 7-3。

表 7-3 电极糊的组成 (%)

物质名称	C	H_2O	CaO	V_m	SiO_2	R_2O_3	MgO	其他	合计
质量分数	82.37	0.75	0.58	3.85	5.98	5.89	0.29	0.29	100

注：V_m 表示挥发分。

（4）电石总产量为 191195kg，其组成见表 7-4。

表 7-4 电石的组成 (%)

物质名称	CaC_2	CaO	C	S	P	SiO_2	R_2O_3	MgO	其他	合计
质量分数	78.16	10.52	3.31	0.18	0.07	2.75	3.35	0.42	1.24	100

（5）炉气的组成见表 7-5。

表 7-5 炉气的组成 (%)

物质名称	CO	CO_2	H_2O	S	O_2	H_2	N_2	其他	合计
质量分数	76.58	3.98	2.61	0.34	0.33	0.24	15.8	0.12	100

（6）炉气中粉尘总量 11976kg，其组成见表 7-6。

表 7-6 炉气粉尘的组成 (%)

物质名称	C	CaO	V_m	P	SiO_2	R_2O_3	MgO	其他	合计
质量分数	26.61	37.59	3.47	0.99	7.28	11.96	3.01	9.09	100

7.1.1.2 体系的划分及模型

A 供入体系的能量

（1）电热 Q_0。

（2）漏入炉内的空气与一氧化碳燃烧后供入的热量 Q_{CO}。

（3）所有物料均在环境温度下投入，因此无显热供入。

B 排出体系的能量

排出体系的能量，共五项：

（1）电石生成热 $Q_生$；

（2）电石显热 Q_1；

（3）电石相变热 Q_2；

（4）副反应吸热 Q_3；

（5）各项损失的热量 $Q_4 \sim Q_8$。

C 体系的模型

体系模型如图 7-1 所示。

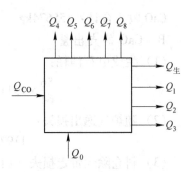

图 7-1 电石炉热平衡的
体系模型

7.1.2 物料平衡计算

7.1.2.1 碳的平衡

A 碳元素总收入量

焦炭和电极糊带入的碳量：

$$110982 \times 84.81\% + 4129 \times 82.37\% = 97525kg$$

B 碳元素总支出量

生成电石消耗碳量（按反应式 $CaO + 3C \Longrightarrow CaC_2 + CO$ 计算）：

$$\frac{36}{64} \times 191195 \times 78.16\% = 84059kg$$

随炉气逸出损失碳量（由炉气含尘量计算）：

$$11976 \times 26.61\% = 3187kg$$

料仓除尘带走碳量（由一周卸灰量推算）：14kg。

电石中含游离碳量：

$$191195 \times 3.31\% = 6329kg$$

碳支出小计：93589kg。

其他副反应消耗碳量（收支相抵后）：3936kg。

副产 CO 气体：

$$\frac{28}{64} \times 191195 \times 78.16\% = 65379kg$$

7.1.2.2 氧化钙的平衡

A CaO 的收入量

（1）由焦炭中吸收：

$$110982 \times 0.69\% = 766kg$$

（2）由电极糊中收入：

$$4129 \times 0.58\% = 24kg$$

（3）由石灰中收入：

$$174734 \times 88.64\% = 154884kg$$

CaO 收入合计：155674kg。

B　CaO 的支出量

（1）生成电石消耗：

$$\frac{56}{64} \times 191195 \times 78.16\% = 130758kg$$

（2）随炉气逸出损失：

$$11976 \times 0.3759 = 4502kg$$

（3）料仓除尘带走损失（由一周用量推算）：300kg。

（4）电石中残余 CaO：

$$191195 \times 0.1052 = 20114kg$$

CaO 支出合计：155674kg。

7.1.2.3　碳酸钙的分解

由石灰分析值可知损失量为 8.15%，其中 2.3% 为 H_2O、5.85% 为 CO_2，折算为石灰中 $CaCO_3$ 的含量为：

$$\frac{5.85}{44} \times 100\% = 13.29\%$$

则 $CaCO_3$ 总量为 $174734 \times 13.29\% = 23223kg$。

$CaCO_3$ 的分解反应有：

$$CaCO_3 + C \longrightarrow CaO + 2CO \qquad ①$$
$$CaCO_3 \longrightarrow CaO + CO_2 \qquad ②$$

A　由炉气中 CO_2 含量计算反应式②

用试差法计算，设炉气流量（标态）为 $1600m^3/h$（$400m^3/t$），设炉子密封不严，漏入空气（标态）共 $36.6m^3/h$（2.3%），则炉气中 CO_2 总量为：

$$1600 \times 2.72\% \times 1.977 \times 48 = 4130kg$$

漏入空气（标态）有 $20m^3/h$（55%）气体中的 O_2 与 CO 燃烧生成 CO_2，即：

$$CO + \frac{1}{2}O_2 \longrightarrow CO_2$$

燃烧反应的 O_2 量为：

$$20 \times 0.21 \times 1.429 \times 48 = 288kg$$

燃烧生成 CO_2 的量为：

$$\frac{288}{16} \times 44 = 792kg$$

则有 $4130 - 792 = 3338kg$ CO_2 是由 $CaCO_3$ 分解而得的。

消耗 $CaCO_3$ 的量为：

$$\frac{3338}{44} \times 100 = 7586kg$$

B 计算反应式①

反应式①也可以认为是由反应②形成的 CO_2 被 C 还原成 CO，即：

$$CO_2 + C \Longrightarrow 2CO$$

由前面计算知，被 C 还原的 CO_2 量有：

$$\frac{23223 \times 44}{100} - 3338 = 6880kg$$

生成 CO 量为：

$$\frac{6889}{44} \times (2 \times 28) = 8756kg$$

多消耗的 C 量为：

$$\frac{6889}{44} \times 12 = 1876kg$$

反应①消耗的 $CaCO_3$ 量为：

$$\frac{8756}{56} \times 100 = 15635kg$$

反应①与反应②共消耗 $CaCO_3$ 量为：

$$15635 + 7586 = 23221kg$$

由以上计算得知 CO_2 的收支平衡，具体为：收入 10218kg，支出 10218kg。

7.1.2.4 水分的蒸发和分解

物料收入 H_2O 为：

$$174734 \times 2.3\% + 110982 \times 0.42\% + 4129 \times 0.75\% = 4513kg$$

设有 60%（2708kg）直接由炉气排入大气，40%（1805kg）按下式反应（此比例先按炉气中 H_2 含量粗算）：

$$H_2O + C \longrightarrow H_2 + CO$$

则生成 CO 量为：

$$\frac{1805}{18} \times 28 = 2807kg$$

生成 H_2 量为：

$$\frac{1805}{18} \times 2 = 200kg$$

消耗 C 量为：

$$\frac{1805}{18} \times 12 = 1203kg$$

由以上计算得知水的收支平衡，具体为：收入 4513kg，支出 4513kg。

7.1.2.5 挥发分的分解

（1）挥发分收入（由焦炭和电极糊带入）：$110982 \times 0.93\% + 4129 \times 3.85\%$ $= 1191kg$。

（2）挥发分支出：炉气粉尘中带走 415kg，剩余 778kg 按以下反应式分解：

$$C_{12}H_{10} \longrightarrow 12C + 5H_2$$

生成 H_2 量为：

$$\frac{778}{154} \times 10 = 51kg$$

生成 C 量为：

$$\frac{778}{154} \times 12 \times 12 = 727kg$$

由以上计算得知挥发分的收支平衡，具体为：收入 1193kg，支出 1193kg。

7.1.2.6 二氧化硅的还原

氧化硅共收入：$174734 \times 0.81\% + 110982 \times 6.37\% + 4129 \times 5.98\% = 8732kg$；电石中带出 5220kg，炉气粉尘带出 872kg，剩余 2640kg。

设剩余的这部分被 C 还原，按如下反应式进行：

$$SiO_2 + 3C \longrightarrow SiC + 2CO$$

则生成 CO 量为：

$$\frac{2640}{60} \times 56 = 2464kg$$

生成 SiC 量为：

$$\frac{2640}{60} \times 40 = 1760kg$$

消耗 C 量为：

$$\frac{2640}{60} \times 36 = 1584kg$$

由以上计算得知 SiO_2 收支平衡，具体为：收入 8732kg，支出 8732kg。

7.1.2.7 炉气流量

先将上述物料反应中形成的各种气体汇总见表 7-7。

然后计算炉气中气体 O_2 及 N_2 的流量，按炉气色谱分析，CO 平均含量为 77.7%，可计算出炉气总流量（标态）为：

$$Q_{总} = \frac{1323}{77.7} \times 100 = 1702 m^3/h$$

表 7-7　反应形成的各种气体汇总

气体类型	反应来源	总质量/kg	体积/m³	流量/m³·h⁻¹	单位产品流量/m³·t⁻¹
CO 汇总	$CaCO_3$ 分解形成	8756	7005	146	38
	电石生成产生	65379	52303	1090	381
	$H_2O + C$	2807	2245	47	12
	SiO_2 还原反应	2464	1971	41	10
	小　计	79406	63525	1324	341
H₂ 汇总	$H_2O + C$	200	2222	46	12
	挥发分分解形成	51	567	12	3
	小　计	251	2789	58	15
CO₂ 汇总	CO 燃烧生成	792	401	8	2
	生烧分解形成	3338	1688	35	9
	小　计	4130	2089	43	11

扣除炉气中 CO、H_2、CO_2 后，O_2 和 N_2 的总流量（标态）计算如下：

（1）由炉气中 O_2 含量为 0.3%，得 O_2 流量为：$1702 \times 0.003 = 5 m^3/h$。

（2）N_2 流量为：$1702 - (1324 + 58 + 43 + 5) = 272 m^3/h$。

干炉气组成数据处理后汇总见表 7-8。

表 7-8　干炉气组成数据处理后汇总

炉气组成	CO	H₂	CO₂	N₂	O₂	合　计
实测含量（体积分数）/%	77.7	2.98	2.72	16.3	0.3	100
由物料平测得流量（标态）/m³·h⁻¹	1324	58	43	272	5	1702
计算后含量（体积分数）/%	77.73	3.4	2.53	16.04	0.3	100
计算误差（绝对误差）/%	+0.03	+0.42	-0.19	-0.26	0	
单位产品流量/m³·t⁻¹	341	15	11.1	70.4	1.29	438.8

经数据处理后的炉气流量与由孔板实测的流量（标态）1504m³/h 相比较，有 9.5% 的相对误差。但从实际情况看，实测时由于炉气放散、蝶阀关不死，流量波动较大，指示值总是偏低的，因此 1702m³/h（标态）的数据尚为可信。

7.1.2.8　物料收支平衡表

20MV·A 密闭电石炉物料收支平衡见表 7-9。

表7-9 20MV·A密闭电石炉物料收支平衡　　　　　　　　　　　　　　　　　（kg）

项目	收入物料						支出物料				物料平衡时物料流向					
	石灰	焦炭	电极糊	钢材	漏入空气	合计	电石	炉气粉尘	料仓粉尘	炉气带走	电石生成消耗	H_2O还原消耗	挥发分还原消耗	$CaCO_3$分解消耗	氧化物还原消耗	合计
CO_2	10218	—	—	—	—	10218	—	—	—	4130	—	—	—	6088	—	10218
H_2O	4019	463	31	—	—	4513	—	—	—	2707	—	1806	—	—	—	4513
C	—	94124	3401	—	—	97525	6329	3187	14	—	84059	1203	-727	1876	1584	97525
CaO	154889	761	24	—	—	155674	20114	4502	300	—	130758	—	—	—	—	155674
CaC_2	—	—	—	—	—	—	149438	—	—	—	—	—	—	—	—	149438
挥发分	—	1034	159	—	—	1193	—	415	—	—	—	—	778	—	—	1193
灰分	—	6008	538	—	—	—	—	—	—	—	—	—	—	—	—	—
S	—	699	—	—	—	699	344	—	—	355	—	—	—	—	—	699
P	—	253	—	—	—	253	134	119	—	—	—	—	—	—	—	253
SiO_2	1415	7070	247	—	—	8732	5220	872	—	—	—	—	—	—	2840	8732
R_2O_3	1030	6282	243	282	—	7837	6405	1432	—	—	—	—	—	—	—	7837
MgO	874	296	12	—	—	1182	822	360	—	—	—	—	—	—	—	1182
CO	—	—	—	—	—	—	—	—	—	79368	—	—	—	—	—	79368
O_2	—	—	—	—	631	631	—	—	—	343	—	—	—	—	288	631
H_2	—	—	—	—	—	—	—	—	—	251	—	—	—	—	—	251
N_2	—	—	—	—	16380	16380	—	—	—	16380	—	—	—	—	—	16380
其他	2289	—	12	—	—	2301	2389	1089	—	119	—	—	—	—	—	3597
总计	174734	110982	4129	282	17011	307138	191195	11976	314	103653	—	—	—	—	—	307138

7.1.3 热平衡数据及数据处理

为便于热平衡计算，以环境温度作为基准温度，将各数据平均为小时值计算。遵循习惯，计算以 kW·h 为基本单位（1kW·h = 3600kJ）。在物料平衡基础上进行热平衡计算。

7.1.3.1 供入热量

A 电力供入热量 Q_0

以供电局电度表计量为准，系统精度为 0.5 级，48h 用电总量为 623424kW·h，平均为：

$$Q_0 = 623424 \div 48 = 12988 \text{kW·h/h}$$

B 炉内 CO 与漏入空气中的 O_2 燃烧生成热量 Q_{CO}

有 792kg 的 CO_2 由 CO 生成，即：

$$CO + 0.5O_2 \longrightarrow CO_2 + 10104.6 \text{kJ/mol}$$

则燃烧生成热量为：

$$Q_{CO} = \frac{792}{44} \times 28 \times \frac{10104.6}{48} = 106099.3 \text{kJ/h} = 29.47 \text{kW·h/h} \approx 30 \text{kW·h/h}$$

合计供入热量为：

$$Q_{供} = Q_0 + Q_{CO} = 13018 \text{kW·h/h}$$

7.1.3.2 有效利用热

A 电石生成消耗热 $Q_{生}$

反应及反应热为：

$$CaO + 3C \longrightarrow CaC_2 + CO - 465.69 \text{kJ/mol}$$

测定期共生成 CaC_2 量为：191195 × 78.16% = 149438kg

则：

$$Q_{生} = \frac{149438}{64} \times 465.69 \times \frac{10^3}{48} = 22.653 \times 10^6 \text{kJ/h} = 6292 \text{kW·h/h}$$

B 电石出炉带出热 Q_1

电石比定压热容按物料加权平均值为 $c_p = 1.1715 \text{kJ/(kg·℃)}$。

出炉电石实测温度为 1950～2000℃，环境温度为 230℃，以 $\Delta t = 1950$℃计，则：

$$Q_1 = m \cdot c_p \cdot \frac{\Delta t}{48} = 191195 \times 1.1715 \times \frac{1950}{48} = 9.1 \times 10^6 \text{kJ/h} = 2528 \text{kW·h/h}$$

C 电石相变热 Q_2

电石生成热按 298K 时计算，而实际电石生成为液体，需加相变热。电石生成热平均值为 $\Delta H = 5.6 \times 10^5 \text{kJ/t}_{电石}$，则：

$$Q_2 = m \cdot \Delta H = 3.983 \times 5.6 \times 10^5 = 22.306 \times 10^5 \text{kJ/h} = 620 \text{kW} \cdot \text{h/h}$$

D 副反应耗热 Q_3

（1）入炉生烧 $CaCO_3$，分解消耗热 Q_3^1。

石灰生烧按下式反应：

$$CaCO_3 + C \longrightarrow CaO + 2CO - 349.9 \text{kJ/mol}$$

$$CaCO_3 \longrightarrow CaO + CO_2 - 177.8 \text{kJ/mol}$$

由消耗碳 1876kg 计算生成 CO 的反应耗热为：

$$\frac{1876}{12} \times 349.9 \times \frac{10^3}{48} = 1.136 \times 10^6 \text{kJ/h} = 316 \text{kW} \cdot \text{h/h}$$

由生成 CO_2 3338kg 计算 $CaCO_3$，分解反应耗热为：

$$\frac{3338}{44} \times 177.8 \times \frac{10^3}{48} = 2.81 \times 10^5 \text{kJ/h} = 78 \text{kW} \cdot \text{h/h}$$

生烧石灰消耗热量合计为：

$$Q_3^1 = 316 + 78 = 394 \text{kW} \cdot \text{h/h}$$

（2）入炉水分耗热 Q_3^2。

1）水汽化热。共有 2708kg 水汽化，相变热为 2255.2kJ/kg，耗热为：

$$2708 \times 2255.2/48 = 127232.6 \text{kJ/h} = 35 \text{kW} \cdot \text{h/h}$$

2）水显热。已知比热容 2.09kJ/(kg·℃)、温升 $\Delta t = 715$℃，则耗热为：

$$2708 \times 2.09 \times 715/48 = 84389.9 \text{kJ/h} = 23 \text{kW} \cdot \text{h/h}$$

H_2O 与 C 反应也耗热，反应热为 1kg H_2O 7292.9kJ。共有 1805kg H_2O 被 C 还原，则耗热为：

$$1805 \times 7292.9/48 = 274243 \text{kJ/h} = 76 \text{kW} \cdot \text{h/h}$$

入炉水分耗热合计为：

$$Q_3^2 = 35 + 76 + 23 = 134 \text{kW} \cdot \text{h/h}$$

（3）挥发分分解耗热 Q_3^3。

共有 778kg 挥发分分解，设平均的分解反应式为：

$$C_{12}H_{10} \longrightarrow 12C + 5H_2 \quad \Delta H = 665.3 \text{kJ/kg}$$

则耗热为：

$$Q_3^3 = 778 + \frac{665.3}{48} = 10783 \text{kJ/h} = 3 \text{kW} \cdot \text{h/h}$$

（4）硅铁形成耗热 Q_3^4。

按物料平衡，有 2640kg 的 SiO_2 被 C 还原，反应式为：

$$SiO_2 + 3C \longrightarrow SiC + 2CO - 615.5 \text{kJ/mol}$$

则耗热为：

$$Q_3^4 = 2640/60 \times 615.5 \times \frac{10^3}{48} = 5.64 \times 10^5 \text{kJ/h} = 157 \text{kW} \cdot \text{h/h}$$

（5）造渣放热 Q_3^5。

电石炉内造渣反应较复杂，缺少分析测定手段，引用的有关数据为每吨电石造渣放热 19kW·h，则 $Q_3^5 = 19 \times 3.983 = 75.7\text{kW} \cdot \text{h/h} \approx 76\text{kW} \cdot \text{h/h}$。

以上五项主要副反应合计耗热 Q_3 为：

$$Q_3 = Q_3^1 + Q_3^2 + Q_3^3 + Q_3^4 - Q_3^5 = 612\text{kW} \cdot \text{h/h}$$

E 有效热 $Q_{有效}$

以上各项有效利用热合计为：

$$Q_{有效} = Q_生 + Q_1 + Q_2 + Q_3 = 10056\text{kW} \cdot \text{h/h}$$

7.1.3.3 热损失

A 电气损失 Q_4

(1) 供电线路损失 Q_4^1。

线路电阻 $R = 0.0123\Omega$、电流 $I = 240\text{A}$，则供电线路损失为：

$$Q_4^1 = 3 \times I^2 R = 2.125\text{kW} \cdot \text{h/h}$$

(2) 主变压器损耗 Q_4^2。

主变压器的损耗可以按变压器出厂试验数据计算。

铭牌损耗：短路损耗 $P_短 = 192.9\text{kW}$，空载损耗 $P_空 = 31.9\text{kW}$。

运行损耗：有功功率为 14000kW，功率因数为 0.85，则变压器视在功率为：

$$P_r = 14000/0.85 = 16470\text{kV} \cdot \text{A}$$

变压器实际铜损为：

$$P_{Cu} = P_短 (P_r/P_0)^2 = 130\text{kW}$$

其中，P_0 为变压器拟定视在功率，取值为 $P_0 = 1.2P_r$。

变压器铁损可以认为是空载损耗部分数据，由此可知变压器损耗为：

$$Q_4^2 = P_{Cu} + P_空 \approx 162\text{kW} \cdot \text{h/h}$$

(3) 短网损耗 Q_4^3。

短网测定较复杂，根据降压法、理论计算、测冷却水带走热量等三种方法所得数据，经过综合平衡后，短网损耗情况见表 7 – 10。

表 7 – 10 短网损耗

短网名称	压降/V	电流/A	$\cos\varphi$	有效功率/kW
a	1.0	35600	0.44	25
x	3.7	35600	0.20	26
b	3.7	36400	0.20	27
y	4.0	36400	0.20	29
c	5.3	36400	0.27	52
z	3.8	36400	0.27	37
合　计				196

（4）集电环损耗 Q_4^4。

由于集电环单独用一路冷却水，可以从水的温升和流量测定其近似的损耗值，取测定的平均值列入表 7-11 中。

表 7-11 集电环损耗

测定次数	A 相电极集电环		B 相电极集电环		C 相电极集电环	
	kJ/h	kW·h/h	kJ/h	kW·h/h	kJ/h	kW·h/h
1	56485	15.7	169707	47.0	96653	26.8
2	44184	12.2	108954	30.2	112971	31.3
平均	50335	14	139330	38.7	104812	29.1

合计平均损耗为：
$$Q_4^4 = 14 + 38.7 + 29.1 \approx 82 \text{kW} \cdot \text{h/h}$$

（5）铜瓦上的热损失 Q_4^5。

铜瓦损失采用测定冷却水温升及流量的方法来计算，这部分损失不完全属于电气损失，还包括由于炉料、电极等辐射传导而导入的热量。为了处理简单，设平均每块铜瓦损失为 139330.5kJ/h，共有 12 路（24 块），则热损失为：
$$Q_4^5 = 139330.5 \times 12 = 16.72 \times 10^5 \text{kJ/h} = 465 \text{kW} \cdot \text{h/h}$$

综合以上各项，可得电气损失为：
$$Q_4 = Q_4^1 + Q_4^2 + Q_4^3 + Q_4^4 + Q_4^5 \approx 907 \text{kW} \cdot \text{h/h}$$

B 炉面散热 Q_5

由于炉盖受热辐射的构件都用冷却水冷却，因此，炉面冷却水带走的热量可以认为是炉面的散热量，测定方法也采用测冷却水温升及流量的方法。炉面冷却水带走热量的数据较多，仅将汇总结果列出如下：

第一次：$4.37 \times 10^6 \text{kJ/h} = 1215 \text{kW} \cdot \text{h/h}$；

第二次：$5.24 \times 10^6 \text{kJ/h} = 1456 \text{kW} \cdot \text{h/h}$；

平均：$Q_5 = 4.8 \times 10^6 \text{kJ/h} = 1336 \text{kW} \cdot \text{h/h}$。

C 炉体散热 Q_6

（1）炉壁散热 Q_6^1。

炉壁按温度分布划分为四段，分别测出平均温度后再计算，见表 7-12。

表 7-12 炉壁散热

数 据 名 称	第一段	第二段	第三段	第四段
平均温度 t_w/℃	88	100	138	159
温度差 ΔT/K	55	75	108	127
传热系数 α/W·(m²·K)⁻¹	5.425	5.519	5.950	6.275

数 据 名 称	第一段	第二段	第三段	第四段
散热面积 F/m^2	29.9	29.9	29.9	29.1
对流散热量/$kJ \cdot h^{-1}$	29456	43096	66946	80753
辐射散热量/$kJ \cdot h^{-1}$	23849	35816	63762	70711
合计散热量/$kJ \cdot h^{-1}$	53305	78912	129708	151464
炉壁总散热量 Q_6^1	$4.13 \times 10^5 kJ/h = 115 kW \cdot h/h$			

其中，传热系数 α 采用流体自由流动换热公式计算，计算步骤为：

1）计算定性温度 T_m：

$$T_m = 1/2(T_f + T_w)$$

式中　T_f——环境温度；

　　　T_w——平均温度。

2）由定性温度查表计算 Nu_n：

$$Nu_n = Gr_m \cdot Pr_m = \frac{\beta_m \cdot g \cdot L^3 \cdot \Delta T}{v_m^2} \cdot Pr_m$$

式中　Nu_n——定性温度下努塞尔数，表示对流传热系数与传导传热系数之比；

　　　Gr_m——定性温度下格拉晓夫数，表示流体受热或冷却时，因为各部分密度不同引起的流动特性；

　　　Pr_m——定性温度下普朗特数，表示流体的物性特征，该值越大，分子扩散越困难，温度分布越不均匀；

β_m, v_m——分别为定性温度下的气体体积膨胀系数、气体运动黏度，其值可查气体物性参数表；

　　　g——重力加速度；

　　　L——定形尺寸（壁高）；

　　　ΔT——温度差。

3）由计算的 Nu_n 计算 α：

$$\alpha = \frac{\lambda_m}{L} \cdot C \cdot (Nu_n)^n$$

式中　λ_m——定性温度下空气的热导率，其值可查表；

　　　C, n——实验常数，$C = 0.12$，$n = 1/3$。

辐射散热量 Q_i 可以用以下公式计算：

$$Q_i = \varepsilon_{12} \cdot F_1 \cdot \psi_{12} \cdot C_0 \left[\left(\frac{T_w}{100} \right)^4 - \left(\frac{T_f}{100} \right)^4 \right]$$

式中　ε_{12}——系统黑度，$\varepsilon_{12} = \varepsilon_1\varepsilon_2$，钢材黑度 $\varepsilon_1 = 0.68$，环境杂散物黑度
　　　　　　$\varepsilon_2 = 0.85$；

　　　　F_1——辐射壁面积；

　　　　ψ_{12}——系统角系数，因有肋片，故 $\psi_{12} = 0.9$；

　　　　C_0——黑体辐射系数，$C_0 = 5.76\ \text{W}/(\text{m}^2 \cdot \text{K}^4)$。

（2）炉体环肋及直肋散热量 Q_6^2。

炉壁加强用的直肋和环肋相当于炉体的散热片。肋片计算较复杂，可采用肋片散热公式计算：

$$Q = \lambda F\theta_0 m \cdot \text{th}(mL')$$

$$m = \sqrt{\frac{\alpha U}{\lambda F}}$$

$$L' = L + \delta/2$$

$$\theta_0 = T - T_0$$

式中　α——对流传热系数，$\text{W}/(\text{m}^2 \cdot \text{K})$；

　　　　L——肋高，m；

　　　　δ——肋厚，m；

　　　　λ——材料热导率，$\text{W}/(\text{m}^2 \cdot \text{K})$；

　　　　U——肋截面周边长度，m；

　　　　F——肋片截面积，m^2；

　　　　T——肋基温度，K；

　　　　θ_0——肋基处的过余温度，K；

　　　　T_0——环境温度，K；

$\text{th}(mL')$——双曲函数，可查双曲函数表或由函数计算机求出。

计算时同样分成相应的四段，分别计算。先计算每片（1.15m × 0.16m × 0.016m）散热量，计算结果见表 7 – 13。

表 7 –13　炉体肋片散热量

项目	直 肋			环 肋		
	片数	散热功率/kW·片$^{-1}$	总散热功率/kW	等效长度/m	散热量/kW·m^{-1}	总散热功率/kW
第一段	36	0.0858	3.1	50	0.106	5.3
第二段	30	0.117	3.5	50	0.145	7.2
第三段	36	0.168	6.0	50	0.209	10.4
第四段	36	0.150	5.4			
小计	18kW			23kW		
合计	$Q_6^2 = 18 + 23 = 41\text{kW} \cdot \text{h/h}$					

（3）炉底散热量 Q_6^3。

炉底由于通风条件各异，温度分布不均匀，相差悬殊。根据实测情况，以下列比例加权求平均温度：220℃占20%、200℃占20%、150℃占30%、90℃占30%，得平均温度为156℃。

周围平均温度为60℃，传热系数 α 按下列公式计算（l 为炉底计算尺寸，取炉底直径8.4m，因传热面向下，计算结果减少10%）：

$$\alpha = 1.36\left(\frac{\Delta t}{l}\right)^{\frac{1}{4}} = 1.36 \times \left(\frac{156-60}{8.4 \times 0.9}\right)^{\frac{1}{4}} = 2.56\,\text{W}/(\text{m}^2 \cdot \text{K})$$

散热面积为：$F = 55.4$（圆底面面积）$+ 10$（支撑工字钢面积）$= 65.4\,\text{m}^2$

则：

$$Q_6^3 = \alpha \cdot F \cdot \Delta t = 2.56 \times 65.4 \times (156 - 60) = 16\,\text{kW} \cdot \text{h/h}$$

（4）炉眼辐射散热 Q_6^4。

炉眼热工数据为：

2号炉眼温度1300℃，辐射面积 $S_1 = 0.049\,\text{m}^2$（$\phi = 250\text{mm}$）；

3号炉眼温度1000℃，辐射面积 $S_2 = 0.031\,\text{m}^2$（$\phi = 250\text{mm}$）；

1号炉眼长期不用，温度较低，略去不计。

取角系数 $\psi_{12} = 0.75$，系统黑度 $\varepsilon_{12} = 0.8$。

2号炉眼辐射散热为：

$$0.75 \times 0.8 \times 5.76 \times 0.049 \times \left[\left(\frac{1300+273}{100}\right)^4 - \left(\frac{273+30}{100}\right)^4\right] = 36678\,\text{kJ/h}$$

3号炉眼辐射散热为：

$$0.75 \times 0.8 \times 5.76 \times 0.031 \times \left[\left(\frac{1000+273}{100}\right)^4 - \left(\frac{273+30}{100}\right)^4\right] = 10109\,\text{kJ/h}$$

炉眼对流散热量可以略去不计，则炉眼辐射散热为：

$$Q_6^4 = 36678 + 10109 = 4.68 \times 10^4\,\text{kJ/h} = 13\,\text{kW} \cdot \text{h/h}$$

以上各项合计可求得炉体散热 Q_6 为：

$$Q_6 = Q_6^1 + Q_6^2 + Q_6^3 + Q_6^4 = 185\,\text{kW} \cdot \text{h/h}$$

D　开炉门用电 Q_7

开炉门耗电测定数据为：开炉门电弧电流 $I_e = 4500\text{A}$（4000～5000A），开炉门电弧电压 $V_e = 80\text{V}$（17～19级），开炉门 $\cos\varphi = 0.85$，开炉门平均时间90s，则：

$$Q_7 = IVt\cos\varphi = 4500 \times 80 \times 90 \times 0.85 \times \frac{1}{1000} \times \frac{1}{3600}$$

$$= 7.65\,\text{kW} \cdot \text{h/h} \approx 8\,\text{kW} \cdot \text{h/h}$$

E　由炉气带走热量 Q_8

(1) 由炉气中气体带走热量 Q_8^1。

炉气平均温度为 633℃，平均温度差为 $\Delta t = t - t_0 = 633 - 25 = 608℃$。根据物料平衡，炉气的组成、比热容及单位热损失列于表 7 - 14。

表 7 - 14 炉气的组成、比热容及单位热损失

烟气组成	质量流量 /kg·h⁻¹	物质质量流量 G_m/kmol·h⁻¹	平均比热容 c_p (298~1200K) /kJ·(kmol·K)⁻¹	单位热损失 $Q_1 = G_m \cdot c_p$ /kJ·(h·K)⁻¹
CO	1645	59.07	31.38	1854
N_2	272.50	9.632	31.05	302
H_2	5.23	2.615	29.71	78
O_2	5.00	0.1563	32.97	5
CO_2	86.04	1.955	49.53	95
合计	2022.77	73.43		2333

由炉气中气体带走热量为：$Q_8^1 = 2333 \times 608 = 1.42 \times 10^6 \text{kJ/h} = 394\text{kW·h/h}$

(2) 由炉气中粉尘带走热量 Q_8^2。

炉气粉尘的组成、比热容及单位热损失见表 7 - 15。

表 7 - 15 炉气粉尘的组成、比热容及单位热损失

炉气粉尘组成	质量流量/kg·h⁻¹	平均比热容/kJ·(kg·K)⁻¹	单位热损失/kJ·(h·K)⁻¹
C	66.4	1.205	79.92
CaO	93.8	1.050	99.33
SiO_2	19.2	1.084	19.66
其他	71.1	1.255	89.12
合计	249.5	—	287

由炉气中粉尘带走热量为：

$$Q_8^2 = 287 \times 608 = 1.745 \times 10^5 \text{kJ/h} = 49.5\text{kW·h/h}$$

综上，由炉气带走总热量为：

$$Q_8 = Q_8^1 + Q_8^2 = 443.5\text{kW·h/h}$$

F 热损失合计

按上述计算结果，将热量损失汇总后，合计热损失为：

$$Q_{损} = Q_4 + Q_5 + Q_6 + Q_7 + Q_8 = 2879.5\text{kW·h/h}$$

7.1.3.4 密闭炉热收支平衡汇总及热效率

根据物料平衡数据取得热平衡数据后，效率计算如下：

(1) 正平衡效率。由上述计算知，收入总热量 $Q_供 = 13018\text{kW·h/h}$，有效

利用热量 $Q_{有效} = 10056\mathrm{kW \cdot h/h}$。则正平衡效率为：

$$\eta_{正} = \frac{Q_{有效}}{Q_{供}} \times 100\% = \frac{10056}{13018} \times 100\% = 77.25\%$$

（2）反平衡效率。由上述计算知，热损失 $Q_{损} = 2879.5\mathrm{kW \cdot h/h}$，则反平衡效率为：

$$\eta_{反} = \left(1 - \frac{Q_{损}}{Q_{供}}\right) \times 100\% = \left(1 - \frac{2879.5}{13018}\right) \times 100\% = 77.89\%$$

（3）密闭电石炉热平衡表及热流图。由正、反平衡效率可见，仅存在 0.64% 的误差。此误差主要来自原始数据的精度误差，同时还有一些热损失，如通过电极系统导出的热量（电极烧结热）、炉面设备表面散热等，因数量不大，因此在表中将此误差列入其他项中。20MV·A 密闭电石炉的热平衡表见表 7-16，热流图如图 7-2 所示。

表 7-16 20MV·A 密闭电石炉热平衡表

收 入 能 量			
符号	项 目	热量/kW·h·h⁻¹	单耗/kW·h·t⁻¹	所占百分比/%
Q_0	电力供入能量	12988	3350	99.76
Q_{CO}	炉内 CO 燃烧生成热	30	8	0.24
	收入能量合计	13018	3358	100

支 出 能 量			
符号	项 目	热量/kW·h·h⁻¹	单耗/kW·h·t⁻¹	所占百分比/%
$Q_{生}$	电石生成消耗热	6292	1623.7	49.35
Q_1	电石出炉带出热	2528	652	19.42
Q_2	电石相变热	620	160	4.76
Q_3	副反应耗热	(612)	(157.9)	(4.70)
Q_3^1	生烧石灰耗热	394	101.6	3.03
Q_3^2	入炉水分耗热	134	34.6	1.03
Q_3^3	挥发分分解耗热	3	0.8	0.02
Q_3^4	硅铁形成耗热	157	40.5	1.20
Q_3^5	造渣放热	-76	-19.6	-0.53
$Q_{有效}$	有效利用热合计	(10056)	(2593.6)	(77.24)
Q_4	电气损失	(907)	(233.9)	(6.97)
Q_4^1	供电线路损失	2.125	0.52	0.02
Q_4^2	主变压器损耗	162	41.78	1.24
Q_4^3	短网损耗	196	50.55	1.30

支 出 能 量

符号	项 目	热量/kW·h·h⁻¹	单耗/kW·h·t⁻¹	所占百分比/%
Q_4^4	集电环损耗	82	21.20	0.63
Q_4^5	铜瓦上的热损失	465	119.94	3.57
Q_5	炉面散热	1336	344.60	10.26
Q_6	炉体散热	(185)	(47.70)	(1.42)
Q_6^1	炉壁散热	115	29.66	0.88
Q_6^2	炉体肋片散热	41	10.57	0.31
Q_6^3	炉底散热	16	4.13	0.12
Q_6^4	炉眼辐射散热	13	3.35	0.09
Q_7	开炉门用电	8	2.10	0.06
Q_8	由炉气带走热量	(443.5)	(114.10)	(3.40)
Q_8^1	由炉气中气体带走热量	394	101.60	3.03
Q_8^2	由炉气中粉尘带走热量	49.5	12.50	0.37
$Q_损$	热损失合计	(2879.5)	(742.5)	(22.11)
$Q_其他$	其他热损失合计	83.5	19.6	0.58
	支出能量合计	13018	3358	100

注:括号中数据为由表内几种形式构成的某项热支出的和,合计时不计入该数据。

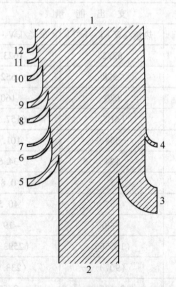

图 7 – 2 20MV·A 密闭电石炉热流图

1—供入热量;2—电石生成消耗热;3—电石出炉带出热;4—副反应耗热;5—炉面散热;
6—炉体散热;7—开炉门用电;8—由炉气带走热量;9—铜瓦上的热损失;
10—短网损耗;11—主变压器及供电线路损耗;12—其他热损失

7.1.4 热平衡数据分析

为便于制定提高产量、降低消耗的措施，有必要对测定数据和汇总处理后的数据进行简要的分析。

7.1.4.1 热损失排列图

按测定计算的数据，电石炉的损耗热量及非工艺直接用热的排列图如图7-3所示。

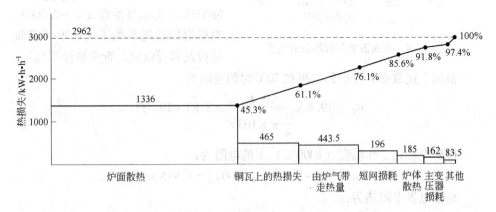

图7-3 电石炉的损耗热量及非工艺直接用热排列图

排列图显示的损耗次序是：炉面散热、铜瓦上的热损失、由炉气带走热量、短网损耗、炉体散热、主变压器损耗及其他。前四项的损耗占总损耗的85%以上，而其中炉面散热一项就占45%以上。

7.1.4.2 炉面散热的分析

炉面散热数据是通过测定炉盖冷却水带走的热量而计算得到的，方法比较可靠。

对于密闭炉生产，炉面的温度场较敞口炉均匀。经实测，料面的平均温度为950~1100℃，电极周围料面和电极表面温度达1200~1250℃，炉气温度达850℃左右。

炉面散热量与炉温的关系，经数据处理后，可用图7-4所示的曲线表示。

由图7-4可知，在1000~900℃之间，料面温度降低100℃，可降低电石电耗131kW·h/t；而在900~800℃之间，料面温度降低100℃，则可降低电石电耗96kW·h/t。

在炉面散热中，值得强调指出的是，电极有400~600mm的长度裸露在料面

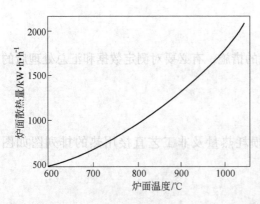

图 7-4　炉面温度与散热量的关系

之外，温度高达 $1100 \sim 1200℃$，铁壳已完全熔化。这部分热损失也是相当可观的，占炉面散热量的较大比例，计算如下：

已知：电极直径 $D = 1030mm$，裸露电极长 $L = 400mm$，电极温度 $\Delta t = 1000℃$，电极平均电阻率 $\rho_{20} = 79.8\Omega \cdot mm/m(20℃)$，电极电流 $I = 68000A$，电阻温度系数 $\alpha = -0.0005$，电极附加损耗系数 $K = 1.30$（集肤效应及邻近效应，查资料得到）。

根据上述数据，可得到电极在 20℃时的电阻为：

$$R_{20} = 79.8 \times \frac{0.4}{\frac{1}{4}\pi \times 1030^2} = 3.83 \times 10^{-5}\Omega$$

得到电极在工作温度（1000℃）下的电阻为：

$$R = R_{20}[1 + (-0.0005 \times 1000)] = 1.915 \times 10^{-5}\Omega$$

每根电极电阻热为：

$$Q_i = KI^2R = 1.30 \times 68000^2 \times 1.915 \times 10^{-5} = 115.1kW \cdot h/h$$

合计电阻热为：

$$Q = \sum Q_i = 3 \times 115.1 = 345.3kW \cdot h/h$$

折合电耗为 $89kW \cdot h/t$。

电极上损失的这部分热量通过周围介质散失，其中有一部分以辐射形式返回炉料。对返回炉料的热量，在工艺上是并不希望的。因为这样会提高料面的温度，将使支路电流增加，电极上抬，引起更多的料面辐射热损失。

在工艺设备上进行改进，使裸露部分尽可能短，并用炉料覆盖，则这部分热量可减少。由于电极工作端太长而引起的热损耗不容忽视。

影响炉面温度高的因素是复杂的，有出炉电石量、炉料电阻、生（过）烧石灰、出炉间隔时间、电流电压比、操作中料层的处理等。各种因素中哪个是主要的，还需要进一步积累数据进行研究。

7.1.4.3　由炉气带走热量

由炉气带走热量的计算表明，炉气引起的热损失为 $0.728kW \cdot h/(h \cdot ℃)$，即炉气出口温度每增加 1℃，折算电耗增加 $0.183kW \cdot h/t$。

从生产实际情况看，由于工艺和操作不当，可使炉气温度至少变化约

250℃，由此引起电石电耗波动达 46kW·h/t。但在炉内负压大时，漏入空气燃烧反应的热量也可使炉气温度升高，但难以定量。为简化计算，可参考炉面温度判别。

炉气温度高的原因归咎于料面温度高。因此，从工艺上讲，应强调炉气出口温度的重要性，并将其作为重要的工艺控制指标。应该认为，所有降低料面温度的措施对于降低炉气热损失是有效的。

7.1.4.4 短网损耗

短网损耗中，每个集电环的损耗平均为 27kW·h/h。集电环在短网中不十分显眼，但其损耗水平相当于整个短网的铜线部分损耗。这可能与集电环周围的铁磁介质结构材料较多有关，是值得考虑的薄弱环节。

在测试中，还发现一些铁磁结构杆温升很高，如锥心套油压装置的结构杆温度异常高。有许多冷却水管是白铁管，靠近短网，损耗虽未测定，但将使短网的附加损耗增大。

7.1.4.5 炉体散热

炉体上部温度较高，局部温度高于 200℃，炉底温度局部高于 250℃。在提高内壁材料耐火度的前提下，进一步降低保温材料热导率（用超轻质保温砖）、提高保温效果、降低炉壁温度，节约电能将会有一些效果。

7.1.4.6 有效利用热的有关数据分析

按现有设备热平衡的标准，出炉电石的显热、相变热、副反应耗热均属于有效利用热。但实际上这些热量中有一些是属于热损失，尤其是生烧石灰引起的副反应损热。

按物料平衡及热平衡数据，生烧石灰为 3.03%，共耗热 101.6kW·h/t。由此，生烧量每增加 1%，电耗为 101.6/3.03 = 33.5kW·h/t。

另外，由生烧石灰形成附加的炉气量增加，消耗热能如下：形成的 CO 带走热量为 52.72kJ/(K·t)，形成的 CO_2 带走热量为 19.67kJ/(K·t)，合计 72.38kJ/(K·t)。

以温升 608℃计，热损失为：72.38 × 608/3600 = 12.2kW·h/t。

每 1% 生烧石灰增加的炉气热损为：12.2/13.29 = 0.92kW·h/t。

综合起来，就是生烧石灰每增加 1%，电石电耗就增加近 35kW·h/t。

生烧石灰还引起工艺变异，造成矿热炉难操作，影响产品质量，能耗更高。所以，降低入炉石灰的生烧量是降低能耗的又一个重要环节。

此外，生烧石灰形成 CO 还要消耗焦炭，按测定计算，生烧石灰每增加 1%，焦耗增加 0.75kg/t。关于其他副反应,从节电角度讲也是越少越好,这与电石工业历来强调精选原料、减少杂质的原则是一致的。

7.1.4.7 电石炉节能措施

通过物料平衡及热平衡的测定和计算后,可以明显看出,降低石灰生烧、过烧数量和降低料面温度、烟气温度,加强原料管理、操作管理等是节能降耗的最重要方面,其他方面的热损失也不可忽视。

A 降低料面温度的措施

从热平衡可以看出,炉面热损失和炉气热损失之和约占整个热损失的60%,为总电能的14%,这个数目相当可观。料面温度高的原因很多,主要是由于电极不能适当地插入炉内而引起。长期操作电石炉的经验证明,要想把电极插入到适当的深度,应采取以下措施:

(1) 提高炉料的电阻率。提高炉料电阻率的方法很多,主要有以下两种:一是减小原料粒度;二是采用部分电阻率较大的炭素原料,如半焦、石油焦和优质无烟煤等。

(2) 选用较合适的电气参数和电石炉几何参数。在设计新电石炉时,要选择适当的电气参数和电石炉几何参数。若在旧电石炉上,如原设计的参数不合适,应利用大修的机会进行电石炉改造,使各项参数趋于合理。

(3) 认真检修电石炉设备,使电石炉设备利用率达到94%以上。

(4) 精心操作电石炉。定期撬一次料层,以减少红料,消除支路电流,增加吃料速度。敞口炉还可以采用分次投料与生烧相结合的操作方法。总之,要想尽一切办法使电极插下去。

B 加强石灰窑的操作管理

目前只有少数电石厂能够把石灰的生烧率控制在10%以下,大多数都超过10%,有的还达到20%。若按石灰生烧率为10%计算,仅此一项直接增加电石电耗76kW·h/t,不仅增加电耗,而且电石炉操作不稳定,出炉操作困难,破坏了生产平衡,使料面温度和炉气温度升高,同时影响质量。为此,必须采取下列措施:

(1) 优选石灰石块度和石灰石质量;

(2) 选用块度适合的焦炭作燃料;

(3) 加强石灰窑的操作管理。

C 改善电石炉设备结构

通过查定工作,一定会发现有些设备不够理想、热电损失较大,应在大修时解决,如:

(1) 电极系统与炉盖等部分因绝缘不良而发生损耗,此时应改变绝缘方法或更换绝缘材料。

（2）短网系统、由电石炉变压器出口到电极上各点的电压降较大、接触不良等，此时应增大接触面积，改变导线连接方法；或清除接口位置的污染物质，重新连接。

7.2 冶炼硅铁 75 的物料平衡及热平衡计算

本例为半密闭炉，以一定量硅石为基础进行物料平衡计算，且视炉口 CO 全部燃烧成 CO_2。

7.2.1 炉料计算

7.2.1.1 已知条件

以 100kg 硅石为基础进行计算。

A　原材料化学成分

原材料化学成分见表 7-17。

表 7-17　原材料化学成分　　　　　　　（%）

材料名称	SiO_2	Fe_2O_3	Al_2O_3	CaO	MgO	P_2O_5	Fe	Mn	Si	S	P	C	灰分	挥发分
硅　石	98.6	0.5	0.5	0.2	0.2									
干焦炭									1			83	13	3
焦炭灰分	48	21	25	4.7	1	0.3								
钢　屑							98.9	0.5	0.34	0.03	0.03	0.3		
电极糊												83	8	9
电极糊灰分	50	13	26	7	4									

B　计算参数

（1）设钢屑中的硫、磷进入合金，其他硫挥发。

（2）设在冶炼过程中各氧化物的分配见表 7-18，被还原的 SiO_2 有 7% 还原为 SiO。

表 7-18　氧化物分配　　　　　　　（%）

氧化物	SiO_2	Fe_2O_3	Al_2O_3	CaO	P_2O_5	MgO
被还原	98	99	50	40	100	0
进入渣中	2	1	50	60	0	100

（3）设还原出来的元素分配见表 7-19。

表 7–19 还原出的元素分配 （%）

元 素	Si	Fe	Al	Ca	P	S	SiO
进入合金	98	95	85	85	50	0	0
挥 发	2	5	15	15	50	100	100

7.2.1.2 炉料计算

A 还原剂用量计算

还原反应为：

$$SiO_2 + 2C \Longrightarrow Si + 2CO$$
$$SiO_2 + C \Longrightarrow SiO + CO$$
$$Fe_2O_3 + 3C \Longrightarrow 2Fe + 3CO$$
$$Al_2O_3 + 3C \Longrightarrow 2Al + 3CO$$
$$CaO + C \Longrightarrow Ca + CO$$
$$P_2O_5 + 5C \Longrightarrow 2P + 5CO$$

还原硅石中各种氧化物所需的碳量见表 7–20，还原焦炭灰分中氧化物所需的碳量见表 7–21。

表 7–20 还原硅石中各种氧化物所需的碳量 （kg）

氧 化 物	从 100kg 硅石中还原的数量	还原所需的碳量
SiO_2 还原为 Si	$100 \times 98.6\% \times (98\% - 7\%) = 89.726$	$89.726 \times \dfrac{24}{60} = 35.89$
SiO_2 还原为 SiO	$100 \times 98.6\% \times 7\% = 6.902$	$6.902 \times \dfrac{12}{60} = 1.38$
Fe_2O_3 还原为 Fe	$100 \times 0.5\% \times 99\% = 0.495$	$0.495 \times \dfrac{36}{160} = 0.11$
Al_2O_3 还原为 Al	$100 \times 0.5\% \times 50\% = 0.25$	$0.25 \times \dfrac{36}{102} = 0.09$
CaO 还原为 Ca	$100 \times 0.2\% \times 40\% = 0.08$	$0.08 \times \dfrac{12}{56} = 0.02$
合 计		37.49

由表 7–20 可知，还原 100kg 硅石需固定碳 37.49kg。因此，还原 100kg 硅石所需焦炭量为：37.49 ÷ 79.39% = 47.22kg。

由表 7–21 可知，100kg 焦炭含固定碳 83kg，用来还原焦炭灰分中氧化物需要 3.62kg，则用来还原硅石中氧化物的固定碳有 83 – 3.62 = 79.38kg。

表 7-21 还原焦炭灰分中氧化物所需碳量 （kg）

氧 化 物	从 100kg 焦炭中还原的数量	还原所需的碳量
SiO_2 还原为 Si	$13 \times 48\% \times (98\% - 7\%) = 5.678$	$5.678 \times \frac{24}{60} = 2.27$
SiO_2 还原为 SiO	$13 \times 48\% \times 7\% = 0.437$	$0.437 \times \frac{12}{60} = 0.09$
Fe_2O_3 还原为 Fe	$13 \times 21\% \times 99\% = 2.703$	$2.703 \times \frac{36}{160} = 0.61$
Al_2O_3 还原为 Al	$13 \times 25\% \times 50\% = 1.625$	$1.625 \times \frac{36}{102} = 0.58$
CaO 还原为 Ca	$13 \times 4.7\% \times 40\% = 0.244$	$0.244 \times \frac{12}{56} = 0.05$
P_2O_5 还原为 P	$13 \times 0.3\% \times 100\% = 0.039$	$0.039 \times \frac{60}{142} = 0.02$
合 计		3.62

设有 10% 的焦炭在炉口处燃烧及用于合金增碳，则该条件下所需焦炭量为：

$$47.22 \div 90\% = 52.47kg$$

电极中的碳也参加还原反应，冶炼硅铁 75 时，还原 1t 硅石需电极糊 25kg。电极糊含有灰分，还原电极糊灰分中的氧化物所需的碳量见表 7-22。

表 7-22 还原电极糊灰分中氧化物所需碳量 （kg）

氧 化 物	从 2.5kg 电极糊中还原的数量	还原所需的碳量
SiO_2 还原为 Si	$2.5 \times 8\% \times 50\% \times (98\% - 7\%) = 0.091$	$0.091 \times \frac{24}{60} = 0.0364$
SiO_2 还原为 SiO	$2.5 \times 8\% \times 50\% \times 7\% = 0.007$	$0.007 \times \frac{12}{60} = 0.0014$
Fe_2O_3 还原为 Fe	$2.5 \times 8\% \times 13\% \times 99\% = 0.026$	$0.026 \times \frac{36}{160} = 0.0059$
Al_2O_3 还原为 Al	$2.5 \times 8\% \times 26\% \times 50\% = 0.026$	$0.026 \times \frac{36}{102} = 0.0002$
CaO 还原为 Ca	$2.5 \times 8\% \times 7\% \times 40\% = 0.006$	$0.006 \times \frac{12}{56} = 0.0013$
合 计		0.0542

电极糊带入碳量为：

$$2.5 \times 83\% = 2.075kg$$

电极糊中的碳约有一半用于还原氧化物，因而可减少焦炭用量：

$$(2.075 \div 2 - 0.0542) \div 79.9\% = 1.24kg$$

因此，每一批料（100kg 硅石）所需焦炭量为：

$$52.47 - 1.24 = 51.23kg$$

B 成分及加入钢屑量计算

从 100kg 硅石、51.23kg 焦炭和 2.5kg 电极糊中还原出元素的质量见表 7 - 23，还原出来的元素分配见表 7 - 24。

表 7 - 23　从硅石、焦炭、电极糊中还原出元素的质量　　　　　　　　（kg）

元　素	从硅石中还原	从焦炭灰分中还原	从电极糊灰分中还原	合计
Si	$89.726 \times \frac{28}{60} = 41.872$	$5.678 \times 0.51 \times \frac{28}{60} = 1.35$	$0.091 \times \frac{28}{60} = 0.0425$	43.27
Al	$0.25 \times \frac{54}{102} = 0.132$	$1.625 \times 0.51 \times \frac{54}{102} = 0.44$	$0.026 \times \frac{54}{102} = 0.014$	0.586
Fe	$0.495 \times \frac{112}{160} = 0.347$	$2.703 \times 0.51 \times \frac{112}{160} = 0.969$	$0.026 \times \frac{112}{160} = 0.018$	1.334
Ca	$0.08 \times \frac{40}{56} = 0.057$	$0.244 \times 0.51 \times \frac{40}{56} = 0.089$	$0.006 \times \frac{40}{56} = 0.004$	0.150
P		$0.039 \times 0.51 \times \frac{62}{142} = 0.009$		0.009

表 7 - 24　还原出来的元素分配　　　　　　　　（kg）

元　素	进入合金的数量	挥发损失
Si	$43.27 \times 0.98 = 42.4$	$SiO: (6.909 + 0.437 + 0.007) \times \frac{44}{60} = 5.39$ Si: $43.27 \times 2\% = 0.87$
Al	$0.586 \times 0.85 = 0.50$	$0.586 - 0.50 = 0.086$
Fe	$1.334 \times 0.95 = 1.267$	$1.334 - 1.267 = 0.067$
Ca	$0.15 \times 0.85 = 0.128$	$0.15 - 0.128 = 0.022$
P	$0.009 \times 0.50 = 0.005$	$0.009 - 0.005 = 0.004$
合　计	44.3	6.44

冶炼硅铁 75 时，42.4kg 的硅应占合金质量的 75%，合金的总质量等于 42.4 ÷ 0.75 = 56.53kg。除了被还原的进入合金的元素外，自焙电极壳带入的铁，每 100kg 硅石约为 0.1kg，因此需要加入钢屑量为：

$$(56.53 - 44.3 - 0.1) \div 0.988 = 12.28kg$$

合金的成分及质量见表 7 - 25。

表 7 - 25　合金的成分及质量

元　素	由硅石、焦炭、电极糊来/kg	由钢屑来/kg	合　计 kg	合　计 %
Si	42.4	$12.28 \times 0.0034 = 0.042$	42.442	74.985
Al	0.50		0.50	0.884
Fe	1.267	$12.28 \times 0.988 = 12.13$	13.40	23.674

元　素	由硅石、焦炭、电极糊来/kg	由钢屑来/kg	合　计	
			kg	%
Ca	0.128		0.128	0.226
P	0.005	$12.28 \times 0.0003 \approx 0.004$	0.009	0.016
S		$12.28 \times 0.0003 \approx 0.004$	0.004	0.07
Mn		$12.28 \times 0.005 \approx 0.061$	0.061	0.108
C	0.020[①]	$12.28 \times 0.003 \approx 0.037$	0.057	0.100
合　计			56.601	100

①硅铁75含碳约0.1%，故56.53kg合金含碳量为 $56.53 \times 0.1\% = 0.056kg$，钢屑带入碳量为0.037kg，则由焦炭带入合金中的碳量为 $0.056 - 0.037 = 0.019kg$。

C　炉渣成分及数量计算

炉渣成分及数量的计算列于表 7 – 26。

表 7 – 26　炉渣成分及数量计算

氧化物	由硅石灰分带入的渣量/kg	由焦炭灰分带入的渣量/kg	由电极糊灰分带入的渣量/kg	合　计	
				kg	%
SiO_2	$100 \times 0.986 \times 0.02 = 1.972$	$51.23 \times 0.13 \times 0.48 \times 0.02 = 0.064$	$2.5 \times 0.08 \times 0.5 \times 0.02 = 0.002$	2.038	54.29
Al_2O_3	$100 \times 0.005 \times 0.5 = 0.25$	$51.23 \times 0.13 \times 0.25 \times 0.5 = 0.832$	$2.5 \times 0.08 \times 0.26 \times 0.5 = 0.026$	1.108	29.52
FeO	$100 \times 0.005 \times 0.01 \times \frac{144}{160} = 0.0045$	$51.23 \times 0.13 \times 0.21 \times 0.01 \times \frac{144}{160} = 0.0126$	$2.5 \times 0.08 \times 0.13 \times 0.01 \times \frac{144}{160} = 0.0002$	0.017	0.15
CaO	$100 \times 0.002 \times 0.6 = 0.12$	$51.23 \times 0.13 \times 0.047 \times 0.6 = 0.188$	$2.5 \times 0.08 \times 0.07 \times 0.6 = 0.008$	0.316	8.417
MgO	$100 \times 0.002 = 0.2$	$51.23 \times 0.13 \times 0.01 \times 1 = 0.0666$	$2.5 \times 0.08 \times 0.04 \times 1 = 0.008$	0.275	7.323
合计				3.754	100

注：渣铁比为 3.754/56.53 = 0.066。

D　冶炼1t硅铁75所需炉料计算

冶炼1t硅铁75合金所需要的炉料见表 7 – 27。

表 7 - 27　冶炼 1t 硅铁 75 合金所需要的炉料　　　　　　（kg）

项　目	计　算　值	实　际　值
硅　石	$100 \times \dfrac{1000}{56.601} = 1767$	1750 ~ 1850
干焦炭	$51.23 \times \dfrac{1000}{56.601} = 905$	1000 ~ 1050
钢　屑	$12.28 \times \dfrac{1000}{56.601} = 217$	220 ~ 230

7.2.2　物料平衡计算

根据物料的计算，编制硅铁 75 物料平衡表如下：

（1）焦炭及电极糊中的碳在炉口处燃烧所需的空气量。

在炉口燃烧的焦炭量为：

$$51.24 \times 0.83 + 2.5 \times 0.83 - 37.49 - 3.62 \times 51.24 \div 100 - 0.0542 - 0.02 = 5.19 \text{kg}$$

燃烧这些焦炭所需要的氧量为：

$$5.19 \times 16/12 = 6.92 \text{kg}$$

与氧同时带入的氮气量为：

$$6.02 \times 0.79/0.21 = 26.03 \text{kg}$$

共用空气量为：

$$6.92 + 26.03 = 32.95 \text{kg}$$

（2）生成的一氧化碳气体量。

由空气中的氧将碳氧化生成的一氧化碳量为：

$$5.19 \times 28/12 = 12.11 \text{kg}$$

由硅石中的氧化物将碳氧化生成的一氧化碳量为：

$$37.49 \times 28/12 = 87.48 \text{kg}$$

由焦炭灰分中的氧化物将碳氧化生成的一氧化碳量为：

$$3.62 \times (51.24/100) \times 28/12 = 4.33 \text{kg}$$

电极糊灰分所含氧化物将碳氧化生成的一氧化碳量为：

$$0.0542 \times 28/12 = 0.13 \text{kg}$$

（3）焦炭和电极糊所含挥发分量为：

$$51.24 \times 3\% + 2.5 \times 9\% = 1.762 \text{kg}$$

共排出气体量为：

$$26.03 + 12.11 + 87.48 + 4.33 + 0.13 + 1.762 = 131.84 \text{kg}$$

冶炼硅铁 75 的物料平衡表见表 7 - 28。

表 7 - 28　冶炼硅铁 75 的物料平衡表

收　入			支　出		
物料名称	数量/kg	比例/%	产品名称	数量/kg	比例/%
硅　石	100.0	50.25	合　金	56.53	28.41
焦　炭	51.24	25.75	炉　渣	3.755	1.89
钢　屑	12.28	6.17	气　体	131.84	66.26
电　极	2.5	1.26	挥发分	1.762	0.88
燃烧碳所需空气量	32.95	16.56	误　差	5.08	2.55
共　计	198.97	100.00	共　计	198.97	100.00

7.2.3　热平衡计算

7.2.3.1　热量收入

A　碳氧化成 CO 时的热量 Q_1

$$C + 0.5O_2 \Longrightarrow CO \qquad \Delta H_{298}^{\ominus} = -109860.63 \text{J/mol}$$

1kg 碳氧化为 CO 的放热量为 9155.05kJ。

氧化焦炭及电极中的碳时放出的热量为：

$$Q_1 = (51.24 \times 0.83 + 2.5 \times 0.83) \times 9155.05 = 408353.68 \text{kJ}$$

B　从放热反应获得的热量 Q_2

（1）生成硅化铁放热：

$$Fe + Si \Longrightarrow FeSi \qquad \Delta H_{298}^{\ominus} = -79967.88 \text{J/mol}$$

1kg 铁生成硅化铁放出的热量为 1428.0kJ。

设硅铁 75 中全部铁（13.40kg）均生成硅化铁，则放出热量：

$$13.40 \times 1428 = 19135.2 \text{kJ}$$

（2）Al_2O_3、CaO 与 SiO_2 生成硅酸盐放热：

$$Al_2O_3 + SiO_2 \Longrightarrow Al_2O_3 \cdot SiO_2 \qquad \Delta H_{298}^{\ominus} = -192383.46 \text{J/mol}$$

1kg Al_2O_3 生成硅酸铝放出热量为 1886.11kg，因此 1.109kg Al_2O_3 放出热量 2091.7kJ。

$$CaO + SiO_2 \Longrightarrow CaO \cdot SiO_2 \qquad \Delta H_{298}^{\ominus} = -91062.9 \text{J/mol}$$

1kg CaO 生成硅酸钙放出热量为 1626.12kg，因此 0.316kg CaO 放出热量 513.85kJ。

共放热量：

$$Q_2 = 19135.2 + 2091.7 + 513.85 = 21740.75 \text{kJ}$$

C　炉料带入热量 Q_3

硅石、焦炭、钢屑的比热容分别为 0.703kJ/(kg·K)、0.837kJ/(kg·K)、

0.699kJ/(kg·K)。设炉料入炉温度为25℃，炉料带入热量分别为：

硅石：　　　　　　　　$100 \times 0.703 \times 25 = 1757.5$kJ

焦炭：　　　　　$51.24 \times 0.837 \times 25 = 1072.2$kJ

钢屑：　　　　　$12.28 \times 0.699 \times 25 = 214.6$kJ

炉料共带入热量：

$$Q_3 = 1757.5 + 1072.2 + 214.6 = 3044.3\text{kJ}$$

D　电能带入热量 Q_4

根据国内单位电耗平均先进水平计算，取硅铁75产品单位电耗为8450kW·h/t，则带入热量为 $8450 \times 3600 = 30420000$kJ。

56.53kg合金由电能供热：

$$Q_4 = (30420000/1000) \times 56.53 = 1719642.6\text{kJ}$$

综上，共计收入热量：

$$Q_入 = Q_1 + Q_2 + Q_3 + Q_4$$
$$= 408353.68 + 21740.75 + 3044.3 + 1719642.6 = 2152781.33\text{kJ}$$

7.2.3.2　热量支出

A　氧化物分解耗热 Q_1

$$SiO_2 \longrightarrow Si + O_2 \quad \Delta H_{298}^{\ominus} = 862480.8\text{J/mol}$$

1kg SiO_2 分解耗热14474.6kJ。为简化计算，把分解为SiO的 SiO_2 也计算在内，则 SiO_2 分解耗热：

$$[89.726 + 6.902 + (5.678 + 0.437) \times 51.24 \div 100 + 0.091 + 0.007] \times 14474.6$$
$$= 1435428.87\text{kJ}$$

$$Al_2O_3 \longrightarrow 2Al + 1.5O_2 \quad \Delta H_{298}^{\ominus} = 1646668.44\text{J/mol}$$

1kg Al_2O_3 分解耗热16143.81kJ，则 Al_2O_3 分解耗热：

$$(0.25 + 1.625 \times 51.24 \div 100 + 0.026) \times 16143.81 = 17895.21\text{kJ}$$

$$CaO \longrightarrow Ca + 0.5O_2 \quad \Delta H_{298}^{\ominus} = 635137.56\text{J/mol}$$

1kg CaO分解耗热11341.74kJ，则CaO分解耗热：

$$(0.08 + 0.244 \times 51.24 \div 100 + 0.006) \times 11341.74 = 2393.12\text{kJ}$$

$$Fe_2O_3 \longrightarrow 2Fe + 1.5O_2 \quad \Delta H_{298}^{\ominus} = 817263.36\text{J/mol}$$

1kg Fe_2O_3 分解耗热5107.9 kJ，则 Fe_2O_3 分解耗热：

$$(0.495 + 2.703 \times 51.24 \div 100 + 0.026) \times 5107.9 = 9734.36 \text{ kJ}$$

$$P_2O_5 \longrightarrow 2P + 2.5O_2 \quad \Delta H_{298}^{\ominus} = 1507248\text{J/mol}$$

1kg P_2O_5 分解耗热10614.42kJ，则 P_2O_5 分解耗热：

$$0.039 \times 51.24 \div 100 \times 10614.62 = 212.07\text{kJ}$$

综上，分解氧化物共耗热：

$$Q_1 = 1435428.87 + 17895.21 + 2393.12 + 9734.36 + 212.07$$
$$= 1465663.63kJ$$

B　加热金属到 1800℃ 时所需热量 Q_2

要准确计算此项比较复杂，为简化，假设合金仅由硅、铁两元素组成，且计算两元素在温度 t 时的含热量 $q(kJ/kg)$ 可用下列近似公式：

$$q_{Si} = (124.5 + 0.232t) \times 4.1868$$
$$q_{Fe} = (22.26 + 0.1942t) \times 4.1868$$

当 $t = 1800℃$，代入得：

$$q_{Si} = 2269.66kJ/kg$$
$$q_{Fe} = 1556.74kJ/kg$$

则硅铁 75 在 1800℃ 的含热量为：

$$q_{Si+Fe} = 2269.66 \times 74.985\% + 1556.74 \times 23.674\% = 2070.44kJ$$
$$Q_2 = 56.53 \times 2070.44 = 117041.97kJ$$

C　加热炉渣到 1800℃ 时所需热量 Q_3

计算炉渣在温度 t 时的含热量可用以下公式：

$$q = (0.286 \times t) \times 4.1868 = 0.286 \times 1800 \times 4.1868 = 2155.36kJ$$
$$Q_3 = 3.755 \times 2155.36 = 8093.38kJ$$

D　炉气带走热量 Q_4

设气体离开炉子时的平均温度为 600℃。为简化计算，设全部气体产物的热容等于气相中主要成分一氧化碳的热容，CO 的摩尔热容为 7.27kJ/(mol·℃)，则炉气带走的热量为：

$$Q_4 = (128.98 + 6.44) \times 7.27 \times 600 \times 4.1868/28 = 88326.83kJ$$

E　炉衬热损失 Q_5

炉壳平均温度为 130℃，环境温度为 25℃，单位热流量 6698.88kJ/(m²·h)。9~10MV·A 矿热炉炉壳面积约为 100m²，且 1h 冶炼硅石 1761kg，则 100kg 硅石冶炼时间为 0.0568h。因此炉衬热损失为：

$$Q_5 = 6698.88 \times 100 \times 0.0568 = 38049.64kJ$$

F　炉口热损失 Q_6

设冶炼硅铁 75 时，该项损失为热量支出的 8%~10%，取 8.5%。

上述热量总支出为：

$$Q_{1-5} = 1465663.63 + 117041.97 + 8093.38 + 88326.83 + 38049.64 = 1717175.45kJ$$

含炉口热损失在内的热量总支出为：

$$Q_{1-5} = 1717175.45/0.915 = 1876694.48kJ$$
$$Q_6 = 1876694.48 \times 8.5\% = 159519.03kJ$$

G 冷却水带走热量 Q_7

1t 产品约消耗冷却水 3600kg，因此 56.53kg 产品消耗冷却水为 203.508kg。水的比热容为 4.1868kJ/(kg·K)，则冷却水带走热量为：

$Q_7 = 203.508 \times 4.1868(t_{出} - t_{入}) = 203.508 \times 4.1868 \times (40 - 20) = 17040.95$kJ

H 烟尘带走热量 Q_8

冶炼 1t 硅铁 75 的烟尘量约为 250kg，烟尘平均比热容为 0.238kJ/(kg·K)，烟尘温度为 600℃，则烟尘带走热量为：

$Q_8 = (250/1000) \times 56.53 \times 0.238 \times 4.1868 \times (600 - 25) = 8097.41$kJ

I 电损及其他 Q_9

以热收入与热支出之差表示：

$$Q_9 = Q_入 - Q_{1-8} = 2152781.33 - (1876694.48 + 17040.95 + 8097.41)$$
$$= 2152781.33 - 1901832.84$$
$$= 250948.49\text{kJ}$$

冶炼硅铁 75 热平衡表见表 7-29。

表 7-29 冶炼硅铁 75 热平衡表

收入			支出		
项 目	热量/kJ	百分比/%	项 目	热量/kJ	百分比/%
电能带入热量	1719642.6	79.8	氧化物分解耗热	1465663.63	68.082
			加热金属到1800℃时所需热量	117041.97	5.437
			加热炉渣到1800℃时所需热量	8093.38	0.376
碳氧化成CO时的热量	408353.68	18.97	炉气带走热量	88326.83	4.103
			炉衬热损失	38049.64	1.767
放热反应获得的热量	21740.75	1.01	炉口热损失	159519.03	7.410
			冷却水带走热量	17040.95	0.792
炉料带入热量	3044.3	0.14	烟尘带走热量	8097.41	0.376
			电损及其他	250948.49	11.657
合 计	2152781.33	100.0	合 计	2152781.33	100.00

7.3 冶炼锰硅合金的物料平衡及热平衡计算

7.3.1 炉料计算

本例介绍某厂 6MV·A 矿热炉冶炼锰硅合金所采用的低渣比计算方法。以锰为基准计算时，渣中 Al_2O_3 不稳定，Al_2O_3 过高会使炉渣发黏，造成操作困难。如果以原料中的 Al_2O_3 为计算基准，先计算渣量，再计算铁量，在考虑碱度的同

时考虑 $\dfrac{w(CaO)+w(MgO)}{w(Al_2O_3)}$，则采用此计算法配料，可使渣比降低，指标改善，电耗从 $4650kW \cdot h/t$ 降低至 $4400kW \cdot h/t$。

7.3.1.1 炉料计算

A 适用范围

适于生产 $w(Mn)=65\% \sim 69\%$、$w(Si)=20\% \sim 23\%$、$w(C)<1\%$ 的锰硅合金，也适于生产含硅 $17\% \sim 20\%$ 的各种锰硅合金；但渣中 SiO_2 可适当降低，渣碱度提高 0.1 左右。

B 确定渣型

生产实践表明，采用表 7-30 所列的渣型较为理想。

表 7-30 典型锰硅合金炉渣的组成 （%）

组 元	MnO	CaO	MgO	SiO$_2$	Al$_2$O$_3$	其 他
含 量	12	23	5	37	20	3

CaO 和 MgO 可以互相代替，但要保证：$\dfrac{w(CaO)+1.4w(MgO)}{w(SiO_2)}=0.8$，

$\dfrac{w(CaO)+1.4w(MgO)}{w(Al_2O_3)}=1.5$，$w(MgO)$ 最好能控制在 $5\% \sim 7\%$ 范围内。

C 原料成分

原料成分见表 7-31。

表 7-31 锰硅合金炉料成分分析 （%）

名 称	ΣMn	ΣFe	P	CaO	MgO	SiO$_2$	Al$_2$O$_3$	C	H$_2$O
锰矿	34	4.5	0.45	7.2	1.0	125	9	—	—
白云石	—	—	0.08	30	20	—	—	—	—
硅石	—	—	—	—	—	98	—	—	—
焦炭	—	0.77	0.024	0.7	0.08	6	4	82	10

D 元素分配

元素分配见表 7-32。

表 7-32 炉料中各元素分配比例 （%）

名 称	入合金	入渣	挥 发
矿中 Mn	不确定，渣比高，入合金少；		2
原料 ΣSi	渣比低，入合金多		0

名　称	入合金	入　渣	挥　发
原料 $\sum$ Fe	98	2	0
原料 $\sum$ CaO	0	100	0
原料 $\sum$ MgO	0	100	0
原料 $\sum$ Al$_2$O$_3$	0	100	0
原料 $\sum$ P	90	5	5

7.3.1.2　配比计算

本例计算以 1t 锰矿为一批料。

A　渣量

焦炭的配入量以 250kg/批计，每批炉料带入的 Al$_2$O$_3$，总量为：

$$1000 \times 9\% + 250 \times 4\% = 100kg$$

渣中 Al$_2$O$_3$ 以 20% 计，每批炉料产生的总渣量为：

$$100 \div 20\% = 500kg$$

B　合金量

合金成分以 Mn 66%、Si 21.5%、C 0.8% 计。

锰矿带入的锰量为：

$$1000 \times 34\% = 340kg$$

进入合金的锰量为：

$$340 \times 98\% - 500 \times 12\% \times (55 + 71) = 287kg$$

合金质量为：

$$287 \div 66\% = 435kg$$

渣比为：

$$500 \div 435 = 1.15$$

C　白云石（石灰）、硅石配入量

白云石（石灰）、硅石配入量见表 7-33。

表 7-33　白云石（石灰）及硅石配入量　　　　　　　　　　　　　　（kg）

名称	补加量	需要量		锰矿、焦炭带入量	
		渣　中	合金中	锰　矿	焦　炭
CaO	41.25	$500 \times 23\% = 115$	—	$1000 \times 7.2\% = 72$	$250 \times 0.7\% = 1.75$
MgO	14.8	$500 \times 5\% = 25$	—	$1000 \times 1\% = 10$	$250 \times 0.08\% = 0.2$
SiO$_2$	120.4	$500 \times 37\% = 185$	$435 \times 21.5\% \times 60/28 = 200.4$	$1000 \times 25\% = 250$	$250 \times 6\% = 15$

白云石配入量为：

$$(41.25 + 1.4 \times 14.8) \div (0.30 + 1.4 \times 0.20) = 106.8 \approx 105 kg$$

硅石配入量为：

$$120.4 \div 98\% = 122.86 \approx 120 kg$$

若用含 CaO 为 85% 的石灰代替白云石，则石灰配入量为：

$$(41.25 + 1.4 \times 14.8) \div 85 = 72.9 \approx 75 kg$$

D 焦炭用量

焦炭用量见表 7 - 34。

表 7 - 34 焦炭用量   （kg）

化学反应	被还原元素质量		需碳量
	入合金	挥发	
$MnO + C \!=\!\!= Mn + CO$	Mn：287	$1000 \times 34\% \times 2\% = 6.8$	$(287 + 6.8) \times 12/55 = 64.1$
$SiO_2 + 2C \!=\!\!= Si + 2CO$	Si：$435 \times 21.5\% = 93.5$	—	$93.5 \times 24/28 = 80.1$
$FeO + C \!=\!\!= Fe + CO$	Fe：$(100 \times 4.5\% + 250 \times 0.77\%) \times 98\% = 46$	—	$46 \times 12/56 = 9.9$
$P_2O_5 + 5C \!=\!\!= 2P + 5CO$	P：$(100 \times 0.045\% + 250 \times 0.024\% + 105 \times 0.08\%) \times 90\% = 0.535$	忽略不计	$0.535 \times 60/62 = 0.5$
合金中碳	C：$435 \times 0.8\% = 3.5$	—	3.5
总碳量	—	—	158.1

焦炭含碳 82%、水分 10%，过剩量以 16% 计，则焦炭配入量为：

$$158.1 \div 0.82 \div (1 - 0.10) \times (1 + 0.16) = 248.5 \approx 250 kg$$

E 萤石用量

萤石用量视炉渣流动性而定，一般为 30kg。

原料配比（kg）为：

锰 矿	1000
白云石	105
硅 石	120
焦 炭	250
萤 石	30

7.3.2 物料平衡计算

按上述配比和原料成分计算的物料平衡及渣铁成分见表 7 - 35。

表 7 – 35 物料平衡及渣铁成分

元素	收入部分/kg					支出部分					
	锰矿	白云石	硅石	焦炭	合计	渣中		合金中		挥发/kg	合计/kg
						kg	%	kg	%		
$\sum Mn$	340	—	—	—	340	Mn: 46.2 MnO: 59.64	12	287	65.87	6.8	340
$\sum Fe$	45	—	—	1.9	46.9	Fe: 0.9 FeO: 1.2	0.24	46	10.55	—	46.9
$\sum P$	0.45	0.084	—	0.06	0.594	0.029	0.0005	0.535	0.123	0.03	0.594
CaO	72	31.5	—	1.75	105.2	105.2	21.23	—	—	—	105.2
MgO	10	20.6	—	0.2	30.8	30.8	6.25	—	—	—	30.8
SiO_2	250	—	117.6	15	382.6	182.2	37	Si: 93.5 SiO_2: 200.4	21.46	—	382.6
Al_2O_3	90	—	—	10	100	100	20.11	—	—	—	100
其他	19.21	2	2.4	—	23.61	14.9	3.07	8.71	2	—	23.61
配比	1000	105	120	250	1029.7	495.24	100	435.7	100	6.83	1029.7

配比计算难以与生产实际完全相符，为此需要及时调整料批组成。根据生产实践经验总结的调整料批的简易计算方法见表 7 – 36。

表 7 – 36 调整料批的简易计算法

调整量	调整量/kg·批$^{-1}$
渣碱度 ±0.1	白云石 ±30 或石灰 ±20
渣中 SiO_2 ±1%	硅石 ±5
合金中 Si ±1%	硅石 ±10，焦炭 ±5
合金中 Mn ±1%	入炉 Mn 不变，Fe ±6.5；入炉 Fe 不变，Mn ±17
合金中 P ±1%	入炉 P ±0.05

7.3.3 热平衡计算

7.3.3.1 原始数据

A 测试数据

6MV·A 锰硅矿热炉测试期间生产数据见表 7 – 37。

表 7 -37 测试期间生产数据

项 目	数 量
总冶炼时间/h	72
平均电耗/kW·h·t^{-1}	4987
电极消耗/kg·t^{-1}	38
合金总产量/t	66250
渣铁比	1.605

B 原材料消耗及其化学成分

测试期间原材料消耗量及其化学成分、合金及炉渣化学成分见表 7 -38。

表 7 -38 原材料、合金、炉渣化学成分

原料	数量 /kg·t^{-1}	Mn /%	Fe /%	P /%	SiO$_2$ /%	CaO /%	MgO /%	Al$_2$O$_3$ /%	C /%	灰分 /%	挥发分 /%	H$_2$O /%
高锰渣	1539	34.62	2.64	0.04	34.8	3.77	4.88	3.97	—	—	—	10
烧结矿 1	699	29.0	3.50	0.03	25.5	21.55	3.78	3.50	—	—	—	10
烧结矿 2	279	27.15	3.96	0.13	41.2	6.61	2.32	5.87	—	—	—	10
自焙矿	279	21.75	15.28	0.06	33.9	5.04	4.72	5.30	—	—	—	10
白云石	168	—	—	—	3.0	30.9	19.9	—	—	—	—	—
硅石	56	—	—	—	96	—	—	—	—	—	—	—
硅铁渣	42	—	48	—	Si: 51.02	—	—	—	—	—	—	—
焦炭	466	—	—	—	—	—	—	—	81.02	14.25	4.55	—
焦炭成分	—	—	5.10	—	48.5	8.94	—	24.07	—	—	—	—
电极糊	38	—	—	—	—	—	—	—	72	12	16	—
合金	—	67.58	13.58	0.146	Si: 17.46	18.5	8.9	8.27	1.26	—	—	—
炉渣	—	MnO: 12.0	FeO: 0.37	—	40.5	—	—	—	—	—	—	—

注：以上化学原料成分均按干基计算。

C 物料平衡

物料平衡计算结果见表 7 -39。

表 7-39 物料平衡计算结果 (kg)

收　入		支　出	
物　料	质　量	物　料	质　量
锰　矿	2796	合　金	1000
焦　炭	466	炉　渣	1605
白云石	168	气　体	960
硅　石	56	差　值	1
硅铁渣	42	—	—
电极糊	38	—	—
合　计	3566	合　计	3566

7.3.3.2 热量收入

A　电能带入热

计算如下：

$$Q_1 = 4987 \times 3600 = 17953200 \text{kJ}$$

B　碳氧化放热

测试期间炉气的平均化学成分为 CO 47.3%、CO_2 19.7%、O_2 0.6%、N_2 32.4%，则炉气 CO 占氧化碳的比为：

$$\eta = \frac{w(\text{CO})}{w(\text{CO}) + w(\text{CO}_2)} = \frac{47.3\%}{47.3\% + 19.7\%} \approx 0.7$$

而 CO_2 占氧化碳的比为：

$$1 - \eta = 0.3$$

入炉总碳量包括焦炭、电极糊、白云石中的碳，碳的氧化量为入炉总碳量与合金含碳量之差。因此，碳氧化放热为：

$$\begin{aligned} Q_2 &= \left[(466 \times 0.81 + 38 \times 0.72 + 168 \times 0.13 - 12.6)/12 \right] \times \\ &\quad (0.7 \times 110594 + 0.3 \times 393693) \\ &= 6746545 \text{kJ} \end{aligned}$$

C　焦炭及电极糊中挥发分燃烧放热

挥发分的放热量为 41860kJ/kg，故有：

$$Q_3 = (466 \times 0.0455 + 38 \times 0.16) \times 41860 = 1142066 \text{kJ}$$

D　其他化学反应放热

(1) 生成 $MnSiO_3$ 放热：

$$MnO + SiO_2 \Longrightarrow MnSiO_3 \quad \Delta H_{298}^{\ominus} = -24.77 \text{kJ/mol}$$

渣中氧化锰量为 $1605 \times 0.12 = 192.6$kg，所以：

$$Q_4^1 = 192.6 \div 70.94 \times 1000 \times 24.77 = 67249.8 \text{kJ}$$

（2）生成 $CaSiO_3$ 放热：

$$CaO + SiO_2 =\!=\!=\!= CaSiO_3 \qquad \Delta H_{298}^{\ominus} = -89.12 \text{kJ/mol}$$

$$Q_4^2 = 1605 \times 0.185 \div 56.08 \times 1000 \times 89.12 = 471860.8 \text{kJ}$$

（3）生成 $MgSiO_3$ 放热：

$$MgO + SiO_2 =\!=\!=\!= MgSiO_3 \qquad \Delta H_{298}^{\ominus} = -37.238 \text{kJ/mol}$$

$$Q_4^3 = 1605 \times 0.089 \div 40.31 \times 1000 \times 37.238 = 131959 \text{kJ}$$

所以：

$$Q_4 = Q_4^1 + Q_4^2 + Q_4^3 = 67249.8 + 471860.8 + 131959 = 671069.6 \text{kJ}$$

7.3.3.3 热量支出

A 化学反应吸热

（1）MnO 分解吸热：

$$MnO \longrightarrow Mn + 0.5O_2 \qquad \Delta H_{298}^{\ominus} = 384.93 \text{kJ/mol}$$

入炉总锰量为：

$$1539 \times 0.3462 + 699 \times 0.29 + 279 \times 0.2715 + 279 \times 0.2175 = 871.94 \text{kg}$$

渣中锰量为：

$$1605 \times 0.12 \div 70.94 \times 54.94 = 149.16 \text{kg}$$

还原锰量为：

$$871.94 - 149.16 = 722.78 \text{kg}$$

所以反应吸热为：

$$Q_1 = 722.78 \div 54.94 \times 1000 \times 384.93 = 5064064 \text{kJ}$$

（2）SiO_2 分解吸热：

$$SiO_2 \longrightarrow Si + O_2 \qquad \Delta H_{298}^{\ominus} = 859.39 \text{kJ/mol}$$

$$Q_2 = (1000 \times 0.1746) \div 28.09 \times 1000 \times 859.39 = 5341741 \text{kJ}$$

（3）白云石分解吸热：

$$CaCO_3 \cdot MgCO_3 \longrightarrow CaO + MgO + 2CO_2 \qquad \Delta H_{298}^{\ominus} = 697.26 \text{kJ/mol}$$

入炉白云石为 168kg，含 CaO 为 $168 \times 0.309 = 51.91$kg，含 MgO 为 $168 \times 0.199 = 33.43$kg，含 CO_2 应为 77.62kg。

分解后生成物总量为：

$$51.91 + 33.43 + 77.62 = 162.96 \text{kg}$$

$$Q_3 = 162.96 \div 184.41 \times 1000 \times 697.26 = 616157 \text{kJ}$$

B 锰硅合金带走的物理热

测试期间测定合金温度为 1500℃、环境温度为 25℃，查得 1800K 时合金比熔为 1690.75kJ/kg。1000kg 合金带走物理热：

$$Q_4 = 1000 \times 1690.75 = 1690750 \text{kJ}$$

C 炉渣带走的物理热

测试期间测定炉渣温度为1500℃、环境温度为25℃，查得1800K时炉渣比焓为2138.44kJ/kg。1605kg炉渣带走物理热为：

$$Q_5 = 1605 \times 2138.44 = 3432200 \text{kJ}$$

D 炉体表面散热

炉壁含散热片面积为116m²，平均热流量为3513.09kJ/(m²·h)；炉底面积为30.2m²，平均热流量为991.61kJ/(m²·h)；散热时间为1.09h/t。

$$Q_6 = (116 \times 3513.09 + 30.2 \times 991.61) \times 1.09 = 476836.8 \text{kJ}$$

E 炉口热损失

测试期间测定的炉口辐射强度为12351.17kJ/(m²·h)，辐射面积为130m²，辐射时间为1.09h。

$$Q_7 = 12351.17 \times 130 \times 1.09 = 1750160.5 \text{kJ}$$

F 烟气带走的物理热

测试期间测定烟气温度为1180℃、环境温度为25℃，烟气平均比热容为1.598kJ/(m²·℃)。进入烟气中的碳量等于氧化的碳量，即414.27kg。

$$Q_8 = 414.27 \div 12 \times 22.4 \div (0.473 + 0.197) \times 1.598 \times (1180 - 25) = 2129926.3 \text{kJ}$$

G 粉尘带走的物理热 Q_9

（1）锰的挥发热量。

$$Q_9^1 = (722.78 - 675.8) \div 54.94 \times 235559.2 = 201430.13 \text{kJ}$$

（2）粉尘带走热量。测得烟道中烟气含尘量为25.4kg，粉尘显热为1711.26kJ/kg，故有：

$$Q_9^2 = 1711.26 \times 25.4 = 43465.9 \text{kJ}$$

（3）水分蒸发及带走热量。由表7-38知，矿石中总水分为311kg，水的比热容为4.184kJ/(kg·℃)，在1000℃时的汽化热为2255.2kJ/kg。

$$Q_9^3 = [4.184 \times (100 - 25) \times 2255.2] \times 311 = 798951.5 \text{kJ}$$

所以：$Q_9 = Q_9^1 + Q_9^2 + Q_9^3 = 201430.13 + 43465.9 + 798951.5 = 1043847.5 \text{kJ}$

H 短网和变压器损失

测试中测得短网三相平均电压降为17.6V，$\cos\varphi = 0.86$，计算得到短网有功损失为823.9kW·h，变压器损失为97.7kW·h。

$$Q_{10} = (823.9 + 97.7) \times 3600 = 3317760 \text{kJ}$$

7.3.3.4 热平衡

6MV·A锰硅矿热炉热平衡计算结果见表7-40。

表 7-40 6MV·A 锰硅矿热炉热平衡计算结果

收 入			支 出		
项 目	热量/kJ	百分比/%	项 目	热量/kJ	百分比/%
电能带入热	17953200	67.71	MnO 分解吸热	5064064	19.1
碳氧化放热	6746545	25.45	SiO_2 分解吸热	5341741	20.2
挥发分燃烧放热	1142066	4.31	白云石分解吸热	616157	2.3
其他反应放热	671069.6	2.53	锰硅合金带走的物理热	1690750	6.4
			炉渣带走的物理热	3432200	12.9
			炉体表面散热	476836.8	1.8
			炉口热损失	1750160.5	6.6
			烟气带走的物理热	2129926.3	8.1
			粉尘带走的物理热	1043847.5	3.9
			短网和变压器损失	3317760	12.5
			其他损失	1649437	6.2
合 计	26512880	100.0	合 计	26512880	100.0

根据热平衡计算炉子的热效率为：

$$\eta = \frac{Q_1 + Q_2 + Q_3 + Q_4 + Q_5}{\sum Q} \times 100\% = 60.9\%$$

电效率为：

$$\eta_{电} = \frac{17953200 - 3317760}{17953200} \times 100\% = 81.5\%$$

7.4 钛渣生产物料平衡和热平衡计算

本节计算选用 5MV·A 密闭式矿热炉，炉子产能取定为 40t/d 钛渣。电能单耗为 2300kW·h/t 钛渣。熔炼区温度为 2000K（1727℃）。间歇式冶炼，时间作业率 $K = 0.875$，即每天熔炼通电时间 21h，辅助时间（断电状态）3h。每炉熔炼周期 6h，每日熔炼 4 炉钛渣。炉子结构简图如图 7-5 所示。

7.4.1 原料成分及计算参数设定

钛精矿的化学组成见表 7-41。

表 7-41 钛铁矿精矿的化学组成 （质量分数,%）

组分	TiO_2	FeO	Fe_2O_3	CaO	MgO	SiO_2	Al_2O_3	MnO	V_2O_5	S	P	合计
含量	49.85	35.50	9.58	0.24	0.99	0.86	2.00	0.75	0.20	0.02	0.01	100

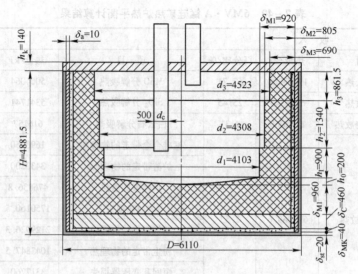

图 7 - 5 5MV · A 密闭式钛渣炉结构简图

焦炭的化学组成见表 7 - 42。

表 7 - 42 还原剂焦炭的化学组成 （质量分数,%）

组 分		固定碳	挥发分	灰分	水分	粒 度
含量	1 号焦	86.44	8.97	0.82①	3.77	0.246~0.121mm（-60 目 +120 目）占 80%
	2 号焦	89.36	9.27	0.85	0.52	
	3 号焦	96.67	0.33	2.28	0.72	

注：1 号焦是攀钢焦化厂产焦炭，用作钛渣熔炼的还原剂；2 号焦是 1 号焦预热干燥后组成的；2 号和 3 号焦都可用作沸腾氯化还原剂。

①组成（质量分数）为：Fe_2O_3 5%，SiO_2 60%，Al_2O_3 30%，CaO 5%；

假定精矿中的 TiO_2 有 35% 被还原成低价氧化物（为简化计算，低价氧化钛全部按 Ti_2O_3 计），65% 不被还原，仍以 TiO_2 形式进入钛渣。

熔炼时，有价成分金属钛进入钛渣的直收率为 94.0%；有 3.5% 被碳还原成金属钛溶解在生铁及磁性部分中；2.5% 进入粉尘机械损失。

进入钛渣中的各种杂质氧化物如 FeO、SiO_2、Al_2O_3、MgO、CaO、MnO、V_2O_5 等，在钛渣中的存在形式不变，仍为氧化物（指化学组成而言，矿物组成比较复杂，不一定是单独的氧化物）。

进入半钢及磁性部分中的 TiO_2 已被还原成金属钛形式，溶解在铁液中形成合金形式。进入这种熔炼产物中的其他杂质氧化物如 FeO、Fe_2O_3、MnO、SiO_2、V_2O_5 等，都已还原成金属形态：Mn、Si、V 溶解在 Fe 中；微量 S、P 全部以元素形式进入半钢。

进入粉尘损失中的各种氧化物仍是氧化物形式不变。

根据实际情况，采用某公司焦化厂生产的 1 号焦。焦炭灰分中的 Fe_2O_3 100% 被还原成金属铁进入半钢中。灰分中的 Al_2O_3 不被还原，仍以 Al_2O_3 形式进入钛渣。灰分中的 SiO_2 有 70% 被还原成金属硅溶于半钢，30% 不被还原仍以 SiO_2 形式进入钛渣中。

在熔炼、出渣、浇铸、磁选等作业过程中，生铁及磁选物的损失率为 1%，钛渣损失率为 1.5%。

生铁中渗碳量按钛精矿中氧化铁被还原成铁进入生铁及磁选物中量的 2% 计算。

焦炭中挥发分全部按 CH_4 考虑，熔炼过程中被燃烧成 CO 和 H_2O（气）。

钛渣炉电极采用石墨电极，单耗约为 30kg/t 钛渣。由于石墨电极灰分很少，可假设电极全部由碳组成。熔炼过程中它被烧损成 CO 进入炉气中（石墨电极碳不参与还原反应，不作还原剂）。也可考虑采用自焙电极方式供电。

以 1000kg 钛精矿为计算基准，作钛渣熔炼过程的物料平衡计算。

钛精矿中各组分在熔炼产物中的分布见表 7-43。

表 7-43　钛精矿中各组分在熔炼产物中的分布　　（质量分数，%）

熔炼产物	TiO_2	FeO	Fe_2O_3	SiO_2	CaO	MgO	Al_2O_3	MnO	V_2O_5	S	P
钛渣	94.0	7.0	—	92.0	99.0	99.0	99.0	93.0	50.0	—	—
生铁及磁性部分	3.5	92.0	99.0	7.5	—	—	—	6.0	48.0	100.0	100.0
粉尘	2.5	1.0	1.0	0.5	1.0	1.0	1.0	1.0	2.0	—	—

钛精矿中各组分还原成金属并进入生铁及磁性部分的氧化物数量见表 7-44。

表 7-44　钛精矿中各组分还原成金属并进入生铁和磁性部分的氧化物量

组　分	TiO_2	FeO	Fe_2O_3	SiO_2	MgO	V_2O_5	S	P
精矿中的含量（质量分数）/%	49.85	35.50	9.58	0.86	0.75	0.20	0.02	0.01
1000kg 精矿中的量/kg	498.5	355.00	95.80	8.60	7.50	2.0	0.20	0.10
还原成金属的还原率/%	3.5	92.0	99.0	7.5	6.0	48.0	100	100
被还原成金属的氧化物量/kg	17.45	326.60	94.84	0.65	0.45	0.96	0.2	0.1

7.4.2　物料平衡

7.4.2.1　还原剂焦炭用量

各组分被碳还原的化学反应式如下：

（1）反应：

$$TiO_2 \quad + \quad 2C \quad \Longrightarrow \quad Ti \quad + \quad 2CO$$
$$79.9 \qquad 2 \times 12 = 24 \qquad 47.9 \qquad 2 \times 28 = 56$$
$$17.45 \qquad a_1 \qquad\qquad b_1 \qquad\qquad c_1$$

耗碳量：

$$a_1 = \frac{17.45}{79.9} \times 24 = 5.24 kg$$

生成钛量：

$$b_1 = \frac{17.45}{79.9} \times 47.9 = 10.46 kg$$

生成 CO 量：

$$c_1 = \frac{17.45}{79.9} \times 56 = 12.23 kg$$

钛精矿中的 TiO_2 被还原成低价氧化钛（全部按 Ti_2O_3 计）进入钛渣的计算：
1000kg 钛精矿中有 TiO_2 498.50kg，在钛渣中的分布率为 94%，分布量为：

$$498.50 \times 0.94 = 468.59 kg$$

其中有 35% 被还原成 Ti_2O_3 进入钛渣，即：
被还原的 TiO_2 量为：

$$468.59 \times 0.35 = 164.01 kg$$

未被还原的 TiO_2 量为：

$$468.59 \times 0.65 = 300.58 kg$$

（2）反应：
$$FeO \quad + \quad C \Longrightarrow Fe \quad + \quad CO$$
$$71.85 \qquad 12 \qquad 55.85 \qquad 28$$
$$326.60 \qquad a_2 \qquad b_2 \qquad\quad c_2$$

耗碳量：

$$a_2 = \frac{326.60}{71.85} \times 12 = 54.55 kg$$

生成铁量：

$$b_2 = \frac{326.60}{71.85} \times 55.85 = 253.87 kg$$

生成 CO 量：

$$c_2 = \frac{326.60}{71.85} \times 28 = 127.28 kg$$

（3）反应：
$$Fe_2O_3 \quad + \quad 3C \quad \Longrightarrow \quad 2Fe \quad + \quad 3CO$$
$$159.7 \qquad 3 \times 12 = 36 \qquad 2 \times 55.85 = 111.7 \qquad 3 \times 28 = 84$$
$$94.84 \qquad a_3 \qquad\qquad b_3 \qquad\qquad\qquad c_3$$

耗碳量：

$$a_3 = \frac{94.84}{159.7} \times 36 = 21.38 \text{kg}$$

生成铁量：

$$b_3 = \frac{94.84}{159.7} \times 111.7 = 66.33 \text{kg}$$

生成 CO 量：

$$c_3 = \frac{94.84}{159.7} \times 84 = 49.88 \text{kg}$$

（4）反应：

SiO_2	+	$2C$	=	Si	+	$2CO$
60.1		$2 \times 12 = 24$		28.1		$2 \times 28 = 56$
0.65		a_4		b_4		c_4

耗碳量：

$$a_4 = \frac{0.65}{60.1} \times 24 = 0.26 \text{kg}$$

生成硅量：

$$b_4 = \frac{0.65}{60.1} \times 28.1 = 0.30 \text{kg}$$

生成 CO 量：

$$c_4 = \frac{0.65}{60.1} \times 56 = 0.61 \text{kg}$$

（5）反应：

MnO	+	C	=	Mn	+	CO
70.94		12		54.94		28
0.45		a_5		b_5		c_5

耗碳量：

$$a_5 = \frac{0.45}{70.94} \times 12 = 0.076 \text{kg}$$

生成锰量：

$$b_5 = \frac{0.45}{70.94} \times 54.94 = 0.35 \text{kg}$$

生成 CO 量：

$$c_5 = \frac{0.45}{70.94} \times 28 = 0.18 \text{kg}$$

（6）反应：

$$V_2O_5 \quad + \quad 5C \quad = \quad 2V \quad + \quad 5CO$$

$$181.88 \quad 5 \times 12 = 60 \quad 2 \times 50.94 = 101.88 \quad 5 \times 28 = 140$$

$$0.96 \qquad a_6 \qquad\qquad b_6 \qquad\qquad\qquad c_6$$

耗碳量：

$$a_6 = \frac{0.96}{181.88} \times 60 = 0.32 \text{kg}$$

生成钒量：

$$b_6 = \frac{0.96}{181.88} \times 101.88 = 0.54 \text{kg}$$

生成 CO 量：

$$c_6 = \frac{0.96}{181.88} \times 140 = 0.74 \text{kg}$$

(7) 反应

$$2TiO_2 \quad + \quad C \quad = \quad Ti_2O_3 \quad + \quad CO$$

$$2 \times 79.9 = 1598 \quad 12 \quad\quad 143.8 \quad\quad 28$$

$$164.01 \qquad a_7 \qquad\quad b_7 \qquad\quad c_7$$

耗碳量：

$$a_7 = \frac{164.01}{159.8} \times 12 = 12.32 \text{kg}$$

生成 Ti_2O_3 量：

$$b_7 = \frac{164.01}{159.8} \times 143.8 = 147.59 \text{kg}$$

生成 CO 量

$$c_7 = \frac{164.01}{159.8} \times 28 = 28.74 \text{kg}$$

这样，还原钛精矿中各种组分的总耗碳量为：

$$C_R = \sum_{i=1}^{7} a_i = 5.24 + 54.55 + 21.38 + 0.26 + 0.076 + 0.32 + 12.32 = 94.15 \text{kg}$$

生铁渗碳需碳量：

$$C_渗 = (b_2 + b_3) \times 2\% = (253.87 + 66.33) \times 2\% = 6.40 \text{kg}$$

于是，碳的理论总耗量为：

$$C_T = C_R + C_渗 = 94.15 + 6.40 = 100.55 \text{kg}$$

进一步确定所需焦炭的量。根据生产实践，选用表 7-42 中的 1 号焦。还原 1000kg 钛精矿需 1 号焦量为：

$$G_{焦,矿} = \frac{100.55}{0.8644} = 116.32 \text{kg}$$

焦炭含灰分 0.82%，灰分量为：

$$116.32 \times 0.82\% = 0.95 \text{kg}$$

灰分中含 Fe_2O_3 5%，Fe_2O_3 量为：

$$0.95 \times 0.05 = 0.048 \text{kg}$$

灰分中含 SiO_2 60%，SiO_2 量为：

$$0.95 \times 0.6 = 0.57 \text{kg}$$

灰分中含 Al_2O_3 30%，Al_2O_3 量为：

$$0.95 \times 0.3 = 0.285 \text{kg}$$

灰分中含 CaO 5%，CaO 量为：

$$0.95 \times 0.05 = 0.048 \text{kg}$$

灰分中的 SiO_2 有 70% 被还原成硅，被还原的 SiO_2 量为 $0.57 \times 0.7 = 0.40 \text{kg}$，按反应（4）式计算。

（8）反应：

SiO_2	+	2C	$=$	Si	+	2CO
60.1		$2 \times 12 = 24$		28.1		$2 \times 28 = 56$
0.40		a_8		b_8		c_8

耗碳量：

$$a_8 = \frac{0.40}{60.1} \times 24 = 0.16 \text{kg}$$

生成硅量：

$$b_8 = \frac{0.40}{60.1} \times 28.1 = 0.19 \text{kg}$$

生成 CO 量：

$$c_8 = \frac{0.40}{60.1} \times 56 = 0.37 \text{kg}$$

灰分中未被还原的 SiO_2 量为 $0.57 - 0.40 = 0.17 \text{kg}$，进入粉尘。

（9）灰分中 Fe_2O_3 100%（0.048kg）被还原成金属铁进入生铁及磁选物中，按反应（3）式计算：

Fe_2O_3	+	3C	$=$	2Fe	+	3CO
159.7		$3 \times 12 = 36$		$2 \times 55.85 = 111.7$		$3 \times 28 = 84$
0.048		a_9		b_9		c_9

耗碳量：

$$a_9 = \frac{0.048}{159.7} \times 36 = 0.011 \text{kg}$$

生成铁量：

$$b_9 = \frac{0.048}{159.7} \times 111.7 = 0.034 \text{kg}$$

生成 CO 量：

$$c_9 = \frac{0.048}{159.7} \times 84 = 0.025\text{kg}$$

还原焦炭中 SiO_2 和 Fe_2O_3 耗碳量为：

$$a_{C,\text{灰分}} = a_8 + a_9 = 0.16 + 0.011 = 0.17\text{kg}$$

1 号焦含碳量 86.44%，则还原灰分中各组分需焦量为：

$$G_{\text{焦,灰分}} = \frac{0.17}{0.8644} = 0.20\text{kg}$$

因此，还原 1000kg 钛精矿所需焦炭总量为：

$$G_{\text{焦,总}} = G_{\text{焦,矿}} + G_{\text{焦,灰分}} = 116.32 + 0.20 = 116.52\text{kg}$$

由上面的计算，炉料的配料比按：

钛精矿	1000kg	占 89.56%
1 号焦	116.52kg	占 10.44%
合　计	1116.52kg	100%

7.4.2.2　计算生铁和磁选物部分的数量和组成

把从钛精矿和焦炭灰分中还原出来并进入生铁和磁性部分中的各组分数量累加起来，再考虑渗碳量，确定出生铁和磁性部分的数量和组成。在所得总量中，商品铁和磁性部分占 99%、机械损失占 1%。计算结果见表 7 – 45。

表 7 – 45　含磁选物在内的商品生铁（半钢）的数量及损失

成分	生成及磁选部分的数量及组成		商品生铁及磁性部分的质量/kg	损失部分的质量/kg
	质量/kg	质量分数/%		
Fe	$b_2 + b_3 + b_9 =$ 253.87 + 66.33 + 0.034 = 320.23	94.56	317.03	3.20
Mn	$b_5 = 0.35$	0.10	0.3465	0.0035
Ti	$b_1 = 10.46$	3.09	10.36	0.10
Si	$b_4 + b_8 = 0.30 + 0.19 = 0.49$	0.14	0.4851	0.0049
V	$b_6 = 0.54$	0.16	0.5436	0.0054
C	$C_{\text{渗}} = 6.40$	1.89	6.336	0.064
S	0.20	0.059	0.198	0.002
P	0.10	0.030	0.099	0.001
合计	338.77	100	335.40	3.38

7.4.2.3　计算钛渣数量和组成

将进入钛渣中的精矿里的氧化物和焦炭中灰分的氧化物数量加以累计，确定出钛渣的数量和组成。商品钛渣占 98.5%、机械损失占 1.5%。计算结果见表 7-46。

表 7-46 钛渣的数量组成及损失

成分	钛渣的质量组成		商品钛质量/kg	损失渣量/kg
	质量/kg	质量分数/%		
TiO_2	$498.50 \times 0.94 \times 0.65 = 304.58$	57.97	300.01	4.57
Ti_2O_3	$b_7 = 147.59$[①]	28.09	145.38	2.21
SiO_2	$8.6 \times 0.92 + 0.17 = 8.08$	1.54	7.96	0.12
Al_2O_3	$20 \times 0.99 + 0.29 = 20.09$	3.82	19.79	0.30
V_2O_5	$2 \times 0.5 = 1.00$	0.19	0.985	0.015
MnO	$7.5 \times 0.93 = 6.98$	1.33	6.88	0.10
MgO	$9.9 \times 0.99 = 9.80$	1.87	9.65	0.15
CaO	$2.4 \times 0.99 + 0.048 = 2.42$	0.46	2.384	0.036
FeO	$355 \times 0.07 = 24.85$	4.73	24.48	0.37
合计	525.39	100	517.52	7.87

① 147.59kg Ti_2O_3 折合成 TiO_2 量：$\dfrac{2 \times 79.9}{143.8} \times 147.59 = 164.01$kg，则：钛渣中 $\sum TiO_2 = 304.58 + 164.01 = 468.59$kg，在钛渣中的含量为 $\dfrac{468.59}{525.39} \times 100\% = 89.19\%$。

7.4.2.4 炉气数量和组成的计算

首先计算出燃烧石墨电极和焦炭挥发分（以 CH_4 计）所需 O_2 量和空气量。

因石墨电极单耗为 30kg/t 钛渣，由表 7-46 可知，熔炼处理 1000kg 钛精矿，产出钛渣 525.39kg，则电极耗量为 $\dfrac{30}{1000} \times 525.39 = 15.76$kg。

熔炼钛渣时，石墨电极碳和焦炭中的挥发分（CH_4）被烧掉，它们并不参与还原反应。

（10）反应：

$$C \quad + \quad 0.5O_2 \quad === \quad CO$$
$$12 \qquad 0.5 \times 32 = 16 \qquad 28$$
$$15.76 \qquad b_{10} \qquad\qquad c_{10}$$

耗 O_2 量：

$$b_{10} = \frac{15.76}{12} \times 16 = 21.01 \text{kg}$$

生成 CO 量：

$$c_{10} = \frac{15.76}{12} \times 28 = 36.77 \text{kg}$$

(11) 反应：

$$CH_4 \quad + \quad 1.5O_2 \quad == \quad CO \quad + \quad 2H_2O$$

$$16 \qquad\qquad 1.5 \times 32 = 48 \qquad 28 \qquad 2 \times 18 = 36$$

$$116.52 \times 8.97\% = 10.45 \qquad b_{11} \qquad\qquad c_{11} \qquad d_{11}$$

耗 O_2 量：

$$b_{11} = \frac{10.45}{16} \times 48 = 31.35 \mathrm{kg}$$

生成 CO 量：

$$c_{11} = \frac{10.45}{16} \times 28 = 18.29 \mathrm{kg}$$

生成 H_2O 量：

$$d_{11} = \frac{10.45}{16} \times 36 = 23.51 \mathrm{kg}$$

因此，燃烧点电极碳和焦炭中挥发分所需 O_2 量为：

$$G_{O_2} = b_{10} + b_{11} = 21.01 + 31.35 = 52.36 \mathrm{kg}$$

随此 O_2 量由空气带入的 N_2 量为：

$$G_{N_2} = \frac{76.7}{23.3} \times 52.36 = 172.36 \mathrm{kg}$$

燃烧碳和挥发分用空气量：

$$G_{空气} = G_{O_2} + G_{N_2} = 52.36 + 172.36 = 224.72 \mathrm{kg}$$

再计算熔炼处理 1000kg 钛精矿所产生炉气的数量和组成。

CO 量：

$$G_{CO} = \sum c_i = 12.23 + 127.28 + 49.88 + 0.61 + 0.18 + 0.74 +$$
$$28.74 + 0.37 + 0.025 + 36.77 + 18.29 = 275.12 \mathrm{kg}$$

H_2O 量：

$$G_{H_2O} = 116.52 \times 3.77\% + 23.51 = 27.90 \mathrm{kg}$$

N_2 量：

$$G_{N_2} = 172.36 \mathrm{kg}$$

计算结果见表 7 - 47。

表 7 - 47 炉气的数量和组成

组 分	CO	H_2O	N_2	合 计
质量/kg	275.12	27.90	172.36	475.38
质量分数/%	57.87	5.87	36.26	100

组 分	CO	H_2O	N_2	合 计
体积（标态）/m^3	220.10	34.72	137.89	392.71
体积分数/%	56.05	8.84	35.11	100

7.4.2.5 进入粉尘中氧化物数量和粉尘的组成计算

TiO_2 量：

$$G_{TiO_2,尘} = 498.5 \times 2.5\% = 12.46 kg$$

SiO_2 量：

$$G_{SiO_2,尘} = 8.6 \times 0.5\% + 0.17 = 0.21 kg$$

MgO 量：

$$G_{MgO,尘} = 9.9 \times 1\% = 0.099 kg$$

FeO 量：

$$G_{FeO,尘} = 355 \times 1\% = 3.55 kg$$

Fe_2O_3 量：

$$G_{Fe_2O_3,尘} = 95.8 \times 1\% = 0.96 kg$$

Al_2O_3 量：

$$G_{Al_2O_3,尘} = 20 \times 1\% = 0.20 kg$$

MnO 量：

$$G_{MnO,尘} = 7.5 \times 1\% = 0.075 kg$$

CaO 量：

$$G_{CaO,尘} = 2.4 \times 1\% = 0.024 kg$$

V_2O_5 量：

$$G_{V_2O_5,尘} = 2.0 \times 2\% = 0.04 kg$$

计算结果见表 7-48。

表 7-48 粉尘的数量和组成

成 分	TiO_2	SiO_2	MgO	CaO	MnO	FeO	Fe_2O_3	Al_2O_3	V_2O_5	合计
质量/kg	12.46	0.21	0.099	0.024	0.075	3.55	0.96	0.20	0.04	17.62
质量分数/%	70.72	1.19	0.57	0.14	0.43	20.15	5.45	1.14	0.23	100

7.4.2.6 物料平衡

根据以上计算结果，编制钛渣熔炼的物料平衡表（表 7-49），并作物料平衡图（图 7-6）。

表 7-49 钛渣熔炼的物料平衡（基准：1000kg 钛精矿）

收入			支出		
收入项目	质量和组成		支出项目	质量和组成	
	质量/kg	质量分数/%		质量/kg	质量分数/%
(1) 精矿	1000.00	100.0	(1) 商品生铁及 磁性部分	335.40	100.0
其中：TiO_2	498.50	49.85			
FeO	355.0	35.50	其中：Fe	317.03	94.56
Fe_2O_3	95.80	9.58	Ti	10.36	3.09
SiO_2	8.60	0.86	Mn	0.35	0.10
Al_2O_3	20.00	2.00	Si	0.49	0.14
MgO	9.90	0.99	C	6.34	1.89
CaO	2.40	0.24	V	0.54	0.16
MnO	7.50	0.75	S	0.20	0.059
V_2O_5	2.00	0.02	P	0.10	0.030
S	0.2	0.20	(2) 生铁及磁性 部分的损失	3.40	100.0
P	0.1	0.01			
(2) 1 号焦	116.52	100	其中：Fe	3.20	94.56
其中：固定碳	100.72	86.44	Ti	0.10	3.09
挥发分	10.45	8.97	Mn	0.0035	0.10
灰 分	0.96	0.82	Si	0.0049	0.14
水 分	4.39	3.77	C	0.064	1.89
灰分中：Fe_2O_3	0.048	5	V	0.0054	0.16
SiO_2	0.576	60	S	0.002	0.059
Al_2O_3	0.285	30	P	0.001	0.030
CaO	0.048	5	(3) 商品钛渣	517.52	100.0
			其中：TiO_2	300.01	57.97
(3) 石墨电极 （以 100%C 计）	15.76	100.0	Ti_2O_3	145.38 （折合成 TiO_2 164.01）	28.09
					$\sum TiO_2 =$ 89.19%
(4) 空气	224.72	100.0	SiO_2	7.96	1.54
其中：N_2	172.36	76.7	Al_2O_3	19.79	3.82
O_2	52.36	23.3	V_2O_5	0.985	0.19
合 计	1357		MnO	6.88	1.33

收　入			支　出		
收入项目	质量和组成		支出项目	质量和组成	
	质量/kg	质量分数/%		质量/kg	质量分数/%
			MgO	9.65	1.87
			CaO	2.384	0.46
			FeO	24.48	4.73
			(4) 钛渣损失	7.87	100
			其中：TiO_2	4.57	57.97
			Ti_2O_3	2.21	28.09
			SiO_2	0.12	1.54
			Al_2O_3	0.30	3.82
			V_2O_5	0.015	0.19
			MnO	0.10	1.33
			MgO	0.15	1.87
			CaO	0.036	0.46
			FeO	0.37	4.73
			(5) 粉尘	17.62	100.0
合计：1357.19kg			其中：TiO_2	12.46	70.72
平衡差：1357.19 − 1357.00 = 0.19kg			SiO_2	0.21	1.19
$\dfrac{0.19}{1357.19} \times 100\% = 0.014\%$			MgO	0.10	0.57
平衡差很小，完全在允许误差范围内			FeO	3.55	20.15
			Fe_2O_3	0.96	5.45
			Al_2O_3	0.20	1.14
			MnO	0.075	0.43
			CaO	0.024	0.14
			V_2O_5	0.04	0.23
			(6) 炉气	475.38	100.0
			其中：CO	275.12	57.87
			H_2O	27.90	5.87
			N_2	172.36	36.26
			合　计	1357.19	

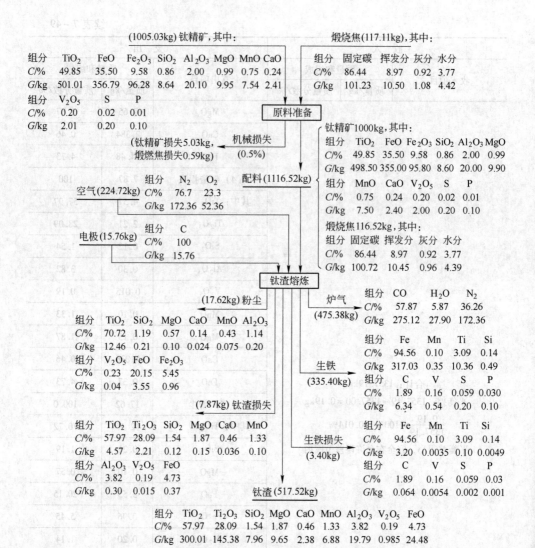

图 7-6 钛渣熔炼物料平衡图

(以配料中 1000kg 钛精矿为基准)

7.4.3 热平衡计算

计算基准：时间取 1h，温度取 298K。

按表 7-49，1000kg 钛精矿熔炼产出商品钛渣 517.52kg。

炉产能 $G_{炉} = 40t/d = 40t/24h = 1.67t_{钛渣}/h$。

则 1h 应熔炼处理钛精矿量为：

$$\frac{1000}{517.52} \times 1.67 = 3.22693t = 3226.93kg$$

7.4.3.1 热收入项目

（1）设炉料进炉温度为常温 25℃（298K），带入物理热为零。

（2）设空气温度也为 298K，带入物理热也为零。

（3）石墨电极燃烧放热量。

反应：

$$C + 0.5O_2 \Longrightarrow CO$$

$\Delta H_{f,298}^{\ominus}$（kcal/mol）   0   0 -26.42

$$\Delta H_{r,298}^{\ominus} = \Delta H_{f,298}^{\ominus} = -26.42kcal/mol$$

$$= -26.42 \times 4.184 \times 10^3 = -110.54 \times 10^3 kJ/kmol$$

$$= -110.54 \times 10^3/12 = -9211.77 kJ/kg\ C$$

熔炼处理 1t 精矿耗石墨电极（100%C）15.76kg，则小时放热量：

$$\Delta H_{r,298}^{\ominus} = \frac{15.76}{1000} \times 3226.93 \times 9211.77 = 468477.61 kJ$$

（4）燃烧焦炭中挥发分（CH_4）的小时放热量。

反应：

$$CH_4 + 1.5O_2 \Longrightarrow CO + 2H_2O$$

$\Delta H_{f,298}^{\ominus}$（kcal/mol） -17.88 -26.42 -57.95

$$\Delta H_{r,298}^{\ominus} = (-26.42) + (-57.95 \times 2) - (-17.88)$$

$$= -124.44 kcal/mol$$

$$= -124.44 \times 4.184 \times 10^3 = -520656.96 kJ/kmol$$

$$= -520656.96/16 = -32541.06 kJ/kg\ CH_4$$

处理 1t 精矿燃烧 CH_4 10.45kg，则小时发热量为：

$$\Delta H_{r,298}^{\ominus} = \frac{10.45}{1000} \times 3226.93 \times 32541.06 = 1097330.70 kJ$$

小时热收入项总和为：

$$Q_{总收入} = 468477.61 + 1097330.70 = 1565808.31 kJ$$

7.4.3.2 热支出项目

（1）各组分碳还原的反应热（为吸热反应）。

1）反应：

$$TiO_2 + 2C \Longrightarrow Ti + 2CO$$

$\Delta H_{f,298}^{\ominus}$（kcal/mol）$-223.00$ -26.42

$$\Delta H^{\ominus}_{r,298} = (-26.42 \times 2) - (-223.00) = 170.16 \text{kcal/mol TiO}_2$$

$$= 170.16 \times 4.184 \times 10^3 = 711949.44 \text{kJ/kmol}$$

$$= 8910.51 \text{kJ/kg TiO}_2$$

1000kg 钛精矿中有 17.45kg TiO$_2$ 被还原成金属钛，则小时吸热量：

$$\Delta H^{\ominus}_{r,(1)} = \frac{17.45}{1000} \times 3226.93 \times 8910.51 = 501750.18 \text{kJ}$$

2）反应：

$$\text{FeO} + \text{C} === \text{Fe} + \text{CO}$$

$$\Delta H^{\ominus}_{f,298} \text{ (kcal/mol)} \quad -65.02 \qquad\qquad\qquad -26.42$$

$$\Delta H^{\ominus}_{r,298} = (-26.42) - (-65.02) = 38.6 \text{kcal/mol}$$

$$= 38.6 \times 4.184 \times 10^3 \text{kJ/kmol} = 161502.40 \text{kJ/kmol}$$

$$= \frac{161502.40}{71.85} = 2247.47 \text{kJ/kmol FeO}$$

1000kg 钛精矿中有 326.60kg FeO 被还原成金属铁，则小时吸热量：

$$\Delta H^{\ominus}_{r,(2)} = \frac{326.60}{1000} \times 3226.93 \times 2247.77 = 2368959.28 \text{kJ}$$

3）反应：

$$\text{Fe}_2\text{O}_3 + 3\text{C} === 2\text{Fe} + 3\text{CO}$$

$$\Delta H^{\ominus}_{f,298} \text{ (kcal/mol)} \quad -197.30 \qquad\qquad\qquad -26.42$$

$$\Delta H^{\ominus}_{r,298} = (-26.42 \times 3) - (-197.30) = 118.04 \text{kcal/mol}$$

$$= 118.04 \times 4.184 \times 10^3 \text{kJ/kmol} = 493879.36 \text{kJ/kmol}$$

$$= \frac{493879.36}{159.7} = 3092.54 \text{kJ/kg Fe}_2\text{O}_3$$

1000kg 钛精矿中有 94.84kg Fe$_2$O$_3$ 被还原成金属铁，则小时吸热量：

$$\Delta H^{\ominus}_{r,(3)} = \frac{94.84}{1000} \times 3226.93 \times 3092.54 = 946447.25 \text{kJ}$$

4）反应：

$$\text{SiO}_2 + 2\text{C} === \text{Si} + 2\text{CO}$$

$$\Delta H^{\ominus}_{f,298} \text{ (kcal/mol)} \quad -217.70 \qquad\qquad\qquad -26.42$$

$$\Delta H^{\ominus}_{f,298} = (-26.42 \times 2) - (-217.70) = 164.86 \text{kcal/mol}$$

$$= 164.86 \times 4.184 \times 10^3 \text{kJ/kmol} = 689774.24 \text{kJ/kmol}$$

$$= \frac{689774.24}{60.1} = 11477.11 \text{kJ/kg SiO}_2$$

1000kg 钛精矿中有 0.65kg SiO$_2$ 被还原成金属硅，小时吸热量为：

$$\Delta H^{\ominus}_{r,(4)} = \frac{0.65}{1000} \times 3226.93 \times 11477.11 = 24073.29 \text{kJ}$$

5）反应：

$$MnO \ + \ C \ \Longrightarrow \ Mn \ + \ CO$$

$\Delta H_{f,298}^{\ominus}$（kcal/mol）$-92.00$　　　　　　　　-26.42

$$\Delta H_{f,298}^{\ominus} = (-26.42) - (-92.00) = 65.58 \text{kcal/mol}$$

$$= 65.58 \times 4.184 \times 10^3 \text{kJ/kmol} = 274386.72 \text{kJ/kmol}$$

$$= \frac{274386.72}{70.94} = 3867.87 \text{kJ/kg MnO}$$

1000kg 钛精矿中有 0.45kg MnO 被还原成金属锰，则小时吸热量为：

$$\Delta H_{r,(5)}^{\ominus} = \frac{0.45}{1000} \times 3226.93 \times 3867.87 = 5616.61 \text{kJ}$$

6）反应：

$$V_2O_5 \ + \ 5C \ \Longrightarrow \ 2V \ + \ 5CO$$

$\Delta H_{f,298}^{\ominus}$（kcal/mol）$-372.30$　　　　　　　-26.42

$$\Delta H_{r,298}^{\ominus} = (-26.42 \times 5) - (-372.30) = 240.20 \text{kcal/mol}$$

$$= 240.20 \times 4.184 \times 10^3 \text{kJ/kmol} = 1004996.80 \text{kJ/kmol}$$

$$= \frac{1004996.80}{181.88} = 5525.60 \text{kJ/kg } V_2O_5$$

1000kg 钛精矿中有 0.96kg V_2O_5，被还原成金属钒，则小时吸热量为：

$$\Delta H_{r,(6)}^{\ominus} = \frac{0.96}{1000} \times 3226.93 \times 5525.60 = 17117.50 \text{kJ}$$

7）反应：

$$2TiO_2 \ + \ C \ \Longrightarrow \ Ti_2O_3 + \ CO$$

$\Delta H_{f,298}^{\ominus}$（kcal/mol）$-223.00$　　　　-363.94　-26.42

$$\Delta H_{r,298}^{\ominus} = (-26.42) - (-363.94) - (-223.00 \times 2) = 56.09 \text{kcal/mol}$$

$$= 56.09 \times 4.184 \times 10^3 \text{kJ/kmol} = 234680.56 \text{kJ/kmol}$$

$$= \frac{234680.56}{2 \times 79.9} = 1468.59 \text{kJ/kg } TiO_2$$

1000kg 钛精矿中有 164.01kg TiO_2 被还原成金属 Ti_2O_3，则小时吸热量为：

$$\Delta H_{r,(7)}^{\ominus} = \frac{164.01}{1000} \times 3226.93 \times 1468.59 = 777249.48 \text{kJ}$$

焦炭中灰分内成分被还原吸热量计算：

8）反应：

$$SiO_2 \ + \ 2C \ \Longrightarrow \ Si \ + \ 2CO$$

$\Delta H_{f,298}^{\ominus}$（kcal/mol）$-217.70$　　　　　　　-26.42

$$\Delta H_{r,298}^{\ominus} = (-26.42 \times 2) - (-217.70) = 164.86 \text{kcal/mol}$$

$$= 689774.2 \text{kJ/kmol} = 11477.11 \text{kJ/kg } SiO_2$$

熔炼处理 1000kg 钛精矿时，灰分中有 0.40kg SiO_2 被还原成硅，则小时吸热量为：

$$\Delta H_{r,(8)}^{\ominus} = \frac{0.40}{1000} \times 3226.93 \times 11477.11 = 14814.33kJ$$

9）由前面第 3）项知，Fe_2O_3 被碳还原反应的 $\Delta H_{r,298}^{\ominus} = 493879.36kJ/kmol = 3092.54kJ/kg\ Fe_2O_3$，处理 1000kg 钛精矿时，灰分中有 0.048kg Fe_2O_3，被还原成铁，则小时吸热量为：

$$\Delta H_{r,(9)}^{\ominus} = \frac{0.048}{1000} \times 3226.93 \times 3092.54 = 479.01kJ$$

这样化学还原反应小时吸热总和为：

$$\begin{aligned} Q_{吸热} = \sum_{i=1}^{9} \Delta H_{r,(i)}^{\ominus} = &501750.18 + 2368959.28 + 946447.25 + 24073.29 + \\ &5616.61 + 17117.50 + 777249.48 + 14814.33 + 479.01 \\ = &4656506.93kJ \end{aligned}$$

（2）钛渣带走的物理热（出炉温度设为 2000K）。熔炼处理 1000kg 钛精矿生成的钛渣成分及热焓见表 7-50。

表 7-50 熔炼处理 1000kg 钛精矿生成的钛渣成分及热焓

组分	质量/kg	$H_{900}^{\ominus} - H_{298}^{\ominus}$/kcal·kmol^{-1}	$H_{900}^{\ominus} - H_{298}^{\ominus}$/kJ·kg^{-1}	$\Delta H_f^{\ominus}$/kJ
TiO_2	304.58	29315	153.09	467558.74
Ti_2O_3	147.59	58866	1712.76	252786.72
SiO_2	8.08	28300	1970.17	15918.97
Al_2O_3	20.09	55538	2278.15	45768.03
V_2O_5	1.00	89224	2050.52	2052.52
MnO	6.98	22453	1324.26	9243.33
MgO	9.80	20601	2138.82	20962.61
CaO	2.42	21825	1630.64	3946.15
FeO	24.85	30364	1768.17	43939.01
合计	525.39	—	—	862176.08

熔炼 1000kg 钛精矿产出钛渣 525.39kg，1h 处理钛精矿 3226.93kg，则 1h 钛渣带走热量：

$$Q_{钛渣} = \frac{862176.08}{1000} \times 3226.93 = 2782181.86kJ$$

（3）生铁及磁性部分带走的物理热（设生铁出炉温度为 2000K）。熔炼处理 1000kg 钛精矿产出的生铁及磁性部分的成分和热焓见表 7-51。

表 7-51　熔炼处理 1000kg 钛精矿产出的生铁及磁性部分的成分和热焓

组分	质量/kg	$H^{\ominus}_{900} - H^{\ominus}_{298}$/kcal·kmol^{-1}	$H^{\ominus}_{900} - H^{\ominus}_{298}$/kJ·kg^{-1}	$\Delta H^{\ominus}_{f}$/kJ
Fe	320.23	19583	1487.29	476273.76
Mn	0.35	20782	1582.67	553.93
Ti	10.46	18027	1574.63	16470.63
Si	0.49	22641	3371.17	1651.87
V	0.54	13443	1104.15	596.24
C	6.40	8428	2938.56	18806.80
S	0.20	8811	1152.04	230.41
P	0.10	8487	1146.58	114.66
合计	338.77	—	—	514698.30

$$Q_{生铁} = \frac{514698.30}{1000} \times 3226.93 = 1660895.39 \text{kJ/h}$$

（4）排出炉气带走的物理热（设气体出炉温度为 900K（约 627℃））。熔炼处理 1000kg 钛精矿排出的炉气成分和热焓见表 7-52。

表 7-52　熔炼处理 1000kg 钛精矿排出的炉气成分和热焓

组分	质量/kg	$H^{\ominus}_{900} - H^{\ominus}_{298}$/kcal·kmol^{-1}	$H^{\ominus}_{900} - H^{\ominus}_{298}$/kJ·kg^{-1}	$\Delta H^{\ominus}_{f}$/kJ
CO	275.12	4416	659.88	181546.19
H_2O	27.90	5258	1222.19	34099.10
N_2	172.36	4378	654.20	112757.91
合计	475.38			328403.20

$$Q_{炉气} = \frac{328403.20}{1000} \times 3226.93 = 1059734.14 \text{kJ/h}$$

（5）被冷却水带走的物理热（炉盖水冷和铜夹头水冷）。设密闭式钛渣炉冷却水用量为 30m³/h，进出口水温差为 20℃，水的比热容 1kcal/（kg·℃）= 4.1841kJ/（kg·℃），水的密度 $\rho_{水}$ = 1000kg/m³，则：

$$Q_{水} = 30 \times 4.184 \times 1000 \times 20 = 2510400 \text{kJ/h}$$

（6）炉表面的热损失，计算如下：

1）炉底热损失。

采用经验系数 k = 5800W/（m²·h），则炉底面积：

$$A_{底} = 0.785d_1^2 = 0.785 \times 4.103^2 = 13.22 \text{m}^2$$

1h 炉底热损失：

$$Q_{炉底} = 5800 \times 13.22 = 76676.00 \text{W}$$

2）熔池区炉壁的热损失。

熔池区炉壁各砌体层的平均温度、平均厚度、热导率见表 7 - 53。

表 7 - 53　熔池区炉壁各砌体层的平均温度、平均厚度、热导率

名　称	镁砖层	镁石层	石棉层	钢　壳
平均温度/℃	1200	575	250	180
平均厚度/m	0.862	0.04	0.01	0.02
热导率 λ/W·(m·℃)$^{-1}$	2.94	4.56	0.12	45.5

这样，可确定出炉壁的热阻为：

$$\sum \frac{\delta}{\lambda} = \frac{0.862}{2.94} + \frac{0.04}{4.56} + \frac{0.01}{0.12} + \frac{0.02}{45.5} = 0.368$$

取熔融区炉壁内表面温度为 1600℃，经熔池区炉壁的单位面积热损失查图 7 - 7，得 $q = 3500 \text{W/m}^2$。

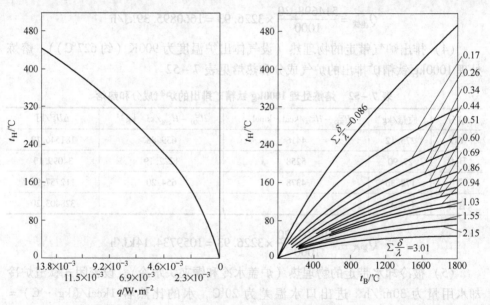

图 7 - 7　熔池区炉壁的单位面积热损失曲线

熔区表面积：

$$A_{熔区} = \pi D(h_1 + h_2) = 3.14 \times 6.11 \times (0.9 + 1.34) = 42.98 \text{m}^2$$

1h 经熔池区炉壁的散热损失为：

$$Q_{熔区} = 3500 \times 42.98 = 150413.53 \text{W}$$

3）气体区炉壁的热损失。

气体区炉壁各砌体层的平均温度见表 7 - 54。

表 7 – 54 气体区炉壁各砌体层的平均温度

名 称	镁砖层	镁石层	石棉层	钢 壳
砌体各层平均温度/℃	550	250	170	140
内衬厚度/m	0.69	0.04	0.01	0.02
热导率 λ'/W·(m·℃)$^{-1}$	4.7	5.5	0.13	45.5

这样，炉壁热阻：

$$\sum \frac{\delta'}{\lambda'} = \frac{0.69}{4.7} + \frac{0.04}{5.5} + \frac{0.01}{0.13} + \frac{0.02}{45.5} = 0.232$$

取气体区内壁面温度为 800℃，查图 7 – 7 可知其炉壁的单位面积热损失为 2100W/m^2。

气体区炉表面积：

$$A' = \pi Dh_3 = 3.14 \times 6.11 \times 0.8615 = 16.53 \text{m}^2$$

1h 经气体区炉壁的热损失为：

$$Q_{气区损} = 2100 \times 16.53 = 34713.00 \text{W}$$

4）经炉顶混凝土盖的热损失。

炉盖厚度 $h_k = 0.14$m，盖子平均温度 525℃，此温度下热导率 $\lambda_k = 1.28$ W/(m·K)，则炉盖热阻：$\delta_k / \lambda_k = 0.14/1.28 = 0.11$。

盖子内壁面温度为 800℃，查图 7 – 7 得单位面积热损失 $q_k = 5250$W/m^2。

炉盖面积：

$$A_k = 0.785 D^2 = 0.785 \times 6.11^2 = 29.31 \text{m}^2$$

1h 经炉盖的热损失为：

$$Q_k = 5250 \times 29.31 = 153877.50 \text{W}$$

于是，炉表面热损失总和：

$$Q_{炉总} = 76676.00 + 150413.53 + 34713.00 + 153877.50$$
$$= 415680.03 \text{W}$$
$$= 415680.03 \times 3.6 = 1496448.11 \text{kJ/h}$$

（7）变压器和进电装置的热损失。

未考虑变压器和馈电线路的热损失时，总热损失为：

$$Q_{总支出} = 4656506.93 + 2782181.86 + 1660895.39 + 1059734.14 +$$
$$2510400 + 1496448.11$$
$$= 14166166.43 \text{kJ/h}$$

热支出与热收入之间的差额要求电能供热来补偿，因此：

$$Q_电 = Q_{总支出} - Q_{总收入} = 14166166.43 - 1565808.31 = 12600358.12 \text{kJ/h}$$

取变压器和进电装置的热损失为电供热的 8%，即：

$$Q_{变压器} = 12600358.12 \times 0.08 = 1008028.65kJ/h$$

于是:

$$Q_{总电耗} = 12600358.12 + 1008028.65 = 13608386.77kJ/h$$

未考虑周到从而未计入的热损失取为总电耗的4%，或为保险起见，取安全系数1.04，则:

$$Q_{总供电} = 1.04 \times 13608386.77 = 14152722.24kJ/h$$

其中未计入的热损失:

$$Q_{未计} = 544335.47kJ/h$$

7.4.3.3 热平衡

根据以上计算结果，编制钛渣炉的热平衡表，见表7-55。

表7-55 钛渣炉的热平衡（基准：时间1h，温度298K）

收入			支出		
收入项目	数量和组成		支出项目	数量和组成	
	数量/kJ	组成/%		数量/kJ	组成/%
(1) 炉料物理热	0	0	(1) 还原反应吸热	4656506.93	29.62
			(2) 钛渣带走热	2782181.86	17.70
(2) 空气物理热	0	0	(3) 生铁及磁性部分带走热	1660895.39	10.57
(3) 电极燃烧热	468477.61	2.98	(4) 炉气带走热	1059734.14	6.74
			(5) 冷却水带走热	2510400	15.97
(4) 挥发分燃烧热	1097330.70	6.98	(6) 炉表面热损失	1496448.11	9.52
			(7) 变压器和进电装置热损失	1008028.65	6.41
(5) 电能供热	14152722.24	90.04	(8) 未计入热损失	544335.47	3.47
合 计	15718530.55	100.00	合 计	15718530.55	100.00

1h的电能消耗量:

$$\frac{14152722.24kJ}{1h} = \frac{14152722.24}{3600} = 3931.31kW$$

1h产出商品钛渣量：1.67t;

1t钛渣的单位电能耗：$3931.31/1.67 = 2354.08kW \cdot h$;

很接近于原选定的2300kW·h/t钛渣的数值，可认为整个计算过程是正确的。

冷却炉底的空气量计算：取进气温度为25℃，冷却温度为60℃，空气比热

容为 $8.4kJ/(m^3 \cdot ℃)$。

1h 经炉底的热损失为：

$$Q_{炉底} = 76676W = 76676 \times \frac{3.6kJ}{1h} = 276034kJ$$

则 1h 需空气量：

$$V = \frac{276034}{8.4 \times (60-25)} = 939m^3$$

8 矿热炉参数计算及选择

>>>

矿热炉的设计计算，矿热炉熔池的电气、冶金、几何参数的数学关系建立，合适的数学表达式的确定，是开发矿热炉熔炼的数学模型和建立控制对策的需要，也是指导生产、科研的需要。

8.1 安德烈公式与凯利图解

美国的安德烈（Andrae F. V.）根据多年的生产实践和大量的矿热炉数据，先后于 1933 年和 1950 年两次提出了矿热炉周边电阻的概念：同样炉料冶炼某产品时，电极端部与炉底间电阻（操作电阻）R 乘以电极直径 d 为一常数 K。其数学表达式为：

$$K = R\pi d = \frac{U}{I}\pi d$$

式中　K——电极周边电阻，又称为 K 因子或安氏常数，$\Omega \cdot cm$；

　　　U——电极－炉膛电压（有效相电压），V；

　　　I——电极电流，A；

　　　R——矿热炉操作电阻（熔池有效电阻），Ω；

　　　d——电极直径，cm。

这一公式第一次将电气条件和冶金条件联系起来，表明了合适的冶炼过程的电气条件与工艺参数之间的合理关系。安德烈把电极周边电阻概念与电流在电极内所产生的热量和由高温区传导到电极的热量联系起来，得出了电极的周边电阻为常数时，电极截面功率密度必定为常数的结论。

安德烈和凯利（Kelly W. M.）共同分析了矿热炉最佳运行状态，认为冶炼不同品种的 K 因子数值分布在一定范围内，并根据当时所掌握的数据提供了 K 因子的范围，如黄磷为 1.19 ~ 2.54、电石为 0.48 ~ 0.56、生铁为 1.0、高碳锰铁为 0.20 ~ 0.33。

凯利建立了电极端面功率密度和电极周边电阻的关系，同时提出了按冶炼条件设计矿热炉的基本思想。他将电极周边电阻 K 为纵坐标，电极端面功率密度 ψ 为横坐标作图，并在图中标出电压和电流的标尺，如图 8-1 所示。这便是最初凯利对安德烈公式的图解。

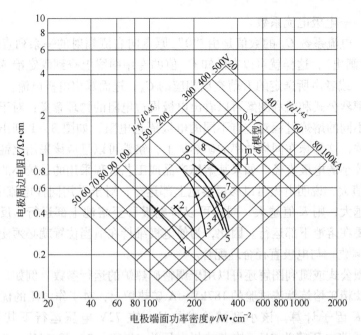

图 8-1 三相矿热炉电极端面功率密度与电极周边电阻的关系

1—锰铁；2，4—硅铬合金；3—硅铁75；5—电石；6—硅铝合金；
7—硅铁45；8—铬铁；9—生铁；×号处的值为 ϕ/m 电极

三相矿热炉有：

熔池功率

$$P = 3I^2R$$

$$R = \frac{P}{3I^2}$$

电极端面功率密度

$$\psi = \frac{2P}{3\pi d^2}$$

$$P = \frac{3\pi d^2 \psi}{2}$$

电极周边电阻

$$K = \pi d R$$

综合上面三式，得：

$$K = \pi d R = \frac{\pi d P}{3I^2} = \frac{\pi d \dfrac{3}{2}\pi d^2 \psi}{3I^2} = \frac{\pi^2 d^3 \psi}{2I^2}$$

$$I = C_A \left(\frac{\psi}{K}\right)^{1/2}$$

式中 C_A——电极电流系数。

可知，电流系数 C_A 的数值是由"0"原点向右侧辐射的一系列直线（未在图 8-1 中画出），这样就可以在已知 C_A 值的专用图线上查到既定冶炼品种的 K 值或 ψ 值，或者由所选定的 K 值查出相应的 C_A，进而算出电极电流。

由安德烈公式和凯利图解可以看出电极周边电阻的物理意义：对于同样的电极直径，不同的熔炼过程对应有不同的电极周边电阻，如图 8-1 列出的铬铁 K 值大于锰铁，这意味在同样功率的矿热炉上，铬铁可以且应该采用比锰铁高的工作电压和较小的电极直径。如果某熔炼产品或工艺过程采用的是较小的电流电压比，则 K 值大，说明电极可以移至熔池上部运行；对于采用同样电流电压比的，电极直径越大，则 K 值越大，同样可以将电极移至熔池上部运行；反之，K 值小，电极要在熔池下部运行。因此，为使电极维持在适当位置就必须使电流电压比（或其倒数）与电极直径合理配合。

安德烈公式或凯利图解还可以用于调整矿热炉的运行参数。例如，在以预氧化攀枝花钛精矿熔炼钛渣试验的 187kV·A 矿热炉上，对工作电压的优选试验就是利用了 K 因子计算。该小型试验矿热炉，在 72V 电压运行下其相电压为 41.57V、线路电压降为 2V，故有效相电压为 41.57 - 2 = 39.57V，工作电流为 1500A，由此可得出其操作电阻和电极周边电阻：

$$R = \frac{39.57}{1500} = 0.0266\Omega$$

$$K = 3.14 \times 10 \times 0.0266 = 0.828\Omega \cdot cm$$

K 值还可以由实验确定，如有实验得到钛渣熔炼的 K 值为 $1.55\Omega \cdot cm$。而上面计算的 K 值为 $0.828\Omega \cdot cm$，与实验的 K 值为 $1.55\Omega \cdot cm$ 还有很大的差距，这表明按安氏公式 $K = U\pi d/I$ 在一定的电极直径和工作电流下仍能或应当再提高工作电压。由于单相矿热炉功率 $P = U^2/R$、三相矿热炉功率 $P = 3U^2/R$，表明 $R = U/I$ 的值越小，获得的功率就越大，故对矿热熔炼而言采用相对高的工作电压即意味着生产的高效率。

近年来，有人从实践中发现安氏公式的 K 因子并不恒等于常数，当炉子容量增大到一定程度或炉料（熔渣）电阻变化较大时，K 因子偏离直线。对大型矿热炉，由给出的 K 因子直线外延时，会出现负值。安氏公式的 K 因子之所以随矿热炉功率增大至一定程度会有下降趋势，可用下述两点来解释：

（1）从电弧特性可知，熔池反应区的形状和大小不但与电压电流比有关系，而且是随着功率而变化。安氏公式虽指出了电压电流比与炉子线性尺寸之间的合理关系，却未说明电压与电流的乘积关系，即未说明多大功率下的电压电流比。因此，安氏公式不能适应矿热炉功率有很大变化的情况。

（2）电极端下反应区介质的电阻率，不仅取决于产品电阻常数，还取决于电弧的伏安特性。随着矿热炉功率的增大，电压电流比将减小，这也就意味着电阻率（与之有相同量纲的 K 因子）随着电压电流比的减小而减小，而电弧伏安特性曲线正是电弧电阻负阻性质的表现。

在矿热炉的生产和设计中，常采用安德烈计算方法的公式见表 8-1。

表 8-1 矿热炉的安德烈公式

序号	计 算 公 式	单位
1	选定矿热炉熔池功率 P_C	kW
2	按冶炼品种及矿热炉功率大小选定： 周边电阻 K 电极端部功率密度 ψ 电极电流系数 C_A	$\Omega \cdot cm$ kW/cm^2
3	电极直径：$d = \sqrt{\dfrac{4P_C}{3\pi\psi}} = 0.65147\dfrac{\psi^{1/2}}{P_C^{1/2}}$	cm
4	熔池电阻：$R = \dfrac{K}{\pi d} = 0.488603K\dfrac{\psi^{1/2}}{P_C^{1/2}}$ $K = 2467.40\dfrac{\psi}{C_A^2}$	Ω $\Omega \cdot cm$
5	电流：$I_2 = \sqrt{\dfrac{1000P}{3R}} = C_A d^{3/2}$ $C_A = 49.673\sqrt{\dfrac{\psi}{K}}$（50Hz）	A
6	选定 R_L（此数值为变压器、短网、导体、铜瓦及电极不插入炉料部分的电阻）	Ω
7	总电阻：$R_\Sigma = R + R_L$	Ω
8	矿热炉总阻抗：$X_\Sigma \approx 0.00004d + 0.000034d^{1/2}$	Ω
9	工作电压：$U_2 = \sqrt{3}I_2\sqrt{R_\Sigma^2 + X_\Sigma^2}$	V
10	相电压：$U_相 = \dfrac{U_2}{\sqrt{3}}$	V
11	有效相电压：$U_{相效} = U_相\dfrac{R}{2}$	V
12	变压器容量：$P_S = \dfrac{\sqrt{3}U_2 I_2}{1000}$	$kV \cdot A$
13	电效率：$\eta = \dfrac{R}{R_\Sigma}$	

序号	计 算 公 式	单位
14	功率因数：$\cos\varphi = \dfrac{R}{\sqrt{R_\Sigma^2 + X_\Sigma^2}}$	
15	有功功率：$P_e = P_S \cos\varphi$	kW
16	校核有功功率：$P_e = P_c + P_L$	kW
	熔池功率：$P_c = \dfrac{3I_2^2 R}{1000}$	kW
	有功损失：$P_L = \dfrac{3I_2^2 R_L}{1000}$	kW
17	无功功率：$P_x = \dfrac{3I_2^2 R_\Sigma}{1000}$	kV·A
18	电极电流密度：$j = \dfrac{I^2}{\dfrac{\pi}{4}d^2}$	A/cm²
19	电流电压比：$\dfrac{I^2}{U^2}$	
20	电极极心圆直径：$d_x = \alpha d$	cm
21	炉膛直径：$D_t = \beta d$	cm
22	炉膛深度：$H_t = \gamma d$	cm
23	极心圆单位面积功率：$P_x = \dfrac{P_e}{10^{-4}\dfrac{\pi}{4}d_x^2}$	kW/m²
24	炉膛单位面积功率：$P_t = \dfrac{P_R}{10^{-4}\dfrac{\pi}{4}D_t^2}$	kW/m²
25	炉膛单位容积功率：$P_{tv} = \dfrac{P_R}{10^{-4}\dfrac{\pi H_t}{4}D_t^2}$	kW/m³

应用安氏公式还有两点值得指出：一是在以电极直径为基础的计算熔池参数方法中，不同类型电极（如石墨电极和自熔电极）允许的电流密度各不相同，常在生产和设计中将容量相近一定范围的矿热炉采用同一直径电极（这在使用

石墨电极的矿热炉上最为常见），以致会出现不同容量矿热炉的熔池参数相同而使参数选择不够合理的现象；二是具有开弧制度的熔炼过程如钛渣，由于这种情况下的电极直径与熔池参数的关系已变得不那么密切，以致基于电极直径选择的电流密度很大，计算出的炉子尺寸会偏小。

8.2 珀森公式

珀森（Person J. A.）于1970年提出了K因子是随电极功率密度呈双曲线下降的关系，从而修正了安氏公式和凯利方法。他在安氏公式的基础上，分析了电极-炉膛电压的重要意义，提出了这一电压与几何参数之间的关系，并把这一概念用于矿热炉参数的选择中。

将功率与电压和电阻的关系及电极功率代入安氏公式：

$$K = \pi dR = \frac{3\pi dU^2}{P} = \frac{4U^2}{\psi d}$$

这样便可得到有效相电压与电极直径关系：

$$\frac{U}{\sqrt{d}} = \frac{\sqrt{K\psi}}{2} = C_P$$

珀森认为，对于每一特定的熔炼过程，C_P为常数。

由珀森公式可以看出，电极功率密度ψ与K因子成反比关系，其曲线近似于双曲线。珀森公式弥补了凯利方法的不足，更适用于大型矿热炉。

8.3 威斯特里计算法

挪威的威斯特里（Westly J.）总结了80多台大小矿热炉的运行参数，于1974年提出了修正安氏公式的另一概念：运行良好矿热炉的K因子的平方乘以电流密度i为常数，即：

$$K^2 i = C \text{（常数）}$$

将$i = 4I/\pi d$和$K = \pi dR$代入上式，再结合电学公式$P = I^2 R$，可得：

$$I = C_{流} P^{2/3}$$

或

$$RP^{1/3} = 常数$$

由此又可得出：

$$R = C_{阻} P^{-1/3}$$

$$U = C_{压} P^{1/3}$$

此式可以解释在实践中常碰到的几个问题：由于指数为负数，操作电阻与矿热炉有效功率的关系呈双曲线型变化；大功率矿热炉的功率因数常偏低，小功率矿热炉多是较高；在矿热炉既定条件下，一定的有效功率必有一定的操作电阻与之相适应，偏离这个适宜的R值，将会导致矿热炉运行失常、生产效果不佳，

对 R 值的偏高或偏低应调整冶炼产品的电阻常数 $C_阻$。

上面式中的三个系数都是由一个常数 C 相应推算转换而来。从量纲分析看，威氏对 K 因子的修正系数 C 含有电位梯度量纲（V/cm）和电阻率量纲（Ω·m）；就形式而言，威氏公式具有欧姆定律的微分形式，电位梯度 = 电流密度 × 电阻率，所以能够描述非线性电阻的伏安特性。

由于在 P、U、I 三个参数中，只要知道其中两个数据，便可计算操作电阻，所以上述的几个式子可以单独作为威氏公式的表达式。

对三相矿热炉的二次电压，将上述的电极电流算式代入电学公式 $P_C = IUP_C\cos\varphi$ 和 $P = \sqrt{3}IU_2\cos\varphi$，导出二次线电压的表达式：

$$U_2 = C_压 P_C^{1/3}$$

式中，电压系数 $C_压 = 1/\sqrt{3}C_流\cos\varphi\eta^{2/3}$，表明电压系数与原料性质、矿热炉功率因数和电效率 η 有关。

威氏提出在电流系数不变的情况下，电极心距 l 与有效功率的三分之一次方或电极电流的二分之一方成正比，即：

$$l \propto I^{1/2} \propto P^{1/3}$$

如果将不同产品的矿热炉加以对照，发现最好的结果是电极中心距与电极电流的二分之一次方成正比：

$$l = C_心 I^{1/2}$$

式中 $C_心$——电极心距系数，它主要取决于产品所需的极心圆电流密度或功率密度。

前已述及，三相矿热炉的 3 个反应区的截面圆周相交于炉心最为理想，这时极心圆直径等于一相电极端下的反应区直径。因为反应区截面积为 $\frac{\pi}{4}D^2 \propto I$、反应区体积为 $\frac{\pi}{12}D^3 \propto P$，故可知极心圆直径（或电极中心距）与电极电流的平方根成正比或与功率的立方根成正比。又因炉膛直径 $D_膛$、炉膛深度 H 都是与极心圆直径成比例的，威氏又给出了如下关系式：

$$D_膛 = C_膛 P^{1/3} \quad 或 \quad D_膛 = C'_膛 I^{1/2}$$
$$H = C_深 P^{1/3} \quad 或 \quad H = C'_深 I^{1/2}$$

综上所述不难看出，威氏计算法是一套相互联系的公式，反映了矿热炉工艺参数之间的"闭环反馈"作用的关系，如图 8-2 所示。

威氏公式中始终贯穿一定功率下的操作电阻是反应区粗略量度这根主线，并用

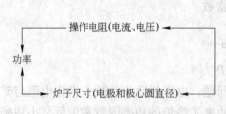

图 8-2 矿热炉工艺参数之间的"闭环反馈"

与矿热炉实际功率相适应的操作电阻来选择工艺参数。这既表明了操作电阻的负载特性（如式 $I = C_流 P^{2/3}$），也表明了电气条件与几何参数之间的合理关系（如式 $l = C_心 I^{1/2}$），而它们也正是炉子运行的具有代表性的动力参数指标，这些参数与炉子容量和电气特性无关。因此，可以利用实践中工艺效率高的参数指标为基础，来保证设计计算的准确性。威氏公式可以用于比例放大的矿热炉，也可用于某矿热炉在不同负荷下调整操作参数。按照威氏的经验，当电极直径与电极间距之比保持恒定时，电极直径不会对操作电阻发生影响。

8.4 斯特隆斯基计算法

前苏联的斯特隆斯基（Б. M. Струнский）在研究熔池特性和现有矿热炉的基础上，根据反应区功率密度 P_{fm} 和熔池有效电阻率 ρ 这些最基本基础数据，提出斯氏计算法。

根据对矩形矿热炉的模型试验，得到了如下的回归方程：

熔池有效电阻

$$R = 0.206 \frac{\rho}{d} = 3.9\rho P_{fm}^{0.33} P_a^{-0.33} \times 10^{-3}$$

电极电流

$$I = \sqrt{\frac{P_a}{R} \times 10^3} = 507\rho^{-0.5} P_{fm}^{0.33} P_j$$

有效电压

$$U = IR = 1.97\rho^{0.5} P_{fm}^{0.167} P_j^{0.33}$$

式中　P_j——一根电极上的功率或三相矿热炉一相的有效功率即反应区功率。

在既定熔炼产品的 P 值和 P_{fm} 值为已知参数，故可将上面公式换算成如下形式：

$$R = aP_j^{-0.33}$$
$$I = bP_j^{0.67}$$
$$U = cP_j^{0.33}$$

式中　a，b，c——分别为电阻、电流、电压系数。

前苏联的三相钛渣炉，根据对其电气制度的研究成果及参照加拿大 QIT 大型炉子的运行经验，按斯氏公式计算的二次电压，C 值取 7.6，即有：

$$U_2 = 7.6P_j^{0.4}$$

已知矿热炉有效功率（熔池功率）P_j 及电极有效表面功率密度或不计电极侧表面电流的电极端面功率密度 ϕ 和反应区体积功率密度 P_{fm}，便可计算电极直径：

$$d = \sqrt{\frac{1000P_j}{3.33\psi}} = 1.73\sqrt{\frac{P_j}{\psi}} \quad \text{或} \quad d = \sqrt[3]{\frac{1000P_j}{6.67P_{fm}}} = 53\sqrt[3]{\frac{P_j}{P_{fm}}}$$

电极电流密度 Δi 和反应区体积功率密度 P_{fm}，始终是斯氏计算法的主线，它们之间及与电阻率 ρ 之间存在如下关系式：

$$\Delta i = \frac{4I}{\pi d^2}$$

$$I = \sqrt{\frac{P_j \times 10^3}{R}}$$

$$R = \frac{\rho}{4.85d}$$

$$d = 53P_j^{0.33}P_{fm}^{-0.33}$$

将上面式中的 I、d 两值代入第一式，即得：

$$\Delta i = 0.27\rho^{-0.5}P_{fm}^{0.5}$$

而上面式中的 R 值，对有渣熔池：

$$R = \frac{\rho}{6.48d}$$

8.5 马尔克拉麦模型

这是根据电场理论建立的模型。模型将炉内呈角形分布的电流等效变换成星形接法，再假定电极电流全部从电极端面等效的星形电阻通过。假定电极端部是一个半径为 r 的半球体，并认为此半球体周围为一无限大的均匀介质，其电阻率 ρ 为恒定值。当电流经此半球进入均匀介质时，电流 I 将从半球体表面均匀地散射出去。此半球体表面的电流密度为（A/cm²）：

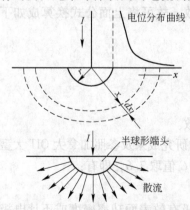

图 8-3 插入均一介质的半球状
电极端头的散流及电位分布曲线

$$\Delta i = \frac{I}{2\pi r^2}$$

距球心 x（cm）处（图 8-3）的电流密度：

$$\Delta i_x = \frac{I}{2\pi x^2}$$

在均匀介质中的电场强度 $E = \Delta i\rho$（V/cm）。于是可利用数学表达式写出沿散流方向在 dx 段内的电压降为：

$$dU = E_x dx = \Delta i \cdot \rho \cdot dx = \frac{\rho I}{2\pi x^2} \cdot dx$$

因为：

$$\frac{\mathrm{d}U}{I} = \frac{\rho}{2\pi x^2} \cdot \mathrm{d}x$$

所以：

$$\frac{\mathrm{d}U}{I} = \mathrm{d}R$$

经积分计算得到：

$$\mathrm{d}R = \frac{\rho}{2\pi x^2} \cdot \mathrm{d}x$$

$$R = \frac{\rho}{2\pi r}$$

即：

$$R = \frac{\rho}{\pi d}$$

在矿热炉熔池中熔体并非是均匀介质（熔渣和金属及熔渣中不同部位的物理化学性质均不同），且熔池尺寸有限，同时由于电极间的交互感应，电流方向也并非是从球体表面均匀散射流出（图 8 - 4）。因此，上式中的 ρ 用 K' 来替代可得：

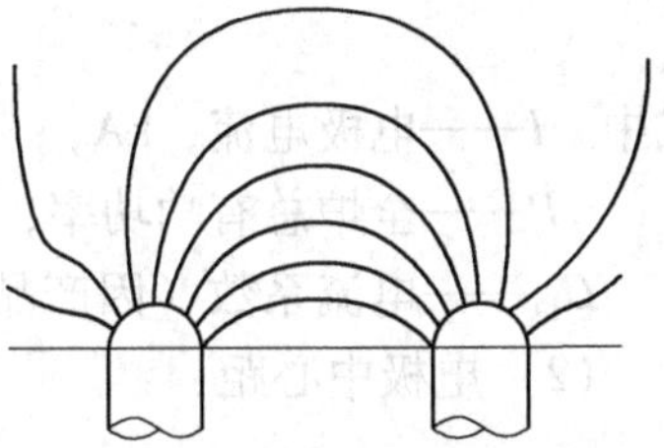

$$R\pi d = K'$$

图 8 - 4　无限熔池中电极
之间导电示意图

该式同安德烈公式在形式上完全一致。

与安氏公式相比，该模型更逼真于电弧制度工作的熔池。而安氏公式只有在炉料电阻远大于电极端下区域的电阻即 $R_n \gg R_m$ 时计算才有意义，才能真实地反映埋弧熔池的情况。

8.6　海斯模型

海斯（Heiss W. D.）根据电场理论和量纲分析方法对矿热炉电极四周和熔池内部的电场进行了分析，建立了矿热炉数学模型。他采用了一个无量纲数确立了电极四周电磁场与空间位置之间的关系：

$$H_s = r\sqrt{\frac{2\pi\mu\mu_0 f}{\rho}}$$

式中　μ_0——真空中的磁导率；

　　　μ——相对磁导率；

　　　f——频率；

　　　ρ——电阻率；

　　　r——空间距离。

$\mu f/\rho$ 是一个重要的比例放大参数，建立矿热炉实验模型时，必须随模型放大或缩小，以获得可靠的答案。

海斯认为，由于电磁场的作用，三相矿热炉三支电极中间的部位功率密度相对较小，而电极之间和电极的外侧较大。炉料的导电性越好，功率密度越大。在直列式六电极矿热炉中，相位相反的一对电极之间的炉底部位功率密度几乎为零。由于熔池中存在流动的熔体才使这一状况得以缓解。

由于磁场和温度场的不均匀性，炉子操作电阻与炉膛深度不成正比，与电极表面积也不成反比。

8.7 埃肯公司计算法

埃肯公司对矿热炉参数的计算以矿热炉有功功率为主，仅需 5 个公式。

（1）电极电流：

$$I = C_{炉} P^{\frac{2}{3}}$$

式中 I——电极电流，kA；

P——全炉总有功功率，kW；

$C_{炉}$——电流系数（因产品和原料的不同而异），见表 8-2。

（2）电极中心距：

$$l = C_{心} I^{\frac{1}{2}}$$

式中 l——电极中心距，cm；

$C_{心}$——电极中心距系数（因产品和原料的不同而异），见表 8-2。

（3）电极直径：

$$D = K^{\frac{1}{3}} \left(\frac{I}{C_{极}} \right)^{\frac{2}{3}}$$

式中 D——电极直径，cm；

$C_{极}$——电极负荷系数（因产品和原料的不同而异），见表 8-2；

K——交流附损系数；$D \leqslant 100\text{cm}$，$K = 1$；$D > 100\text{cm}$，$K = 0.737\text{e}^{0.00345D}$。

（4）炉膛直径：

$$D_{膛} = C_{膛} P^{\frac{1}{3}}$$

式中 $D_{膛}$——炉膛直径，cm；

$C_{膛}$——炉膛直径系数（因产品和原料的不同而异），见表 8-2。

（5）炉膛深度：

$$H = C_{深} P^{\frac{1}{2}}$$

式中 H——炉膛深度，cm；

$C_{深}$——炉膛深度系数（因产品和原料的不同而异），见表 8-2。

表 8-2 $C_{炉}$、$C_{心}$、$C_{极}$、$C_{膛}$ 和 $C_{深}$ 系数表

产品		硅铁75	硅铁90	结晶硅	硅钙	硅铬	碳锰	硅锰	碳铬	电石	生铁	镍铁	冰铜
系数	$C_{炉}$	0.1087		0.1067		0.1034	0.1125	0.1187	0.0872				
	$C_{心}$	30	30.1	30.7	27.4	31.6	35	33.4	35.8	33.4			
	$C_{极}$	0.05 ~ 0.055		0.05		0.04 ~ 0.045	0.035 ~ 0.04	0.045 ~ 0.05	0.04 ~ 0.045	0.045	0.04 ~ 0.045	0.015 ~ 0.02	0.015 ~ 0.02
	$C_{膛}$	33										50	
	$C_{深}$	8.5	8.92	9.24	8.64	10.5	13	11.9	11.5	9.5			

注：表中为目前收集到的产品的相关参数。

8.8 矿热炉几何参数的相似计算法

矿热炉现在常以相似理论作其工业设计基础，即设计中按照指标较好的生产装置或取得成功的试验装置的参数进行比例放大，得到规模更大的工业装置。根据相似原理，凡是相似系统则准数相等，因此大型装置与小型装置相似时，其准数相等；反之，准数相等则模型系统与大型系统相似，两者均可用相同的准数方程描述。这种准数方程可用于物理相似、几何相似系统。

某些规模不同的反应器几何量之间存在以下相似关系：

$$\frac{L_1}{L_1'} = \frac{L_2}{L_2'} = \cdots = \frac{L_i}{L_i'} = C_i$$

式中 L，L'——分别代表规模不同的反应器几何参数，数字下标代表不同参数；

C_i——无量纲的比例常数，称为相似常数。

除几何相似如矿热炉的几何参数相似之外，矿热炉熔炼的相似条件还有：

（1）时间相似，如炉料下沉速度、反应速度、炉料在炉中的停留时间等；

（2）物理量相似，如炉内温度、压力、电流密度、电压梯度等；

（3）边界条件相似，如炉料温度、铁水温度、炉壳温度等。

相同原料条件、不同容量的矿热炉，其几何尺寸、电气参数存在如下的相似常数关系：

$$\frac{d}{d'} = \frac{d_x}{d_x'} = \frac{d_t}{d_t'} = \frac{H}{H'} = \frac{P_{ex}^{1/3}}{P_{ex}'^{1/3}} = C_i$$

式中 d，d_x，d_t，H，P_{ex}——分别为技术经济指标良好的原有矿热炉已知参数中的电极直径、分布（极心圆）直径、炉膛直径、炉膛高度、有效功率；带撇号者分别为待计算参数。

二次电流和二次电压与炉子有效功率的相似关系为：

$$\frac{I_2}{I_2'} = \frac{P_{ex}^{2/3}}{P_{ex}'^{2/3}}$$

$$\frac{U_2}{U_2'} = \frac{P_{ex}^{2/3}}{P_{ex}'^{2/3}}$$

熔炼钛渣矿热炉的操作电阻在一定的原料、温度、电气等工艺条件下是常数，即为相似准数。挪威埃肯公司就是根据所进行的 200kV·A 熔炼钛精矿金属化球团提供的数据，放大 100 倍为廷弗斯铁钛公司（TTI）设计建造了大型钛渣生产装置。

8.9 我国常用的矿热炉参数计算及选择

矿热炉生产指标的好坏与矿热炉参数的选择及设计有很大关系。只有对矿热炉设计程序清楚，对矿热炉生产产品的冶炼工艺有一定的了解，对矿热炉参数间的辩证关系有一定的认识，才能计算、选择出基本符合该产品冶炼工艺要求的矿热炉参数，才能使建造出的矿热炉符合或接近该产品的冶炼工艺实际。

我国的矿热炉参数设计基本上都是参照国外的设计方法，即以安德烈的周边电阻公式相似设计、威斯特里的大容量炉子相似设计以及米库林斯基和斯特隆斯基等的方法来计算。然而在计算过程中，由于确定参数系数时取值范围较宽，加上矿热炉参数受变压器容量、冶炼品种和制造因素等的影响，实际计算的可靠性难以评估。目前，威斯特里的参数计算方法被认为是较符合实际的一种计算方法，其变压器电气参数和炉子几何参数之间的关系是按照矿热炉的实际功率来计算的。为了确切了解矿热炉运行中的特性数据，下面对其计算方法进行介绍。

8.9.1 圆形矿热炉参数计算

8.9.1.1 变压器功率的确定

矿热炉容量的大小是由变压器功率决定的，设计炉子时一般都是先确定变压器功率，然后再以此来确定矿热炉其他参数。变压器额定功率的选择应满足冶炼工艺的要求。

（1）通常根据所要求的矿热炉生产率、日产水平，利用下面的经验公式确定变压器的额定功率：

$$S = \frac{QW}{24T\cos\varphi K_1 K_2 K_3}$$

式中 S——某品种需要的变压器额定功率，kV·A；

Q——该种产品设计的年生产量，t/a；

W——产品单位电耗，kW·h/t，参考表 8 - 3；

T——矿热炉年工作时间天数，根据不同冶炼品种和炉子大小、工艺操作及管理水平确定，一般敞口式矿热炉为 330～345d/a，密闭矿热炉为 300～330d/a；

$\cos\varphi$——矿热炉功率因数，按实际产品及具体炉子容量加以选定，一般大型矿热炉选用 0.80～0.90，小型矿热炉选用 0.85～0.92；

K_1——电源波动系数，取值为 0.95～1.00；

K_2——变压器功率利用系数，取值为 0.93～1.00（对新设计的炉用变压器，要求常用级以上为恒定功率，故 $K_2 = 1.0$；对旧的大容量的变压器取下限，中小矿热炉可适当增加其数值）；

K_3——变压器时间利用系数，一般取值为 0.91～0.95。

表 8 - 3　矿热炉计算程序中各参数的推荐值

产品	产品单位电耗 W /kW·h·t^{-1}	$K_炉$	Δi /A·cm^{-2}	a	b_1	b_2	c_1	c_2	c_3	d_1	d_2	d_3
硅铁75	8300	34.3	6.3	4.46	30.0	9.20	20.0	6.50	1.43	2.60	8.50	1.9
硅铁45	7800	33.6	5.1	5.00	33.0	10.3	22.6	7.20	1.43	2.85	9.50	1.9
结晶硅	9500	28.6	5.5	4.87	30.7	10.5	21.3	6.96	1.43	3.00	9.24	1.9
硅铁90	8500	30.9	6.0	4.70	30.1	9.70	20.9	6.70	1.43	2.81	8.92	1.9
硅铬铁	5500～6500	35.2	5.5	4.77	31.6	9.82	25.6	7.97	1.67	3.06	10.5	2.2
硅钙铁	10000	24.2	7.2	4.55	27.4	9.37	19.0	6.51	1.43	3.05	8.64	1.9
硅锰铁	4200	26.7	4.9	5.44	33.4	11.2	27.3	9.10	1.67	4.00	11.9	2.2
碳素铬铁	5000～6000	42.3	4.2	5.22	35.8	10.7	29.1	8.22	1.67	3.06	11.5	2.2
碳素锰铁	2800～3200	22.2	4.5	5.90	35.0	12.2	30.0	10.6	1.79	4.80	13.0	2.2
电石		31.5	4.9	5.00	33.4	10.3	25.1	7.75	1.55	2.92	9.50	1.9

（2）变压器额定功率确定后，矿热炉的有功功率按照下式计算：

$$P_e = S\cos\varphi$$

$$= \frac{QW}{8760a_1a_2a_3a_4a_5}$$

式中　P_e——全炉三相电极有功功率，kW；

Q——矿热炉设计的年产量，t/a；

W——产品单位电耗，kW·h/t；

8760——全年额定开工时数，h；

a_1——定期检修时间系数，约为 0.985；

a_2——中修时间系数，约为 0.98；

a_3——大修时间系数，约为 0.96；

a_4——设备容量利用系数，约为 0.95；

a_5——电网限电系数。

（3）矿热炉的有效功率按照下式计算：

$$P_{ex} = P_e\eta = S\eta\cos\varphi$$

$$= \frac{QW\eta}{8760a_1a_2a_3a_4a_5}$$

式中　η——矿热炉的电效率，其值通常波动于 0.85 ~ 0.95。

8.9.1.2　二次电流及二次电压的确定

矿热炉的电气参数对炉子冶炼时的炉况影响极大，即使在同一品种相同的冶炼工艺条件下，不同的容量、不同的二次电流及二次电压对冶炼效果的影响也会大不一样，故二次电流及电压的选择要合理。

A　操作电阻

炉内电流电路可简化为两路，即电极—电弧—熔融物—电弧—电极的主电路和电极—炉料—电极的支路。通过炉料支路的电流大小与电极间电压成正比，与炉料的电阻成反比。而炉料的电阻取决于炉料的性质和组成，所以应全面考虑使用合适的炉料操作电阻。因为炉内操作电阻与电极、变压器各元件是串联关系，故流过操作电阻的二次电流跟电极、变压器二次侧电流是一样的，这给冶炼控制带来很大的方便。

每极操作电阻为：

$$R = K_{炉}\,P_{ex}^{-1/3}$$

式中　R——每相电极操作电阻，$m\Omega$；

P_{ex}——矿热炉有效功率，kW；

$K_{炉}$——产品电阻常数，随产品和炉料电阻率的不同而不同，可参考表 8 - 3 或在生产中优选得出。

B　二次电流

确定了操作电阻后，按照电气关系，电极电流为：

$$I = \left(\frac{P_{ex}}{3R}\right)^{1/2}$$

式中　I——电极电流，kA；

P_{ex}——全炉三相电极有效功率，kW；

    R——每相电极操作电阻，$m\Omega$。

    或者，已选定变压器时，可根据变压器二次电流的最大允许值确定电极电流，然后计算有效功率、可能的年产量等。

    对于大容量变压器或对产品电阻常数值没有把握时，取：

$$I = (0.83 \sim 0.87)I_2$$

式中 I——电极电流，kA；

    I_2——变压器二次线电流额定值，kA。

    对于小容量变压器便于调节参数或对产品电阻常数值没有把握时，取：

$$I = (0.90 \sim 0.95)I_2$$

    由于 $P_{ex} = 3I^2R$，而 $R = K_{炉}P_{ex}^{-1/3}$，故有：

$$P_{ex} = 2.28I^{1.5}K_{炉}^{0.75}$$

C 二次电压

    二次电压对二次电流、有效功率、操作电阻、反应区大小有重要影响。炉内料层流过的电流主要从炉料下层通过，若炉内功率不变，二次电压提高，电弧就被拉长，则电极上抬，虽然电效率和功率因数增加了，但由于高温区上移，炉口热损失增加，炉温下降，金属挥发量增大，坩埚区缩小，炉况变坏，难以操作。二次电压过低，电效率和输入功率降低，还因电极下插深，料层电阻增加，通过炉料支路的电流过小，炉料熔化、还原速度减慢，坩埚缩小。所以，矿热炉容量具体负载的大小、产品的品种规格、炉料电阻的大小、矿热炉设备的具体结构布置、操作人员的熟练程度等都是决定电压值高低的因素，因此，选用合适的二次电压不是一件简单的事情。由于矿热炉内各部分是串联的关系，故电极两端的电压值要小于二次电压值，但只要知道二次电流值的大小，就可以利用电气关系把它求出来，并可确定相应的电压级数，即：

$$V_2 = \frac{10^3 S}{\sqrt{3}I_2}$$

    二次电压级确定法为：最高级电压为 $1.15 \sim 1.10V_2$，最低级电压为 $0.75 \sim 0.85V_2$，每一级为上一级的 0.95 倍。计算后可确定等差电压降，一般选正数值。在选择变压器时，要注意选择多级电压值，如 1800kV·A 变压器可选 6 级电压，即前 3 级恒功率、后 3 级恒电流，这种变压器工作效率高、适应性强。二次电压选定后还要在实践中验证，一台矿热炉最好能生产几个品种的产品，所以确定电压、电流时要同时考虑使其能多生产几个品种的产品。

    由于有些产品的产品电阻常数 $K_{炉}$ 目前尚没有完全掌握，可以用相似原理予以确定。确定了二次电压后再计算二次电流、操作电阻等值。

8.9.1.3 矿热炉几何参数的确定

    矿热炉的几何参数，包括电极直径、极心圆直径、炉膛直径、炉膛深度、炉壳直径和炉壳高度等。

A 电极直径

电极直径是矿热炉几何参数中最基本的参数。电极直径选择过大，升降电极时操作电阻变化较大，因此影响电极深插，影响实际热分布，被加热的料柱体积变大，从而使体积功率密度降低，此时会使炉温降低；电极直径过小，电极可以深插，便于调节操作电阻，但电极消耗快，电极不能充分烧结。因此，选择电极直径时要进行具体分析，根据现场条件综合分析而定。

最基本的方法是靠经验确定电极电流密度，核算电极断面面积并确定其直径。随着矿热炉容量的增大，电极直径也相应增大，电流密度受集肤效应和内外温差的限制，其值不断减小，但电极直径过大则降低了矿热炉的热效率，也降低了功率因数。所以，有的设计者用加大电极壳厚度的办法使电流密度一致，为液压压放电极创造有利条件。

电极直径计算可按照下列步骤进行：

（1）按平均电流密度初选：

$$d = \left(\frac{4I}{\pi \Delta i} \right)^{1/2}$$

式中　d——电极直径，cm；

　　　I——电极电流，kA；

　　　Δi——电极平均电流密度，A/cm^2，可参考表 8-3。

（2）按 P_{ex} 值初选：

$$d = aP_{ex}^{1/3}$$

式中　a——常数，随产品而异，可参考表 8-3。

（3）核算电极负荷系数：

$$C = \frac{K^{1/2}I}{d^{1.5}}$$

式中　C——电极负荷系数，要求小于0.05，若达到0.06~0.07，则电极事故率可能达3%，但可通过增厚电极壳厚度来补偿；

　　　K——考虑到电极表面效应和邻近效应的交流附损系数，小直径电极取 $K=1$，当 $d \geq 100$cm 时必须采用公式 $K = 0.737e^{0.00345d}$ 计算；

　　　I——电极电流，kA；

　　　d——电极直径的初选值，cm。

B 极心圆直径

极心圆直径决定电极之间距离的远近，这个数值影响到三相电极之间的熔化连通、功率分布及坩埚区的大小，以及影响到冶炼炉况的正常与否。由于冶炼品种不同，其炉料熔化、还原的难易程度各不相同，还有一些元素易挥发，热量不易过度集中，这就要分别对待。极心圆直径还与矿热炉的熔池区大小有关。电极的反应区是沿着电极周围呈半球状分布的，其反应区直径大小是由炉子功率、电极直径、炉料性质决定的。一般认为，合理的熔池区是由三个电极反应区交会于炉心形成的，这时电极反应区的直径等于极心圆的直径，熔池区外圆直径近似为极心圆直径的 2 倍。文献表明，大多数矿热炉极心圆的直径一般都是炉膛直径的 0.4～0.5 倍，在这范围之间的三个电极反应区交会点基本位于炉心，熔炼效果较为理想。

电极中心距可按以下公式初选：

（1）按 I 值初选：

$$L_{jx} = b_1 I^{1/2}$$

（2）按 P_{ex} 值初选：

$$L_{jx} = b_2 P_{ex}^{1/3}$$

（3）按 d 值初选：

$$L_{jx} = 2.06d$$

式中　L_{jx}——电极中心距，cm；

　　b_1，b_2——常数，随产品而异，可参考表 8-3；

　　　I——电极电流，kA；

　　P_{ex}——全炉三相电极有效功率，kW；

　　　d——电极直径，cm。

此外，还要考虑矿热炉附属设备条件和机械装料的方便，选定 L_{jx} 值。

由几何关系得出矿热炉极心圆直径为：

$$d_{xy} = 1.155 L_{jx}$$

式中　L_{jx}——电极中心距，cm；

　　d_{xy}——极心圆直径，cm。

C　炉膛尺寸

炉膛尺寸取决于冶炼的品种、变压器功率、操作要求以及矿热炉机械化程度。要确定炉膛尺寸，必须了解炉子内部的工作情况。炉子内部主要由死料区、熔池区、反应区、烧结区、预热区等区域组成，由于电流主要要在三相电极所形成的区域内流过，反应区主要集中在极心圆内。根据斯特隆斯基的理论，当反应区底圆直径等于极心圆直径时，才能使整个料区（其中包括三个电极的中间部分）都成为反应活性区，实际参与熔炼的原料都集中在极心圆区内，而极心圆外部靠近炉壁部分则是死料区。炉膛内径取决于所能熔化原料区域的宽度，既要使反应区不因散热过快而缩小，又要避免高温对炉衬侵蚀过快而使炉衬寿命缩短，需要一定的死料区，以保护炉衬和增加炉子的热稳定性，保持一定的蓄热量，使得炉子在停炉或负荷波动时温度波动不大，减少炉衬散热损失，使炉子高温区与炉壳之间有一定的炉料保温作用，使温度呈梯度减小，在多渣挂渣法冶炼时还要留有一定的挂渣层厚度。选择炉膛直径时，要保证电流经过电极—炉料—炉壁时所受的电阻大于经过电极—炉料—电极或炉底时所受的电阻。炉膛直径过大有以下坏处：矿热炉表面积大，热损失大；还原剂损失多，死料层厚，电耗高，生产不顺利；出铁口温度低，出炉困难。

威斯特里公式是先初选极心到炉膛壁的距离（简称心边距），然后按照几何关系确定炉膛直径。炉膛和电极间距小，则炉膛壁寿命短，电极—炉料—炉壁回路电流增加，反应区靠近炉壁，热损失增加，炉况恶化，炉壁蚀损严重。电极与炉衬间隙不能减小到小于电极直径的80%。

（1）电极中心至炉墙的距离即电极心边距可按以下公式初选：

1）按 I 值初选：

$$L_{xb} = c_1 I^{1/2}$$

2）按 P_{ex} 值初选：

$$L_{xb} = c_2 P_{ex}^{1/3}$$

3）按 d 值初选：

$$L_{xb} = c_3 d$$

式中　　L_{xb}——电极心边距，cm；

c_1，c_2，c_3——常数，随产品而异，可参考表 8-3。

电极心边距的大小，对矿热炉寿命影响很大，初选后按下式校核：

$$L_{xb} \geqslant \frac{P_{jd}}{P_{jx}}$$

式中　　P_{jd}——每根电极的最大负荷功率，MW；

P_{jx}——心边距单位长度极限功率，MW/m。

而：

$$P_{jx} = 4.11 C_{Si}^{0.1007}$$

式中　　C_{Si}——产品中硅的含量，%。

（2）由几何关系可知炉膛直径为：

$$d_t = d_{xy} + 2L_{xb}$$

式中　　d_t——炉膛直径，cm；

d_{xy}——极心圆直径，cm；

L_{xb}——电极心边距，cm。

在选择炉膛深度时，要保证电极端部与炉底之间有一定距离，炉内料层或渣层有一定厚度。合适的炉膛深度能减少元素的挥发损失，充分利用炉气的热能使上层炉料得到良好的预热。炉膛过浅，则料层或渣层薄，炉口温度高，炉气热量不能充分利用，热损失大，情况严重时会出现露弧操作，使热损失和元素挥发损失增多，难以维持正常操作。炉膛深度一般与炉料的操作电阻、炉渣的电阻率、电极工作端长度、反应区大小等因素有关。炉膛深度与炉膛直径尺寸的选择除了要保持一定的容积外，应使炉衬的散热面积尽可能减小，以降低热量的损失。由于操作电阻、反应区大小等因素难以确定，故炉膛深度大多数都是选择炉衬表面积尽可能小的数值。

（3）炉膛深度可按照以下公式初选：

1）按每极有效相电压 U_x 初选：

$$H = d_1 U_x = d_1 IR$$

2）按 P_{ex} 值初选：

$$H = d_2 P_{ex}^{1/3}$$

3）按 d 值初选：

$$H = d_3 d$$

式中　　H——炉膛深度，cm；

　　　　U_x——每极有效相电压，V；

d_1，d_2，d_3——常数，随产品而异，可参考表 8-3。

如果采取留锍操作工艺，则留锍层厚度为：

$$H_锍 \geq \frac{\Delta t}{Q} \lambda$$

式中　$H_锍$——锍层厚度，m；

　　　Δt——锍层温度降，℃；

　　　Q——炉底实际可能的热流密度，kcal/(m²·h)；

　　　λ——合金的热导率，kcal/(m·h·℃)。

D　功率密度

虽然包括某些非电弧的熔炼炉，通常将整个炉膛空间称为熔池。但在矿热炉中，熔池则仅指熔渣和金属液积存的炉膛部分，或是电极周围炉料不断下降的工作区（坩埚），或是电弧高温所能作用到的区域，是外界电能转化为热能、使还原反应能够正向进行或锍体与渣顺利分离的主要工作区域，因此，矿热炉内的功率分布是否合理，是矿热炉能否运行在最佳状态的关键。

前已述及，电极反应区直径 d_{jf} 值是根据长期操作矿热炉的经验确定的，该直径最佳值应等于圆形熔池的电极极心圆直径。

（1）电极反应区的体积功率密度。

在炉底没有上涨的熔池里，每相电极反应区的体积为：

$$V_{jf} = \frac{\pi}{4} d_{jf}^2 (h_0 + h_e) - \frac{\pi}{4} d^2 h_e$$

式中　d_{jf}——电极反应区（坩埚）直径，$d_{jf} = d_{xy}$，m；

d_{xy}——极心圆直径，m；

h_0——电极末端至熔池的距离，对于无渣熔池是指电极与炭质炉底之间的距离，对于非导电耐火炉底的熔池则是指电极至出铁口水平面上金属之间的距离，一般为 $0.67d$，m；

h_e——电极在炉料中的有效插入深度（不包括炉料锥体部分和料壳），m；

d——电极直径，m；

V_{jf}——电极反应区（坩埚）体积，m^3。

电极反应区的体积功率密度：

$$P_{jvm} = \frac{P_{ex}}{mV_{jf}}$$

式中 P_{ex}——矿热炉有效功率，kW；

m——电极数目；

P_{jvm}——电极反应区的体积功率密度，kW/m^3。

（2）矿热炉反应区的面积功率密度（即极心圆面积功率密度）。

矿热炉反应区面积为：

$$F_{lf} = \frac{\pi}{4}d_{xy}^2$$

式中 d_{xy}——极心圆直径，m；

F_{lf}——矿热炉反应区面积，m^2。

矿热炉反应区的面积功率密度：

$$P_{lfm} = \frac{P_{ex}}{F_{lf}}$$

式中 P_{ex}——矿热炉有效功率，kW；

P_{lfm}——矿热炉反应区面积功率密度，kW/m^2。

（3）炉膛面积功率密度。

矿热炉炉膛面积为：

$$F_t = \frac{\pi}{4}d_t^2$$

式中 d_t——炉膛直径，m；

F_t——矿热炉炉膛面积，m^2。

矿热炉炉膛面积功率密度：

$$P_{tfm} = \frac{P_{ex}}{F_t}$$

式中 P_{ex}——矿热炉有效功率，kW；

F_t——矿热炉炉膛面积，m^2；

P_{tfm}——矿热炉炉膛面积功率密度，kW/m^2。

（4）炉膛体积功率密度。

矿热炉炉膛体积为：

$$V_t = \frac{\pi}{4} d_t^2 H$$

式中　d_t——炉膛直径，m；

　　　H——熔池有效高度，m；

　　　V_t——炉膛体积，m^3。

矿热炉炉膛体积功率密度：

$$P_{tvm} = \frac{P_{ex}}{V_t}$$

式中　P_{ex}——矿热炉有效功率，kW；

　　　V_t——炉膛体积，m^3；

　　　P_{tvm}——炉膛体积功率密度，kW/m^3。

功率密度参考值见表 8-4。

表 8-4 部分产品冶炼时的功率密度参考值

冶炼品种 （炉容 kV·A）	电炉反应区 面积功率密度 /kW·m^{-2}	电极反应区体积 功率密度 /kW·m^{-3}	炉膛面积 功率密度 /kW·m^{-2}	炉膛体积 功率密度 /kW·m^{-3}
硅铁 75 （7500~16500）	2200~3200	300~630	300~500	150~230
硅铁 90 （6300~20000）		330~480	310~500	150~220
结晶硅 （5400~12500）		420~860	310~500	150~260
硅钙合金 （9000~11500）		260~560	410~560	280
硅铬合金 （7000~12500）		290~460	300~430	140~220
碳素锰铁 （5000~10500）		240~360	210~420	95~200
硅锰合金 （12500~16500）	2100~2600	310~550	340~500	130~180
碳素铬铁 （3600~7000）	2000~2550	310~410	270~350	130~160
生铁 （9600~30000）	约 2000	300~400	200~280	60~80
电石 （9000~52700）	2200~3300	350~700	400~600	150~230
钛渣 （6300~33000）	2000~3000	350~550	250~380	60~80
镍铁 （9000~30000）			250~300	

冶炼品种 （炉容 kV·A）	电炉反应区 面积功率密度 /kW·m⁻²	电极反应区体积 功率密度 /kW·m⁻³	炉膛面积 功率密度 /kW·m⁻²	炉膛体积 功率密度 /kW·m⁻³
铜镍冰铜		550~600		
刚 玉		760~1000		

表 8-5 为不同容量圆形矿热炉冶炼不同产品时的主要参数。

表 8-5 不同品种和不同容量炉子参数

生产 品种	矿热炉 形式	变压器 容量 /kV·A	矿热炉 功率 /kV·A	常用 电压 /V	电极 直径 /mm	极心圆 直径 /mm	炉膛 直径 /mm	炉膛 深度 /mm	炉壳 直径 /mm	炉壳 高度 /mm
Cr4~5	密闭固定	12500	8100	140	880	2200	5300	2200	6800	3950
Mn3~5	密闭固定	12500	10060	134	1100	3000	9100	2800	8700	4800
MnSi	密闭固定	12500	10430	141	1070	2900	7000	2700	8600	4700
硅铁75	低罩旋转	12500	10810	148	1030	2500	5800	2200	7400	4200
SiCr	低罩旋转	12500	11000	151.5	1000	2500	5800	2200	7400	4200
Cr4~5	密闭固定	12500	11120	158.5	1000	2500	5900	2400	7500	4400
Mn3~5	密闭旋转	20000	15120	169	1350	3900	9100	3650	11300	5650
MnSi	密闭旋转	20000	15780	172	1300	3800	8700	3500	10900	5500
硅铁75	低罩旋转	20000	16620	175	1200	2900	6800	2550	9000	4550
SiCr	低罩旋转	20000	17060	178	1150	2800	6500	2350	8700	4350
Cr4~5	密闭旋转	20000	17340	187	1150	2900	6800	2700	9000	4750
Mn3~5	密闭旋转	25000	17800	184	1450	4200	9700	3900	11900	5900
MnSi	密闭旋转	25000	18800	187	1400	4100	9400	3800	11600	5800
硅铁75	低罩旋转	25000	20000	190	1270	3100	9200	2600	9400	4600
SiCr	低罩旋转	25000	20550	195	1220	3000	6900	2550	9100	4550
Mn3~5	密闭旋转	33000	21880	208	1600	4600	10700	4500	12900	6500
MnSi	密闭旋转	33000	23100	211	1550	4500	10400	4350	12600	6350
硅铁75	低罩旋转	33000	24420	216	1400	3400	7900	2950	10100	4950
SiCr	低罩旋转	33000	25410	221	1350	3300	7700	2850	9900	4850
Mn3~5	密闭旋转	45000	27500	232	1750	5000	11700	4900	13900	7000

生产品种	矿热炉形式	变压器容量/kV·A	矿热炉功率/kV·A	常用电压/V	电极直径/mm	极心圆直径/mm	炉膛直径/mm	炉膛深度/mm	炉壳直径/mm	炉壳高度/mm
MnSi	密闭旋转	45000	29960	238	1700	4900	11400	4800	13600	6900
硅铁75	低罩旋转	45000	32000	240	1550	3800	8000	3250	11000	5350
SiCr	低罩旋转	45000	33300	245	1600	3700	8500	3200	10700	5350
Mn3~5	密闭旋转	60000	31260	260	1980	5500	12900	5300	15000	7500
硅铁75	低罩旋转	60000	38200	280	1700	4200	9650	3550	11950	5750
SiCr	低罩旋转	60000	40500	285	1650	4100	9350	3500	11650	5900
硅铁75	低罩旋转	75000	43800	310	1806	4400	10200	3800	12600	6100
SiCr	低罩旋转	75000	46880	315	1750	4300	9900	3700	12300	6000

8.9.2 矩形矿热炉参数计算

8.9.2.1 变压器功率的确定

变压器容量的确定与圆形矿热炉基本相同，按日处理量计算炉用变压器的额定功率：

$$S = \frac{AW}{24K_1K_2\cos\varphi}$$

式中　S——变压器的额定功率，kV·A；

　　　A——日处理炉料量，t/d；

　　　K_1——功率利用系数，是炉子带电时间内实际耗电量和理论上可能耗电量的比例，它随炉子调节系统和熔炼制度而异，连续熔炼时，$K_1 = 0.9 \sim 1.0$，间断操作时，$K_1 = 0.8 \sim 0.9$；

　　　K_2——工时利用系数，连续作业时一般为 $0.92 \sim 0.95$，也可按下式计算：

$$K_2 = \frac{昼夜实际作业时数}{24}$$

　$\cos\varphi$——矿热炉功率因数，一般为 $0.9 \sim 0.98$。当电极直线排列时较高，电极三角形布置时较低，炉子工作电压较高时 $\cos\varphi$ 亦较高；

　　　W——每吨炉料的电能单耗，kW·h/t，由熔炼过程热平衡确定或按同类物料的经验数据选取。

某些物料的电能消耗等简况见表 8－6。

表 8-6 某些物料熔炼过程的电能单耗等简况

物料种类	入炉状况	物料单位电耗/kW·h·t⁻¹
铜硫化物精矿	制粒、干燥	400~450
	焙砂	370~400
	热焙砂	320~340
	湿精矿（含水7%）	460
铜氧化物精矿	焙砂	580
铜镍硫化物精矿	焙砂	620~650
	矿石	750~800
	烧结块	525~625
	热焙砂（650~670℃）	400~430
铅氧化矿	块矿	600
铅硫化矿精矿	烧结块	460~520
锡氧化物精矿	精矿	900~1100（不包括还原剂）
铅鼓风炉渣	熔体（在前床中过热及保温）	36~60
铜闪速炉渣	熔体贫化处理	60~80
镍闪速炉渣	熔体贫化处理	150~170

类别		主要原料	产品	反应温度/℃	电耗/kW·h·t⁻¹
铁合金炉	硅铁75炉	硅石、废铁、焦炭	硅铁	>1750	约8300
	锰铁炉	锰矿石、废铁、焦炭、石灰	锰铁	1400~1500	2600~3000
	铬铁炉	铬矿石、硅石、焦炭	铬铁	>1750	约3000
	钨铁炉	钨精矿石、焦炭	钨铁	>1850	约2800
	硅铬炉	铬铁、硅石、焦炭	硅铬合金	1600~1750	约5000
	硅锰炉	锰矿石、硅石、废铁、焦炭	硅锰合金	>1500	3800~4500
	硅钙炉	硅石、石灰、焦炭	硅钙合金	>1900	11000~13000
炼铁电炉		铁矿石、焦炭	生铁	1200~1500	冷装：约2200 热装：约900
金属硅炉		硅石、石油、焦炭	金属硅	>2000	约13000
冰铜炉		铜矿石、焦炭	冰铜	1500~1550	700~800
电石炉		生石灰、焦炭	电石	2000~2300	2900~3400
碳化硼炉		氧化硼、焦炭	碳化硼	1800~2500	约20000
电熔刚玉炉		铝土矿石、焦炭	电熔刚玉	>1800	1400~3000
黄磷炉		磷钙石或磷灰石、硅石、焦炭	磷	1450~1500	10000~17000
磷肥炉		磷矿石、铁合金渣、蛇纹石	磷肥	1400~1450	—

类　别	主 要 原 料	产　品	反应温度/℃	电耗/kW·h·t⁻¹
氰盐炉	氰氨化钙、氯化钠	氰盐混料	1400 ~ 1500	约 900
钛渣炉	钒钛磁铁矿、煤或焦炭	钛渣、含钒铁水	>1650	冷装：约 2300 热装：约 850
镍铁炉	红土镍矿、焦炭	镍铁	>1600	冷装：约 2100 热装：约 800

8.9.2.2　二次侧电压

用于有色冶炼的矿热炉，二次电压目前尚无精确的理论计算，一般根据工厂实践资料选取。选取的二次电压须与冶炼的渣型相适应。高电压操作电能损失较小，能充分发挥矿热炉的生产能力，达到强化熔炼的目的，但过高则会导致明弧，产生局部过热，致使热量及金属的损失增大，设备操作也不安全。低电压操作对炉料适应性较强，炉墙寿命较长，与高电压操作相比，由于二次电流大，所以导电元件和炉体结构也要大些。

二次电压可按下述公式进行估算：

（1）经验公式。炉用变压器二次侧额定线电压：

$$U_{2\text{线}} = KP_{\text{ej}}^n$$

式中　P_{ej}——每根电极有效功率，kW，对于三电极矿热炉为额定功率的 $\frac{1}{3}$，对

　　　　六电极矿热炉为额定功率的 $\frac{1}{6}$；

　　K，n——系数，见表 8 - 7；

　　$U_{2\text{线}}$——炉用变压器二次侧额定线电压，V。

表 8 - 7　K、n 数值

熔 炼 性 质	K 三极	K 六极	n
熔炼成镍冰铜锍	35	40	0.272
熔炼成铜锍	14	19	0.35
由氧化镍矿石炼镍铁合金	13.5	15.5	0.33
锡精矿熔炼	21	—	0.325
氧化亚镍熔炼	30	—	0.216
钛渣熔炼	17	19	0.256
渣用电热前床	7.5	8.4	0.41

注：近年来有些国家和工厂趋向采用高电压操作，获得了较好的技术经济指标，即此表中经验数据亦应相应提高。如对铜镍精矿或矿石熔炼，n 值可达 0.29 ~ 0.32；对铜精矿熔炼，n 值可达 0.392。

（2）按圆周电阻系数计算。

当渣型和温度一定时：

$$\pi dR = \rho = 常数$$

式中　d——电极直径，cm；

　　　R——每根电极端部对炉底的电阻，Ω。

即：

$$R = \frac{\rho}{\pi d}$$

式中　ρ——圆周电阻系数，$\Omega \cdot cm$，由实验确定。

部分产品熔炼时的 ρ 值见表 8-8。

表 8-8　部分产品熔炼时的 ρ 值

熔 体 性 质	$\rho/\Omega \cdot cm$
铜锍熔炼	2.06
镍锍熔炼	2.0
锡还原熔炼	1.25
铅还原熔炼	1.6
高钛渣熔炼	1.55

电极对炉底的电压（相电压）按下式确定：

$$U_{极相} = \sqrt{RP_{ej} \times 1000}$$

变压器二次侧额定电压（线电压）为：

单相六电极矿热炉

$$U_{2线} = 2 \sqrt{\left(\frac{U_{极相}}{\eta}\right)^2 + \left(\frac{U_{极相}}{R}X\right)^2}$$

三相三电极或六电极矿热炉

$$U_{2线} = 1.73 \sqrt{\left(\frac{U_{极相}}{\eta}\right)^2 + \left(\frac{U_{极相}}{R}X\right)^2}$$

式中　η——矿热炉电效率，一般为 0.95~0.96；

　　　X——短网感抗，Ω；

　　$U_{2线}$——变压器二次侧额定电压（线电压），V。

因为一般矿热炉的抗值很小，故上两式可以简化为：

单相六电极矿热炉

$$U_{2线} = 2 \frac{U_{相}}{\eta}$$

三相三电极或六电极矿热炉

$$U_{2线} = 1.73 \frac{U_{相}}{\eta}$$

（3）按每根电极的熔池电阻计算：

$$R_{极} = \left(0.13 - 0.015 \frac{h_{渣}}{h_{极}}\right) \frac{h_{渣}}{h_{极}} \frac{k_{渣}}{\gamma d k_{极}}$$

式中　$h_{渣}$——渣层厚度，cm；

　　　$h_{极}$——电极插入渣层深度，cm；

　　　γ——炉渣在熔池平均温度下的电导率，S/cm，在条件许可时应对工艺选择的某种渣型的电导率进行测定，或按表 8-9~表 8-11 选取其近似值；

　　　$k_{渣}$——考虑在熔池内固体物料分布情况及电极插入深度的系数，见表 8-12；

　　　$k_{极}$——考虑电极工作端形状的系数，见表 8-13；

　　　d——电极直径，cm；

　　　$R_{极}$——每根电极的熔池电阻，Ω。

求出 $R_{极}$ 后，再根据上面电压计算公式计算变压器的二次电压。

表 8-9　国外某厂熔炼硫化镍矿石的电导率

温度/℃	1000	1100	1200	1225①	1300	1400
电导率/S·cm⁻¹	0.045	0.048	0.078	0.112	0.25	0.41

①渣的熔点。

表 8-10　国外某厂炼硫铅炉渣的电导率

温度/℃	992	1035	1248①	1102	1157	1262	1390
电导率/S·cm⁻¹	0.012	0.029	0.130	0.310	0.460	0.756	1.232

①渣的熔点。

表 8-11　若干渣型在不同温度下的电导率

渣成分/%						不同温度下的电导率/S·cm⁻¹								
FeO	SiO₂	CaO	MgO	Al₂O₃	ZnO	1400	1340	1320	1300	1280	1260	1250	1200	1160
11.51	40.22	17.38	11.55	10.46			0.078	0.068	0.058	0.050	0.044			
15.37	41.75	17.09	11.39	9.73										
17.84	43.25	15.81	9.74	9.16			0.146	0.138	0.123	0.102	0.76			
19.62	41.49	15.77	9.56	9.15			0.17	0.128	0.1	0.083	0.076			
21.86	39.28	15.69	9.04	9.06			0.193	0.139	0.088	0.071	0.065			
11.43	36.76	20.88	13.17	11.3			0.056	0.055	0.054	0.052	0.048			
18.09	34.48	17.52	11.17	10.35			0.165	0.12	0.098	0.079				

续表 8-11

渣成分/%						不同温度下的电导率/S·cm⁻¹								
FeO	SiO$_2$	CaO	MgO	Al$_2$O$_3$	ZnO	1400	1340	1320	1300	1280	1260	1250	1200	1160
20	34.67	17.29	11.46	10.21			0.165	0.143	0.112	0.094	0.084			
22.51	33.75	16.47	10.41	10.93			0.165	0.146	0.123	0.098	0.082			
38	22	4	4	3	26	3.77			2.615					2.195
26	27	27	5	5	5	0.697			0.437					0.132
28	31	27	3	4	4	0.576			0.35					0.188
52.57	34.09	3.16	1.07	4.64								0.3	0.28	0.21
38	35	3	10	5								0.5		
25	36	8	15	10					0.4					
48.15	36.34	2.38	1.23	6.84								0.19	0.11	0.09
50.12	37.36	1.46	1.35	4.39								0.27	0.22	0.18
18	40	21		6	12	0.488			0.279					0.147
41.41	40.08	2.09	1.1	2.96								0.17	0.14	0.12
20	41	22	2	8	4	0.321			0.178					0.088
39.41	42.11	1.79	1.25	4.18								0.06	0.061	0.052
12	44	30	1	8	3	0.163			0.082					0.034
15	44	2.7	1	8	4	0.215			0.117					0.051
19.42	42.96	8.46	18.72	1.58		0.31	0.26		0.23			0.187	0.116	0.02
17.21	43.96	7.62	19.68	1.66		0.292	0.266		0.245			0.202	0.149	0.08

表 8-12 $k_{渣}$ 值

物料分布特点		$\dfrac{h_{极}}{d_{极}}$	系数 $k_{渣}$
炉料至电极表面距离	料堆沉入渣层深度	0.25	0.5
接近电极直径	0	1	1
大于电极直径	$<\dfrac{1}{2}h_{极}$	1	1
炉料完全覆盖熔池表面	$h_{极}$	—	1.2
炉料完全覆盖熔池表面	$\geqslant 2h_{极}$	1.3	—

表 8-13 $k_{极}$ 值

$\dfrac{h_{极}}{d_{极}}$	0.25	1.0	1.5
平端头圆柱形电极	1.5	1.75	2.0
具有锥体高度 $h_{极}$ 的锥体形电极	1.0	1.0	1.0

（4）二次侧电压级的确定。计算确定的额定电压只能反映某一特定条件的合理电压值。实际上物料条件及操作条件常有波动和变化，为此，在选择变压器二次侧电压时，应有一定的可调节范围。另外，为适应开炉期低负荷运行的需要，还可以在低功率范围内按恒电流条件设计，即变压器具有恒功率和恒电流两个工作范围，如图 8 - 5 所示。图中 $U_额$ 为额定工

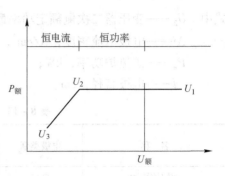

图 8 - 5　炉用变压器特性

作电压（或计算电压），U_1 与 U_2 分别为变压器额定功率时的调压范围，U_3 为功率下降后（恒电流工作段）的最低电压。一般可考虑如下调压范围：

$$U_1 = (1.1 \sim 1.25)U_额$$
$$U_2 = (0.7 \sim 0.8)U_额$$
$$U_3 = 0.5U_额$$

如果原料来源较复杂，或原料成分有较大波动时，调压范围还可以根据实际情况适当扩大。

二次侧电压级数根据熔炼性质、功率大小及变压器制作条件等因素确定。调压范围越大及级数越多，变压器造价越高。一般情况下可参考表 8 - 14 确定级差伏数。

变压器调压方式分无载调压和有载调压两种。新设计的大型矿热炉炉用变压器多采用有载调压。

表 8 - 14　功率与级差伏数值

功率/kV·A	恒电流段/V	恒功率段/V
1000 以内	5 ~ 10	8 ~ 12
1000 ~ 6000	10 ~ 15	15 ~ 25
6000 以上	15 ~ 20	18 ~ 35

8.9.2.3　电极直径

电极直径按下式计算：

三相系统

$$d = \sqrt{\frac{735P_e}{U_2 \Delta i}}$$

六极单相系统

$$d = \sqrt{\frac{1000P_e}{2.36U_2 \Delta i}}$$

式中 U_2——变压器二次侧额定功率最低电压，V；

Δi——电极电流密度，A/cm²，见表 8 – 15；

P_e——矿热炉功率，kW；

d——电极直径，cm。

表 8 – 15　电极电流密度

名　称	电极类别	面积电流/A·cm⁻²		
		< φ600	φ600 ~ 900	φ900 ~ 1200
铜镍熔炼炉	自焙	4 ~ 5	3 ~ 4	2 ~ 3.5
电热前床	石墨	5 ~ 8	—	—
渣贫化炉	自焙	—	4 ~ 5	3.5 ~ 4
锡熔炼炉	石墨	4 ~ 5	—	—

上面两公式未考虑电极在工作中的消耗速度。特别是对于自焙电极来说，电极消耗速度不应超过电极糊的烧结速度，否则将产生软断的严重事故，使矿热炉无法正常工作。因此，按上式计算出电极直径后，还必须验算每日电极下放长度（$L_{耗}$），若 $L_{耗}$ 大于电极烧结速度 $L_{烧结}$（m/d），则直径不符合要求，此时必须增大电极直径使 $L_{耗}$ 下降，直至 $L_{耗} < L_{烧结}$ 为止。

$L_{烧结}$ 与电极糊种类、质量、炉顶温度等因素有关，对熔炼铜镍或铜锍的炉子，$L_{烧结}$ 一般为 0.35 ~ 0.45m/d。

$L_{耗}$ 按下述公式计算：

$$L_{耗} = \frac{24P_e \cos\varphi K_2 q}{0.785 d^2 m \rho_{糊}}$$

式中 $L_{耗}$——电极糊消耗量，m/d；

P_e——矿热炉功率，kW；

K_2——工时利用系数；

q——每1kW·h 电能消耗所需耗用电极糊质量，kg/(kW·h)；

d——电极直径，cm；

m——电极根数；

$\rho_{糊}$——烧结后电极糊的假密度，kg/m³。

自焙电极的电极糊单耗（q）经验数据见表 8 – 16。

表 8 – 16　自焙电极的电极糊单耗经验数据

熔炼过程特点	$q/kg·(kW·h)^{-1}$
铜镍硫化物焙砂或精矿熔炼	6 ~ 8
铅精矿还原熔炼	15 ~ 17

续表 8 – 16

熔炼过程特点	$q/\mathrm{kg} \cdot (\mathrm{kW} \cdot \mathrm{h})^{-1}$
氧化镍矿石熔炼	9 ~ 11
每吨转炉渣贫化	5 ~ 8
铜硫化物精矿熔炼	4 ~ 4.6

8.9.2.4 电极中心距

电极直线排列时的电极中心距按下式计算:

$$L_{极} = Kd$$

式中　K——系数,见表 8 – 17;

　　　d——电极直径,cm;

　　　$L_{极}$——电极中心距,cm。

表 8 – 17　系数 K 值

名　　称	K
长方形冰铜炉	2.6 ~ 3
长方形电热前床	3 ~ 4
长方形贫化炉	2.5 ~ 3
圆形锡精矿炉	3 ~ 3.1
圆形氧化亚镍熔炼炉	2.8 ~ 3.5
圆形电热前床	3 ~ 3.5

8.9.2.5 炉膛宽度

炉膛宽度按下式计算:

$$B = K_{宽} d$$

式中　$K_{宽}$——系数,见表 8 – 18;

　　　d——电极直径,cm;

　　　B——炉膛宽度,cm。

表 8 – 18　系数 $K_{宽}$ 值

名　　称		$K_{宽}$
长方形熔炼炉		5 ~ 6
长方形贫化炉 或电热前床	没有水冷炉壁时	6 ~ 7
	有水冷炉壁时	4.8 ~ 5.5

8.9.2.6 炉膛全高

$$H = h_{金} + h_{渣} + h_{料} + h_{气}$$

式中 $h_{金}$，$h_{渣}$，$h_{料}$，$h_{气}$——分别为金属或锍层、渣层、料坡高度及气体空间高度（料坡顶至拱顶中心），mm，部分厂家炉膛部分高度及有关参数见表 8 – 19。

表 8 – 19 部分厂家炉膛各部分高度及有关参数

厂名	锍层厚度 /mm	渣层厚度 /mm	料坡高度 /mm	炉膛全高 /mm	渣温/℃	锍温度 /℃	炉膛温度 /℃	作业性质
云南冶炼厂	600 ~ 850	1400 ~ 1800	400 ~ 600	5000	1200 ~ 1250	1050 ~ 1100	500 ~ 600	铜精矿熔炼
金川有色公司	500 ~ 700	1400 ~ 1800	300 ~ 500	4200	1300 ~ 1350	1100 ~ 1200	500 ~ 600	铜镍精矿熔炼
金川有色公司	600	800 ~ 1100	—	3200	1300 ~ 1350	1200 ~ 1250	—	转炉渣贫化
株洲冶炼厂	450 ~ 600①	600 ~ 700		1960	1200			铅鼓风炉前床
诺林公司	900	1600 ~ 1800		5100	1300 ~ 1350	—	—	铜镍精矿熔炼
瓦特范尔	590 ~ 760	1510 ~ 1540		4900	1300 ~ 1380	1180		镍精矿熔炼

①包括铅层厚度 250 ~ 350mm。

一般熔炼矿热炉：

锍或金属层 $h_{金}$ = 550 ~ 900mm；

渣层 $h_{渣}$ = 1200 ~ 1800mm，炉底单位面积功率大时可取较大深度；

料坡高度视物料重度与粒度条件而定，一般 $h_{料}$ = 300 ~ 600mm；

气体空间高度宜保证炉膛内气体流速 2 ~ 4m/s 为宜，$h_{气}$ 太大影响电极的烧结速度。

熔池总深度 H = 1.7 ~ 2.6m。

渣层为矿热炉发热及熔炼物料的工作层，要求具有足够的深度，以保证电气制度及炉温稳定，提高化料效率，避免锍过热，加强渣与金属的分离；但渣层过深则降低锍或金属的温度，且熔池静压太大，操作不太安全。

8.9.2.7 炉膛长度

（1）熔炼矿热炉炉膛长度可按下列经验公式确定：

$$L = (m-1)L_{极} + (2.5 \sim 3)d + (3.2 \sim 3.6)d$$

式中　　　m——电极根数；

　　　　　$L_{极}$——电极中心距，cm；

　　　　　d——电极直径，cm；

　　　　　L——炉膛长度，cm；

　　$(2.5 \sim 3)d$——放锍端至电极中心距，当放锍端不布置加料管时，第二项可取
　　　　　　　　　较小的数值；

$(3.2 \sim 3.6)d$——放渣端距电极中心距。

（2）电热前床或渣贫化炉：

$$L = (m-1) + (3.5 \sim 3.8)d + (4 \sim 4.5)d$$

矩形矿热炉熔池结构如图 8-6 所示。

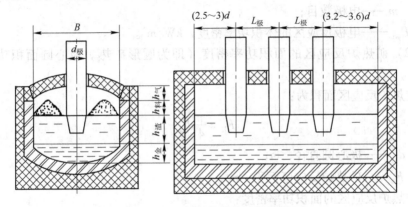

图 8-6　矩形矿热炉熔池结构图

8.9.2.8　功率密度

如前所述，电极反应区直径 d_{jf} 值是根据长期操作矿热炉的经验确定的，该直径最佳值应等于圆形熔池的电极极心圆直径，即：

$$d_{jf} = 1.155 L_{jx} = d_{xy}$$

式中　L_{jx}——电极中心距，m；

　　　d_{xy}——极心圆直径，m；

　　　d_{jf}——反应区直径，m。

（1）电极反应区体积功率密度。

在炉底没有上涨的熔池里，每相电极反应区的体积为：

$$V_{jf} = \frac{\pi}{4}d_{jf}^2(h_0 + h_e) - \frac{\pi}{4}d^2 h_e$$

式中　d_{jf}——电极反应区（坩埚）直径，$d_{jf} = d_{xy}$，m；

d_{xy}——极心圆直径，m；

h_0——电极末端至熔池的距离，对于无渣熔池是指电极与炭质炉底之间的距离，对于非导电耐火炉底的熔池则是指电极至出铁口水平面上金属之间的距离，一般为 $0.67d$，m；

h_e——电极在炉料中的有效插入深度（不包括炉料锥体部分和料壳），m；

d——电极直径，m；

V_{jf}——电极反应区（坩埚）体积，m^3。

电极反应区的体积功率密度：

$$P_{jvm} = \frac{P_{ex}}{mV_{jf}}$$

式中　P_{ex}——矿热炉有效功率，kW；

m——电极数目；

P_{jvm}——电极反应区的体积功率密度，kW/m^3。

（2）矿热炉反应区的面积功率密度（即为圆形矿热炉极心圆面积功率密度）。

矿热炉反应区面积为：

$$F_{lf} = \frac{\pi}{4} d_{xy}^2$$

式中　d_{xy}——极心圆直径，m；

F_{lf}——矿热炉反应区面积，m^2。

矿热炉反应区的面积功率密度：

$$P_{lfm} = \frac{P_{ex}}{F_{lf}}$$

式中　P_{ex}——矿热炉有效功率，kW；

P_{lfm}——矿热炉反应区面积功率密度，kW/m^2。

（3）炉膛面积功率密度。

矿热炉炉膛面积为：

$$F_t = BL$$

式中　B——炉膛宽度，m；

L——炉膛长度，m。

矿热炉炉膛面积功率密度：

$$P_{tfm} = \frac{P_{ex}}{F_t}$$

式中　P_{ex}——矿热炉有效功率，kW；

F_t——矿热炉炉膛面积，m^2；

P_{tfm}——矿热炉炉膛面积功率密度，kW/m²。

（4）炉膛体积功率密度。

矿热炉炉膛体积为：

$$V_t = F_t H$$

式中　F_t——矿热炉炉膛面积，m²；

　　　H——炉膛反应区（熔池）的有效高度，m。

矿热炉炉膛体积功率密度：

$$P_{tvm} = \frac{P_{ex}}{V_t}$$

式中　P_{ex}——矿热炉有效功率，kW；

　　　V_t——炉膛体积，m³；

　　　P_{tvm}——矿热炉炉膛体积功率密度，kW/m³。

功率密度参考值见表8-4。

8.9.3　计算例解

已知某厂建设一座25.5MV·A矿热炉，由三台8.5MV·A单相变压器供电，变压器对称布置，采用常规工艺冶炼硅铁75，设年产量$Q = 20000$t/a。电网不限电，试计算这台矿热炉的参数。

（1）全炉三相电极有效功率：

$$P_{ex} = \frac{QW\eta}{8760a} = \frac{20000 \times 8300 \times 0.88}{8760 \times 0.88} = 18950 \text{kW}$$

（2）每相电极操作电阻：

$$R = K_{炉} P_e^{-1/3} = 34.3 \times 18950^{-1/3} = 1.287 \text{m}\Omega$$

（3）电极电流：

$$I = \left(\frac{P_{ex}}{3R}\right)^{1/2} = \left(\frac{18950}{3 \times 1.287}\right)^{1/2} = 70.1 \text{kA}$$

（4）电极直径。

1）按平均电流密度初选：

$$d = \left(\frac{4I}{\pi\Delta i}\right)^{1/2} = \left(\frac{4 \times 70100}{\pi \times 6.3}\right)^{1/2} = 119 \text{cm}$$

2）按P_{ex}值初选：

$$d = aP_{ex}^{1/3} = 4.46 \times 18950^{1/3} = 119 \text{cm}$$

3）核算电极负荷系数。初步选定$d = 120$cm。

计算电极的负荷系数：

$$K = 0.737 e^{0.00345d} = 1.12$$

$$C = \frac{K^{1/2}I}{d^{1.5}} = \frac{1.12^{1/2} \times 70.1}{120^{1.5}} = 0.057 > 0.05$$

决定选 $d = 125\text{cm}$，并增大电极壳厚度来补偿其附损系数的偏高。取电极壳厚为 2.5mm，核算电极壳断面的电流密度为：

$$\Delta i = 70100/(\pi \times 1250 \times 2.5) = 7.15\text{A/mm}^2$$

（5）电极中心距。

1）按 I 值初选：

$$L_{jx} = b_1 I^{1/2} = 30.0 \times 70.1^{1/2} = 251\text{cm}$$

2）按 P_{ex} 值初选：

$$L_{jx} = b_2 P_{ex}^{1/3} = 9.20 \times 18950^{1/3} = 245\text{cm}$$

3）按 d 值初选：

$$L_{jx} = 2.06d = 2.06 \times 125 = 257\text{cm}$$

考虑矿热炉附属设备条件，选定 $L_{jx} = 265\text{cm}$。

（6）极心圆直径：

$$d_{xy} = 1.155L_{jx} = 1.155 \times 265 = 306\text{cm}$$

选定 $d_{xy} = 310\text{cm}$。

（7）心边距。

1）按 I 值初选：

$$L_{xb} = c_1 I^{1/2} = 20.0 \times 70.1^{1/2} = 167.6\text{cm}$$

2）按 P_{ex} 值初选：

$$L_{xb} = c_2 P_{ex}^{1/3} = 6.50 \times 18950^{1/3} = 173.3\text{cm}$$

3）按 d 值初选：

$$L_{xb} = c_3 d = 1.43 \times 125 = 178\text{cm}$$

选定 $L_{xb} = 185\text{cm}$。

（8）炉膛直径：

$$d_t = d_{xy} + 2L_{xb} = 310 + 2 \times 185 = 680\text{cm}$$

选定 $d_t = 700\text{cm}$。

（9）炉膛深度。

1）按每极有效相电压 U 初选：

$$H = d_1 IR = 2.60 \times 70.1 \times 1.287 = 234\text{cm}$$

2）按 P_{ex} 值初选：

$$H = d_2 P_e^{1/3} = 8.50 \times 18950^{1/3} = 227\text{cm}$$

3）按 d 值初选：

$$H = d_3 d = 1.9 \times 125 = 238\text{cm}$$

选定炉膛（熔池）有效深度 $H = 240\text{cm}$，考虑炉底铁水层高度和料堆高度，确定炉膛高度为 280cm。

（10）矿热炉功率密度。

设电极端部至炉底距离为 $0.67d$，电极反应区体积为：

$$V_{jf} = \frac{\pi}{4}d_{jf}^2(h_0 + h_e) - \frac{\pi}{4}d^2 h_e$$

$$= \frac{\pi}{4} \times 3.1^2 \times 2.4 - \frac{\pi}{4} \times 1.25^2 \times (2.4 - 0.67 \times 1.25)$$

$$= 16.2\text{m}^3$$

电极反应区体积功率密度：

$$P_{jvm} = \frac{P_{ex}}{mV} = \frac{18950}{3 \times 16.2} = 390\text{kW/m}^3$$

矿热炉反应区面积功率密度：

$$P_{lfm} = \frac{P_{ex}}{F_{lf}} = \frac{18950}{\frac{\pi}{4} \times 3.1^2} = 2511\text{kW/m}^2$$

炉膛面积功率密度：

$$P_{tfm} = \frac{P_{ex}}{F_t} = \frac{18950}{\frac{\pi}{4} \times 7.0^2} = 492\text{kW/m}^2$$

炉膛体积功率密度：

$$P_{tvm} = \frac{P_{ex}}{V_t} = \frac{18950}{2.4 \times \frac{\pi}{4} \times 7.0^2} = 205\text{kW/m}^3$$

最后确定的矿热炉熔池结构及主要几何尺寸草图，如图 8 - 7 所示。

8.9.4 矿热炉全电路分析例解

8.9.4.1 简化电路

三台单相变压器的额定容量为 $3 \times 8500 = 25500\text{kV} \cdot \text{A}$，在满载下变压器的铜铁损耗共计 150kW，短路电压 $U_k = 8\%$。短网在电极上以闭合三角形接线，每相短网的每个极性的交流电阻平均值为 0.063mΩ，感抗为 0.878mΩ，电极有损工作段长度为 0.8m，矿热炉布置如图 8 - 8 所示。

（1）将变压器、短网的三角形电路等效变换为星形电路。将短网阻抗变换为星形回路的阻抗：

$$r_2 = (2 \times 0.063)/3 = 0.042\text{m}\Omega$$

$$X_2 = (2 \times 0.878)/3 = 0.585\text{m}\Omega$$

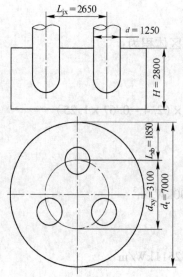

图 8-7 矿热炉尺寸草图

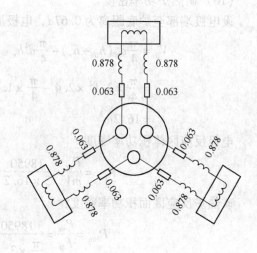

图 8-8 矿热炉布置示意图（单位：mΩ）

计算星形回路内电极的电阻，取自焙电极的电阻率 $\rho = 85 \times 10^{-3}$ mΩ·m，电极直径 $d = 125$ cm，故有：

$$r_{电极} = \frac{85 \times 10^{-3} \times 0.8}{\frac{\pi}{4} \times 1.25^2} = 0.055 \text{mΩ}$$

$$R_2 = r_2 + r_{电极} = 0.042 + 0.055 = 0.097 \text{mΩ}$$

（2）将变压器损耗及短路电压折算为二次侧的等效阻抗。根据 $P = I^2 R$ 的关系，现变压器损耗功率为 $P = 150$ kW，$I = 70.2$ kA，所以：

$$R_1 = \frac{150}{3 \times 70.2^2} = 0.01 \text{mΩ}$$

折算为二次侧的每相等效星形回路内的阻抗时，取二次线电压为 182.2V，则：

$$Z_1 = X_1 = \frac{0.08 \times 182.2}{\sqrt{3} \times 70.2} = 0.12 \text{mΩ}$$

（3）画出折算到二次侧的等效星形电路，如图 8-9 所示。

（4）对图 8-9 中的一相进行分析，进一步化简为如图 8-10 所示的电路。根据计算得到：

$$R_损 = R_1 + R_2 = 0.01 + 0.097 = 0.107 \text{mΩ}$$

$$X_损 = X_1 + X_2 = 0.12 + 0.585 = 0.705 \text{mΩ}$$

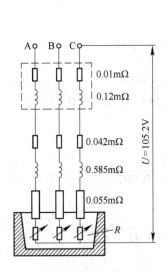

图 8-9 折算到二次侧的
等效星形电路图

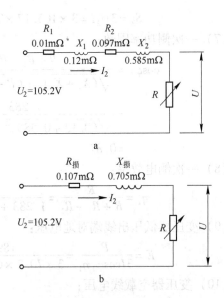

图 8-10 等效星形回路中一相的
简化电路图

8.9.4.2 电气参数计算

(1) 二次侧功率因数：

$$\cos\varphi_2 = \frac{R+R_2}{\sqrt{X_2^2+(R+R_2)^2}} = \frac{1.283+0.097}{\sqrt{0.585^2+(1.283+0.097)^2}} = 0.92$$

(2) 二次侧电效率：

$$\eta_2 = \frac{R}{R+R_2} = \frac{1.283}{1.283+0.097} = 0.93$$

(3) 负载相电压：

$$U_2 = \frac{P_E}{3I\cos\varphi_2\eta_2} = \frac{18950}{3\times70.2\times0.92\times0.93} = 105.17\text{V}$$

有效相电压：

$$U = IR = 70.2\times1.283 = 90.07\text{V}$$

(4) 相应负载下线电压：

$$V_2 = 1.732U_2 = 1.732\times105.17 = 182.2\text{V}$$

(5) 二次侧输入有功功率：

$$P_2 = 3I^2(R+R_2) = 3\times70.2^2\times(1.283+0.097) = 20402\text{kW}$$

(6) 二次侧输入额定功率：

$$S_2 = 3U_2I = 3 \times 105.17 \times 70.2 = 22149 \text{kV} \cdot \text{A}$$

（7）一次侧功率因数：

$$\cos\varphi_1 = \frac{R + R_1 + R_2}{\sqrt{(X_1 + X_2)^2 + (R + R_1 + R_2)^2}}$$

$$= \frac{1.283 + 0.01 + 0.097}{\sqrt{(0.12 + 0.585)^2 + (1.283 + 0.01 + 0.097)^2}}$$

$$= 0.89$$

（8）一次侧电效率：

$$\eta_1 = \frac{R}{R + R_1 + R_2} = \frac{1.283}{1.283 + 0.01 + 0.097} = 0.92$$

（9）变压器低压出线端对地电压：

$$E = \frac{P}{3I\cos\varphi_1\eta_1} = \frac{18950}{3 \times 70.2 \times 0.89 \times 0.92} = 109.9 \text{V}$$

（10）变压器空载线电压：

$$E_{空} = 1.732E = 1.732 \times 109.9 = 190.4 \text{V}$$

（11）一次受电有功功率：

$$P_1 = 3I^2(R + R_1 + R_2) = 3 \times 70.2 \times (1.283 + 0.01 + 0.097) = 20550 \text{kW}$$

（12）一次实际受电额定功率：

$$S_1 = 3EI = 3 \times 109.9 \times 70.2 = 23145 \text{kV} \cdot \text{A}$$

8.9.4.3　变压器规范的拟订

（1）额定功率：

$$S = (1.15 \sim 2)S_1 = 1.1 \times 23415 = 25756 \text{kV} \cdot \text{A}$$

（2）次级额定线电压范围：

1）工作电压，已算出为 190.4V，取 190V；

2）最高电压，$1.13 \times 190 = 215 \text{V}$；

3）最低电压，$0.57 \times 190 = 108 \text{V}$。

（3）次级额定线电流：

$$I_2 = 1.045 \times 70.2 = 73 \text{kA}$$

（4）各级额定功率。

1）工作电压为 190V 时：

$$\frac{73}{70.2} \times \frac{190}{190.4} \times 23415 = 24298 \text{kV} \cdot \text{A}$$

2）最高级 215V 时：

$$\frac{215}{190} \times 24298 = 27495 \text{kV} \cdot \text{A}$$

短期过载可达 27495/23145 = 1.187 < 1.3。

3）最低级 108V 时：

$$\frac{108}{190} \times 24298 = 13811 \text{kV} \cdot \text{A}$$

根据以上求出的各参数值，可画出当电极电流为 70.2kA 时矿热炉每相的阻抗三角形和电压三角形，如图 8 - 11 所示。

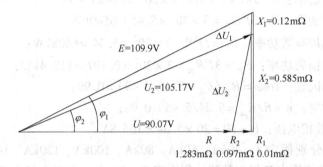

图 8 - 11　70.2kA 时每相的阻抗三角形和电压三角形

8.9.4.4　矿热炉特性曲线的绘制

绘制矿热炉特性曲线图，必须确知该炉的三个起始数据：$E_空$、$R_损$、$X_损$。在准确设计矿热炉时，这三个值均已算出，可依之进行绘制。但是，因实际制造工艺或矿热炉设备失修引起偏差，一般在矿热炉投产运行后定期进行测试和计算绘制。要求每隔一定时间进行一次测试，比较 $R_损$、$X_损$ 两值有何变化，进而对设备进行检修。现以 8.9.3 节所述矿热炉为例，绘制其特性曲线。

已知：$E_空 = 190$V、$R_损 = 0.107$mΩ、$X_损 = 0.705$mΩ。

A　计算准备

（1）设备短路电流：

$$I_K = \frac{E}{(R_损^2 + X_损^2)^{0.5}} = \frac{109.9}{(0.107^2 + 0.705^2)^{0.5}} = 154 \text{kA}$$

（2）一次有功功率达到最大值时的电流：

$$I_m = \frac{E}{\sqrt{2}X_损} = \frac{109.9}{\sqrt{2} \times 0.705} = 110 \text{kA}$$

（3）矿热炉有效功率达到最大值时的电流：

$$I_X = \frac{E}{X_损}\left\{\frac{1}{2}\left[1 - \frac{R_损}{(R_损^2 + X_损^2)^{0.5}}\right]\right\}^{0.5}$$

$$= \frac{109.9}{0.705} \times \left\{\frac{1}{2} \times \left[1 - \frac{0.107}{(0.107^2 + 0.705^2)^{0.5}}\right]\right\}^{0.5} = 101.6 \text{kA}$$

B 电气参数计算

假设电极电流 $I = 20kA$，计算相应各参数值：

(1) 每相总阻抗：$Z_总 = E/I = 109.9/20 = 5.495m\Omega$；

(2) 每相总电阻：$R_总 = (Z_总^2 - X_总^2)^{0.5} = (5.495^2 - 0.705^2)^{0.5} = 5.45m\Omega$；

(3) 操作电阻：$R = R_总 - R_损 = 5.45 - 0.107 = 5.34m\Omega$；

(4) 额定功率：$S = 3EI = 3 \times 109.9 \times 20 = 6594kV \cdot A$；

(5) 有功功率：$P = 3I^2R_总 = 3 \times 20^2 \times 5.45 = 6540kW$；

(6) 矿热炉有效功率：$P_E = 3I^2R = 3 \times 20^2 \times 5.34 = 6408kW$；

(7) 设备损失功率：$P_损 = 3I^2R_损 = 3 \times 20^2 \times 0.107 = 128.4kW$；

(8) 功率因数：$\cos\varphi = R_总/Z_总 = 5.45/5.495 = 0.99$；

(9) 电效率：$\eta = R/R_总 = 5.34/5.45 = 0.98$；

(10) 有效相电压：$U = IR = 20 \times 5.34 = 106.8V$。

然后，可分别假定 $I = 40kA$、$60kA$、$80kA$、$100kA$、$120kA$、$140kA$ 等，按照上述 10 个步骤算出各相应数值，列入表 8-20 中。取表中每个参数在各电流下的数值，在坐标图上绘出每个参数的曲线，即得图 8-12 所示的矿热炉特性曲线图。

表 8-20 矿热炉特性计算表

电极电流/kA	$Z_总$/mΩ	$R_总$/mΩ	R/mΩ	S/kV·A	P/kW	P_E/kW	$P_损$/kW	$\cos\varphi$	η	U/V
20	5.495	5.45	5.34	6594	6540	6408	128	0.99	0.98	106.8
40	2.73	2.64	2.53	13188	12672	12144	514	0.97	0.96	101.2
60	1.82	1.68	1.57	19782	18144	16956	1156	0.92	0.93	94.2
80	1.36	1.16	1.05	26376	22272	20160	2054	0.85	0.91	84.0
100	1.09	0.83	0.72	32970	24900	21600	3210	0.76	0.87	72.0
120	0.91	0.57	0.46	39564	24624	19872	4622	0.63	0.81	55.2
140	0.78	0.33	0.22	46158	19404	12936	8218	0.42	0.67	30.8

C 矿热炉特性曲线组和恒电阻曲线的绘制

矿热炉特性曲线组，由各电压等级下有功功率或有效功率随电流变化的曲线组成。恒电阻曲线则是利用关系式 $P_e = 3I^2R$ 绘成的功率-电流等电阻曲线。两种曲线的交点反映了在恒电阻操作时，提高电压等级所得到的功率随电流变化的趋势。

a 计算特性曲线组

已知 $R_损$ 和 $X_损$ 时，由矿热炉有效功率计算式：

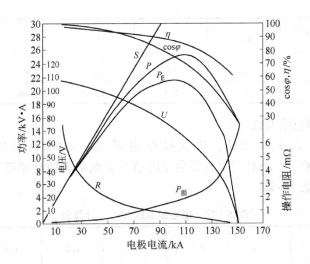

图 8 - 12　25.5MV·A 矿热炉特性曲线

$$P_e = \sqrt{3} E_空 I\eta\cos\varphi$$

将 $\cos\varphi = \dfrac{R + R_损}{\sqrt{X_损^2 + (R + R_损)^2}}$，$\eta = \dfrac{R}{R + R_损}$，$R = \sqrt{\dfrac{E_2^2}{3I^2} - X_损^2} - R_损$ 代入其中，

分别取 $E_空 = 120\text{V}$、$E_空 = 140\text{V}$、$E_空 = 160\text{V}$、$E_空 = 180\text{V}$、$E_空 = 200\text{V}$，在每个电压值下分别取电极电流 $I = 20\text{kA}$、$I = 40\text{kA}$、$I = 80\text{kA}$、$I = 100\text{kA}$、$I = 120\text{kA}$、$I = 140\text{kA}$、$I = 160\text{kA}$ 等，依上式计算每个电压等级下矿热炉有效功率随电流变化的数值，列入表 8 - 21。

表 8 - 21　矿热炉特性曲线组（P_e）计算表　　　　　　　　　　（kW）

I/kA ＼ $E_空$/V	120	140	160	180	200
20	3492	4697	5349	6049	6748
40	7081	8577	10042	11489	12923
60	8721	11242	13627	15931	18184
80	7603	11842	15504	18895	22128
100		8652	14698	19696	24225
120			8734	17107	23670
140				7375	18880
160					3639

续表 8 – 21

$E_空$/V I/kA	120	140	160	180	200
I_X	64	75	85	96	107
I_K	97	113	129	146	162

b 计算恒电阻曲线

根据关系式 $P_e = 3I^2R$，选取操作电阻 $R = 0.6\text{m}\Omega$、$0.8\text{m}\Omega$、$1.0\text{m}\Omega$、$1.2\text{m}\Omega$、$1.4\text{m}\Omega$、$1.6\text{m}\Omega$ 等，计算各电阻值下矿热炉有效功率随电极电流变化的数值，列入表 8 – 22。

表 8 – 22　恒电阻曲线（P_e）计算表　　　　　　（kW）

R/mΩ I/kA	0.6	0.8	1.0	1.2	1.4	1.6
20	720	960	1200	1440	1680	1920
40	2880	3840	4800	5760	6720	7680
60	6480	8640	10800	12960	15120	17280
80	11520	15360	192000	23040	26800	30720
100	18000	24000	30000	36000	42000	48000

按照表 8 – 21、表 8 – 22 数据，在坐标图上绘出矿热炉的特性曲线组和恒电阻曲线，如图 8 – 13 所示。

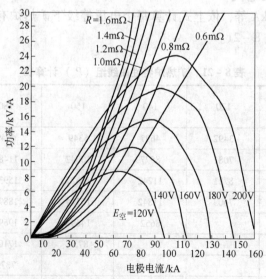

图 8 – 13　25.5MA 矿热炉特性曲线和恒电阻曲线

9 矿热炉防公害和综合利用与节能减排技术

用矿热炉冶炼的绝大部分铁合金、冰铜、镍铁、电石、钛渣、生铁等产品品种涵盖铁合金、化工、黑色金属、有色金属等多个行业，是钢铁、有色、化工等行业的重要原料之一。我国目前拥有各种矿热炉3000余座，产能和产量增长迅速，已成为世界生产、消费、出口大国，其用电量约占全国总发电量的3%。矿热炉冶炼生产必然会产生大量废气、废水、固体废弃物以及设备运转中的噪声等公害，对环境造成污染。矿热炉冶炼常用炉型有半封闭炉型和全封闭炉型。半封闭炉型冶炼时的高温烟气、矿热炉冷却水、出炉产品由高温液态凝固为固态时的显热；封闭炉型冶炼时的高温烟气、矿热炉冷却水、出炉产品由高温液态凝固为固态时的显热以及烟气净化后的可燃气体，以及固体废弃物的综合利用和噪声的防治，不仅可以取得一定的经济效益，同时可以降低矿热炉冶炼生产对环境的影响，取得相应的社会效益。因此，矿热炉防公害措施和节能减排及余热余能利用是不容忽视的。

《中华人民共和国环境保护法》明确要求对工矿企业的废气、废水、废渣、粉尘等有害物质要积极防治，一切排烟装置、工业窑炉都要采取有效的消烟除尘措施，散发的有害气体、粉尘、排放污水必须符合国家规定的标准。矿热炉冶炼生产过程中的污染物以烟尘为主，同时还有有害气体、污水，另外废渣、噪声、少量的放射性物质对环境也有一定影响。矿热炉冶炼过程中要遵循的有关标准较多，如车间生产岗位要执行《工业企业设计卫生标准》、《工业企业噪声卫生标准》，大气环境质量标准有《工业"三废"排放标准》、《大气环境质量标准》、《城市区域环境噪声标准》，水质标准有《生活饮用水卫生标准》、《农田灌溉水质标准》、《渔业水质标准》、《海水水质标准》等。鉴于我国矿热炉冶炼企业分散、遍及全国各省市的特点，防公害和节能减排及余热余能利用任重道远。

9.1 炉气的产生、治理与综合利用

9.1.1 炉气的产生

矿热炉的主要原料为矿石与还原剂。原料入炉后，在熔池高温下进行还原反应，生成CO、CH_4和H_2的高温含尘可燃气体，称为炉气，又称为烟气。炉气在透过料层逸散于料层表面时，当不接触空气时可燃气体称为煤气（即荒煤气），

当接触空气时可燃气体燃烧形成高温高含尘的烟气。

矿热炉冶炼的产品不同，每吨产品的炉气发生量也不同，一般波动在 700 ~ 2000m³（标态）之间。

矿热炉冶炼的部分产品的炉（煤）气量、炉（煤）气成分、炉气温度及含尘量见表 9 - 1。

表 9 - 1　矿热炉冶炼的部分产品的炉（煤）气参数

矿热炉类别	冶炼品种	炉气量（标态）/m³·t⁻¹	炉气含尘量（标态）/g·m⁻³	炉气主要成分/%				炉气温度/℃
				CO	H_2	CH_4	N_2 及其他	
全封闭矿热炉	硅铁45	1100	90 ~ 175	92	4.4	0.6	3	500 ~ 600
	高碳锰铁	990	50 ~ 150	72	5.5	6.5	16	500 ~ 700
	高碳铬铁	780	约40	77	14.1	0.6	8	500 ~ 800
	硅锰合金	1200	45 ~ 105	73	9	3	15	约600

矿热炉类别	冶炼品种	炉气量（标态）/m³·t⁻¹	炉气含尘量（标态）/g·m⁻³	炉气主要成分/%				炉气温度/℃
				CO_2	N_2	O_2	H_2O	
全封闭矿热炉	硅铁75	44000 ~ 55000	4 ~ 5	8	75 ~ 78	5 ~ 18	1 ~ 2	500 ~ 600
	高碳铬铁	28000	3 ~ 4	3	75 ~ 77	约18	1 ~ 2	约450
	高碳锰铁	26000	3 ~ 4	3	75 ~ 78	17 ~ 18	1 ~ 2	约450
	硅钙合金	233000	3 ~ 4	5 ~ 7	79	约14	2 ~ 3	约150

9.1.2　我国大气环境质量标准

我国大气环境质量标准（GB 3095—1996），分为三级：

（1）一级标准。为保护自然生态和人群健康，在长期接触情况下，不发生任何危害影响的空气质量要求。

（2）二级标准。为保护人群健康和城市、乡村、动植物，在长期和短期接触情况下，不发生伤害的空气质量要求。

（3）三级标准。为保护人群不发生急、慢性中毒和城市一般动植物（敏感者除外）正常生长的空气质量要求。

各项污染物三级标准浓度限值列于表 9 - 2。

表 9-2 各项污染物三级标准浓度限值

污染物名称	取值时间	浓 度 限 值			浓度单位
		一级标准	二级标准	三级标准	
二氧化硫 （SO_2）	年平均	0.02	0.06	9.10	mg/dm² （标态）
	日平均	0.05	0.115	0.25	
	1h 平均	0.15	0.50	0.70	
总悬浮颗粒物 （TSP）	年平均	0.08	0.20	0.30	
	日平均	0.12	0.30	0.50	
可吸入颗粒物 （PM10）	年平均	0.04	0.10	0.15	
	日平均	0.05	0.15	0.25	
氮氧化物 （NO_x）	年平均	0.05	0.05	0.10	
	日平均	0.10	0.10	0.15	
	1h 平均	0.15	0.15	0.30	
二氧化氮 （NO_2）	年平均	0.04	0.04	0.08	
	日平均	0.08	0.08	0.12	
	1h 平均	0.12	0.12	0.24	
一氧化碳 （CO）	日平均	4.0	4.0	6.0	
	1h 平均	10.0	10.0	20.0	
臭氧（O_3）	1h 平均	0.12	0.16	0.20	
铅（Pb）	季平均	1.5			μg/dm² （标态）
	年平均	1.0			
苯并芘	日平均	0.01			
氟化物（F）	日平均	7[1]			μg/(dm²·d)
	1h 平均	20[1]			
	月平均	1.8[2]		3.0[3]	
	植物生长季平均	1.2[2]		2.0[3]	

①适用于城市地区；

②适用于牧业区和以牧业为主的半农半牧区、蚕桑区；

③适用于农业和林业区。

居住区大气中有害物质的最高允许浓度见表 9 – 3。

表 9 – 3 居住区大气中有害物质的最高允许浓度

物质名称	最高允许浓度/mg·m^{-3}		物质名称	最高允许浓度/mg·m^{-3}	
	一次	日平均		一次	日平均
一氧化碳	3.00	1.00	氟化物（换算成 F）	0.02	0.007
二氧化碳	0.50	0.15	硫化氢	0.01	—
氯（Cl_2）	0.10	0.03	氧化氮（换算成 NO_2）	0.015	—
铬（六价）	0.0015	—	飘 尘	0.05	0.15
锰及其氧化物	—	0.01			

9.1.3 炉气的治理

全封闭矿热炉主要用来冶炼不需做炉口料面操作的冶炼品种。还原冶炼过程产生 500 ~ 800℃、CO 含量 70% 以上的炉气（煤气），经余热、余能、煤气净化后综合利用。全封闭矿热炉在工艺操作顺行的条件下，应严格控制炉盖内为微正压状态，以防止空气渗漏炉内。炉气净化后应设气体自动分析仪，监测 O_2 和 H_2 含量。

半封闭炉主要用于冶炼需要作炉口料面操作的冶炼品种。冶炼过程产生的烟气的主要参数（烟气量、温度、含尘量、化学成分等）值的波动主要受冶炼炉况和半封闭烟罩操作门开闭状况的影响。当出现刺火、翻渣和塌料瞬间，烟气量将增大 30% 以上，烟气温度可上升到 900℃。

矿热炉烟气粉尘的治理有湿法除尘和干法除尘两种。具有代表性的湿法净化工艺流程为"双塔—文"流程、"双文—塔"流程、洗涤机流程等。

湿法除尘工艺流程如下：

矿热炉 → 荒煤气 → 重力除尘器 → 填料洗涤塔 → 管式电除尘器 → 半净煤气 →

重力除尘器 → 旋风除尘器 → 定颈文氏管 → 用挡板灰泥捕集器 → 填料洗涤塔 → 用煤气

湿法除尘工艺流程主要设备有：重力除尘器、干式旋风除尘器、填料式洗涤塔、湿式管式电除尘器、文丘里洗涤器、挡板式灰泥捕集器。

采用上述流程，净化后的炉气含尘量可控制在 10 ~ 20mg/m^3（标态）之间。由于存在二次污染，湿法除尘逐渐被淘汰。

与湿法除尘相比，干法除尘采用玻璃纤维滤袋除尘，具有三大突出优点：

(1) 干法除尘使炉气阻力减少，流速增如，有利于降低除尘系统电能消耗；

(2) 干法除尘有利于炉气余热余能利用；

(3) 干法除尘革除了大量除尘废水的二次污染。

干法煤气净化流程为：

矿热炉 → 荒煤气 → 重力除尘器 → 旋风除尘器 → 袋式除尘器 → 净煤气 → 用户

9.1.3.1 列管式自然空气冷却器

列管式自然空气冷却器为数排并联 U 形管构成的空气间接自然冷却器，冷却管径一般为 $\phi 600 \sim 1100$mm，管壁厚 $5 \sim 7$mm。管内烟气工况流速取 $20 \sim 26$ m/s。冷却器入口处烟气温度一般按 500℃ 设计，如果高于此温度，需要设冷风阀混入冷风降温。冷却器出口温度控制在 200℃ 左右，或按袋式除尘器滤料耐温情况决定。

冷却器热工计算的主要参数——传热系数 K 值与烟气温度、比热容、热导率、管壁热阻等有关，难以正确计算出。一般根据经验取 $13.92 \sim 20.88$ $W/(m^2 \cdot K)$ （$12 \sim 18$kcal/($m^2 \cdot h \cdot$℃)）。

冷却器的气体阻力应根据流程及流速计算出，一般控制在 $1000 \sim 1500$Pa 之间。

9.1.3.2 袋式除尘器

由于矿热炉冶炼产品一般烟尘电阻率偏高，不适合用电除尘器，世界各国大多数选用袋式除尘器作净化设备。可选用吸入型（负压式）或压入型（正压式）分室反吹袋式除尘器，或分室脉冲喷吹清灰袋式除尘器。各种袋式除尘器的过滤速度及压力损失可参照表 9-4。

表 9-4 袋式除尘器性能

名　称	分室反吹袋式除尘器		脉冲清灰袋式除尘器		机械反吹扁袋除尘器
	玻纤滤袋	化纤滤袋	玻纤毡滤袋	化纤毡滤袋	玻纤滤袋
过滤速度/m·min^{-1}	约 0.4	约 0.8	$1.2 \sim 1.5$	$1.5 \sim 1.8$	约 1.0
压力损失/Pa	$2500 \sim 3000$	$2000 \sim 3000$	$1500 \sim 2000$	$1500 \sim 2000$	约 2000
烟气温度/℃	<280	<130	<250	<130	<130

袋式除尘器的过滤面积 F 可按下式计算：

$$F = \frac{Q}{60v}$$

式中　Q——需处理烟气量（工况），m^3/h；

v——过滤速度，m/min。

滤袋耐温性能为：玻璃纤维滤料（包括长丝、织布、膨体纱织布、玻纤针刺毡）$250 \sim 280$℃；耐高温合成纤维滤料 $180 \sim 200$℃；涤纶纤维织布或针刺毡小于 130℃。

我国某铁合金厂 30MV·A 锰硅合金全封闭矿热炉，主要设备从德国克虏伯公司引进或由该公司出图国内制造。其煤气净化采用干法净化流程如图 9－1 所示。

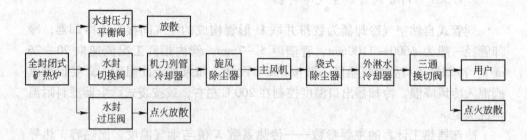

图 9－1　锰硅合金封闭式矿热炉干法净化流程

对湿式炉气净化系统改造成干法炉气净化系统的几点建议：

（1）原重力除尘器宜加大，炉气在重力除尘器内流速控制在 0.45m/s 以下，以提高重力除尘效率；

（2）滤袋可采用压缩空气脉冲反吹清灰型或用除尘器后端的净炉气进行反吹清灰；

（3）除尘器清灰前运行压差控制在 6～8kPa，压差过低造成反吹频繁，过高易损坏滤袋；

（4）尽量将进入布袋除尘器的炉气温度控制在 130～160℃ 之间，以便除尘器正常运行并使用低温布袋，降低除尘器运行成本，滤袋运行温度下限不低于 80℃，否则要有防结露措施。

9.1.4　炉气余热、余能的综合利用技术

在矿热炉冶炼过程中伴随有大量的炉气体产生，这些炉气都具有较高的温度，见表 9－1。以碳质作为还原剂的矿热炉冶炼产品，在敞口炉、半封闭炉内，随着空气中氧气的混入，CO 在炉口料面燃烧生成 CO_2 气体，燃烧产生大量的热，使炉气温度升高；在密闭炉中虽然 CO 没有大量燃烧生成 CO_2 气体而放热，但由于炉内热量没有向外扩散，烟气温度更高，同时，炉气中的 CO 含量也较高，净化后可以作为可燃气体使用。部分封闭矿热炉冶炼产品的煤气数量及发热量见表 9－5。

矿热炉冶炼生产时利用排出的高温烟气生产某种有用介质和能量，其利用途径为：（1）生产热水。热水可作生产、采暖通风及生活用热的介质，尤其在严寒地区，利用矿热炉烟气生产热水，投资少、热能利用率高，具有极大的经济意

表 9 - 5　部分封闭矿热炉冶炼产品的煤气数量及发热量

冶炼品种	煤气量（标态）/m³·t⁻¹	发热量（标态）/kJ·m⁻³
硅铁 75	1600 ~ 1900	12560
碳素锰铁	780 ~ 940	11723
硅锰合金	880 ~ 1090	9169
碳素铬铁	910 ~ 1060	10467

义。（2）生产蒸汽。蒸汽可用于动力设备，也可用于一般生产和生活。（3）生产热电。矿热炉烟气生产的蒸汽驱动抽汽发电机组或背压发电机组，便可生产一定数量的电能和热能；（4）生产电能。矿热炉烟气生产的动力蒸汽驱动冷凝发电机组，便可产生电能。

半封闭式矿热炉余热回收利用：一些需要捣炉操作的或改造的炉子，常用半封闭炉型，也可以回收低热值煤气。这些低热值煤气可以预热原料或煤气发电。

矿热炉的烟气温度一般在 600 ~ 900℃ 之间，用交换器将其显热进行转换，可用于矿热炉原料干燥或余热发电。

矿热炉冶炼时的冷却水也要带走很大热量，也应加以利用，目前仅用于取暖和洗浴。

有渣法冶炼的出炉炉渣、矿热炉产品的显热也要带走很大热量。经测定，锰硅合金、高碳铬铁和精炼铬铁的炉渣均在出炉进行水淬时产生大量热水，平均每吨有渣法冶炼炉渣的可回收热量相当于标准煤 160kg，每吨矿热炉产品可回收余热相当于标准煤 50kg。出炉后炉渣和合金产品若加以回收热水或蒸气，每年可节能的潜力巨大。

从上述情况看，矿热炉能量回收可以有不同的利用途径。究竟采用哪一种，根据各厂的具体情况，作经济技术比较后再确定。不过根据我国电力供应紧张的实际情况，生产一定数量的电力是必要的。

9.1.4.1　烟气余热发电

烟气余热发电是通过余热回收装置，利用生产过程中产生的高温烟气及辐射热量（温度在 800℃ 以上），进入换热器（即余热锅炉），再加入补充水，在换热器内通过热量交换，产生中低压蒸气，推动发电设备进行发电，而降温后的废气通过除尘器处理后排空或取暖、烧热水等二次回收利用。烟气余热发电的原理如图 9 - 2 所示。

9.1.4.2　烟气煤气的利用

全封闭矿热炉冶炼时产生的可燃气体，经净化处理后作为炉料焙烧、发电等

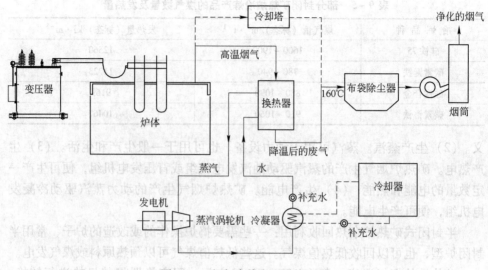

图9-2 烟气余热发电系统原理

一般可燃气体使用。

9.1.4.3 余热烘干炉料

将矿热炉产生的高温烟气直接预热原料，使入炉原料被加热到一定温度，从而达到节约电能的目的。利用余热进行炉料烘干的原理如图9-3所示。炉内产

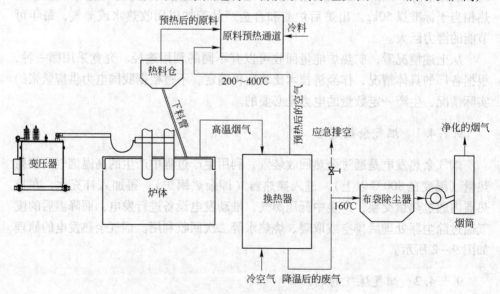

图9-3 余热烘干炉料系统原理

生的高温烟气和冷空气经过换热器进行处理后，预热后的空气温度为 200 ~ 400℃，后经过预热通道对炉料进行预热；降温后的废气经过布袋除尘器收集处理后，成为洁净的气体，取暖、烧热水等再进行二次利用或排空。

9.2 废水的产生、治理与综合利用

9.2.1 废水的产生

矿热炉冶炼企业生产产生的废水主要有间接冷却降温的冷却水、冲渣废水等。

由于矿热炉冶炼设备大部分在高温下工作，为改善高温下的设备工作条件，提高高温下设备的使用寿命，必须对其进行通水冷却，冷却水量与炉容、冶炼品种有关。这种间接冷却降温的冷却水，仅水温升高，没有有毒有害物质，可在降温后循环使用。

矿热炉冶炼过程排出的液态熔渣量随矿热炉容量大小、冶炼品种不同而变化，放出的液态熔渣流入渣罐，再从渣罐下部卸渣管流入冲渣沟，同时用高压水对熔渣喷冲水淬，冲渣水量一般按渣水比为 1 : (10 ~ 15) 配比，水与渣均流入沉渣池，经自然沉淀分离后，悬浮物含量在 36 ~ 200mg/L 之间，总硬度小于 15 (德国度)，氰化物含量小于 0.5mg/L。封闭矿热炉煤气净化废水水质分析见表 9-6。

表 9-6 封闭矿热炉煤气净化废水水质分析

pH 值	悬浮物 /mg·L^{-1}	色度 /度	水色	总固体 /mg·L^{-1}	Ca^{2+} /mg·L^{-1}	Mg^{2+} /mg·L^{-1}	硫化物 /mg·L^{-1}	酚 /mg·L^{-1}	氰化物 /mg·L^{-1}	耗氧量 /mg·L^{-1}	总硬度 (德国度)
9 ~ 10	1960 ~ 5465	40	黑色，灰色	2572	17.2	4.6	3.87	0.1 ~ 0.2	1.29 ~ 5.96	9.52	4.84

对生产中的废水治理，总的原则要实行水的封闭循环利用，尽量减少排污量。据此原则，对废水，温度高的要降温；悬浮物多的要澄清；存在有毒有害物质的要除去有毒有害的物质。对废水的治理，应根据废水的数量和废水中有毒有害物质的性质，采取相应的治理方法，如中和法、氧化法、还原法、吸附法、沉淀法、过滤法及生物法等。生产中的废水经处理后可以再被利用，毒物也不会富集，有的还可以从废水中回收有用的物质，采用循环冷却水还可以节省水源供水等。

9.2.2 污水排放及地面水水质卫生标准

地面水中有害物质的最高允许浓度见表 9-7。

表 9 - 7　地面水中有害物质的最高允许浓度

物 质 名 称	最高允许浓度/mg·L^{-1}	物 质 名 称	最高允许浓度/mg·L^{-1}
氟化物	1.0	三价铬	0.5
活性氯	不得检出	六价铬	0.05
挥发酚类	0.01	硫化物	不得检出
钒	0.1	氰化物	0.05
钼	0.5	镍	0.5
铅	0.1	镉	0.01
铜	0.1	锌	1.0

注：本表摘自《工监企业设计卫生标准》（TJ 36—79）。

农田灌溉用水的水质标准应符合表 9 - 8 规定。

表 9 - 8　农田灌溉用水的水质标准

项 目 名 称	标　准
水温	不超过 35℃
pH 值	3.5 ~ 8.5
全盐量	非盐碱土农田不超过 1500mg/L
氯化物（按 Cl 计）	非盐碱土农田不超过 300mg/L
硫化物（按 S 计）	不超过 1.0mg/L
汞及其化合物（按 Hg 计）	不超过 0.001mg/L
镉及其化合物（按 Cd 计）	不超过 0.005mg/L
砷及其化合物（按 As 计）	不超过 0.05mg/L
六价铬化合物（按 Cr^{6+} 计）	不超过 0.1mg/L
铅及其化合物（按 Pb 计）	不超过 0.1mg/L
铜及其化合物（按 Cu 计）	不超过 1.0mg/L
锌及其化合物（按 Zn 计）	不超过 3.0mg/L
硒及其化合物（按 Se 计）	不超过 0.01mg/L
氟化物（按 F 计）	不超过 3.0mg/L
氰化物（按游离氰根计）	不超过 0.5mg/L
石油类	不超过 10mg/L
挥发性酚	不超过 1.0mg/L
苯	不超过 2.5mg/L

注：摘自《农田灌溉水质标准（试行）》（TJ 24—79）。

工业废水中有害物质最高允许排放浓度分为两类：第一类指能在环境或动植物体内蓄积，对人体健康产生长远影响的有害物质，含此类有害物质的废水，在车间或车间处理设备排出口，应符合表 9 - 9 规定的标准，但不得用稀释方法代替必要的处理；第二类指其长远影响小于第一类的有害物质，在工厂排出口的水质也应符合表9-9的规定。

表9-9 工业废水中有害物质最高允许排放浓度

有害物质或项目名称	最高允许排放浓度
汞及其无机化合物（按 Hg 计）	0.05mg/L
镉及其无机化合物（按 Cd 计）	0.1mg/L
六价铬化合物（按 Cr^{6+} 计）	0.5mg/L
砷及其无机化合物（按 As 计）	0.5mg/L
铅及其无机化合物（按 Pb 计）	1.0mg/L
pH 值	6~9
悬浮物（水力排灰，洗煤水，水力冲渣，尾矿水）	500mg/L
生化需氧量（5~20℃）	60mg/L
化学耗氧量（重铬酸渣法）	100mg/L
硫化法	1.0mg/L
挥发性酚	0.5mg/L
氰化物（游离氰根计）	0.5mg/L
有机磷	0.5mg/L
石油类	10mg/L
铜及其化合物（按 Cu 计）	1mg/L
锌及其化合物（按 Zn 计）	5mg/L
氟的无机化合物（按 F 计）	10mg/L
硝基苯类	5mg/L
苯胺类	3mg/L

注：摘自《工业"三废"排放试行标准》（GB J4—73）。

9.2.3 废水的治理与综合利用

9.2.3.1 矿热炉冷却水的循环利用

在矿热炉冶炼生产中，有的生产设备及工艺要求采用间接冷却降温，从企业效益和保护水资源出发，要求冷却水循环利用。

间接循环冷却用水没有有毒有害物质的产生，所以循环利用冷却水不存在有毒有害物质的处理问题，但有以下两个问题要解决：一是随着冷却水的蒸发，循环冷却水的硬度增高，导致冷却壁结垢，降低了冷却效果，甚至达不到冷却目的而产生故障；二是经冷却后，水温升高，也降低了冷却效果。

矿热炉冷却水易发生结垢现象，影响冷却效果。控制冷却水结垢，首先应测定水质中以下要素：Ca^{2+}、Mg^{2+}、SO_4^{2-}、PO_3^{3-} 含盐量，甲基橙碱度和冷却前后的水温、pH 值等。根据这些数据，用水质稳定指数或饱和指数判定是否结垢。在循环水中加入控制结垢药剂，如磷酸盐、聚磷酸盐、聚丙烯酰胺等，也可扩大循环水不结垢指标的范围，即提高循环水浓缩倍数，提高循环水重复利用率高达95%以上。如果 Ca^{2+}、Mg^{2+} 等离子富集到一定程度，加控制结垢药剂都达不到控制结垢的目的，即应将循环水进行软化处理，使其达到不结垢的条件。

对于冷却水水温升高问题，一般都要考虑蒸发降温，如建喷水冷却池、冷却塔等。

对于水资源缺乏且水质硬度高的企业，可全部使用软水冷却，实现闭路循环。

对于低温烟气经交换得到热水可用于采暖或提供热水，从而达到节约电能的目的。

9.2.3.2 煤气洗涤水的治理与利用

全封闭式矿热炉生产的回收净化煤气，如果采用湿法除尘，由此而产生的废水需要处理才能循环利用或者排放。某厂全封闭锰铁炉煤气洗涤污水水质分析见表 9 - 10。

表 9 - 10 某厂全封闭锰铁炉煤气洗涤污水水质分析

项 目	结 果	项 目	结 果
水色	黑色或灰色	硫化氢及硫化物	3.87mg/L
色度	40°	酚化物	0.1 ~ 0.2mg/L
pH 值	9 ~ 10	氰化物	1.29 ~ 5.96mg/L
水温	夏季 40 ~ 50℃，冬季 16 ~ 26℃	耗氧量	0.1 ~ 0.2mg/L
悬浮物	1960 ~ 5465mg/L	五日生化需氧量	3.04mg/L
总固体	2572mg/L	总硬度	4.84mg/L
钙离子	17.2mg/L	总碱度	4.89mg/L
镁离子	4.6mg/L	总铬量	4.8mg/L

对于煤气洗涤水，一是要治理水中的悬浮物；二是要治理水中的氰化物。

A 煤气洗涤水中悬浮物的治理

煤气洗涤水中悬浮物的治理目前主要有两种方法：一是沉淀法，二是过滤法。

采用沉淀法的煤气洗涤废水经加药间加入硫酸亚铁后，再经水沟自流入有多个格子的平流式沉淀池沉淀。多格沉淀池清泥、沉淀循环进行，污泥由移动式泵车排送到尾矿坝堆集，清水经泵送喷水冷却池冷却，再用泵送煤气洗涤设施净化煤气。经处理的煤气洗涤水，悬浮物由处理前 1000～3000mg/L 降至 40～200 mg/L，氰化物经处理后可除至 20mg/L 左右。

过滤法是煤气洗涤水经加药间加入硫酸亚铁后，再由机械搅拌混匀。然后进入沉淀池，沉淀池沉淀后的污泥送尾矿坝堆集，上部清液流入水渣过滤池过滤，水冲渣经冲渣沟流入水渣过滤池中。水渣过滤池一般设四格，一格冲渣、一格过滤、一格清渣、一格备用。水渣用抓斗抓入储渣池中外运。经渣滤池过滤的水，一部分流入冲渣水循环池，用泵送出，继续冲渣；一部分流入煤气洗涤热水池，再用泵送冷却塔冷却后，流入煤气洗涤水冷水池，最后用泵送作煤气洗涤用水。经处理后的煤气洗涤水，悬浮物由 1500～3000mg/L 降为 40～200mg/L。

B　煤气洗涤水中氰化物的治理

煤气洗涤水经过絮凝沉（淀）降或过滤，进行循环利用，其中所含氰化物如果不治理会不断富集而造成危害。

矿热炉在冶炼生产时，原料中含有一定水分，在高温下与焦炭反应生成氢气，氢气与氮气反应而生成氨，氨与红热的焦炭接触即生成氢氰酸，氰化物在水洗煤气时与碱性溶液中的碱金属相结合而稳定在水中。其主要反应方程如下：

$$H_2O + CO \longrightarrow H_2 + CO_2$$
$$H_2O + C \longrightarrow H_2 + CO$$
$$3H_2 + N_2 \Longleftrightarrow 2NH_3 + 106.27kJ$$
$$NH_3 + C \longrightarrow HCN\uparrow + H_2\uparrow$$

氰化物的处理方法有多种，如投加漂白粉、液氯、次氯酸钠等氧化剂处理，加硫酸亚铁生成铁氰结合物沉淀，利用微生物分解等。

C　煤气洗涤水中铬的治理

含铬废水主要是含微量六价铬和硫代硫酸钠的碱性废水。因此，对它加酸中和至酸性，硫代硫酸钠可以将六价铬还原成三价，此反应非常完全、彻底，可以达到完全解毒的目的。

此外，离子交换法治理含铬废水也是一种很成熟的技术，其工艺设备简单，去除效率较高，能够较好地治理六价铬废水污染问题。

9.3 固体废弃物的产生、治理与综合利用

9.3.1 固体废弃物的产生

矿热炉冶炼生产过程中产生一定量的废渣，无渣法或微渣法产生的渣量较少，有渣法或多渣法产生大量废渣。废渣不仅占用大面积场地，而且污染大气、地下水和土壤，特别是含铬的废渣对人体危害极大。因此，合理地利用和处理这些废渣，不仅保护环境，而且还可能回收一些有用的矿产资源。

9.3.2 固体废弃物的主要物理化学性能

铁合金废渣的主要物理化学性能见表 9 - 11 和表 9 - 12。

表 9 - 11 部分矿热炉冶炼产品的炉渣密度、堆密度

炉渣名称	密度/t·m⁻³		堆密度/t·m⁻³	备　注
	液体	固体		
硅铁75渣（75% FeSi）	—	—	0.65 ~ 0.7	块度 20 ~ 30mm，无金属粒
锰硅合金渣	—	3.2	1.4 ~ 1.6	块度 20 ~ 300mm，有金属粒
锰硅合金渣	2.9		1.8	抗压强度 119 ~ 196MPa
锰硅合金渣（水渣）	—	—	0.8 ~ 1.1	经水淬
高碳锰铁渣	3.2		1.6 ~ 1.8	
再制锰渣		3.8	2.15	含 Mn 40% ~ 43%，块度 10 ~ 100mm
再制锰渣	3.2		1.7 ~ 1.85	含 Mn 40% ~ 43%，块度 100 ~ 300mm
富锰渣	—		1.7 ~ 2.0	含 Mn 38% ~ 39%，块度 <80mm
中碳锰铁渣	2.2		1.5	含 Mn <25%，块度 20 ~ 200mm
金属锰渣	3.4	—	1.4	块度 40 ~ 300mm
电解锰浸出渣			1.3 ~ 1.4	含水 40%
高碳铬铁渣			1.4 ~ 1.8	抗压强度 110 ~ 170MPa
中碳铬铁渣	3.2			
低微碳铬铁渣			1.2	电硅热法生产
微碳铬铁渣			1.56	金属热法产品，块重 0.25 ~ 10kg
金属铬冶炼渣			1.5	块重小于 10kg
金属铬浸出渣			1.3	含水小于 3%
钨铁渣（贫渣）			1.6	块度 20 ~ 300mm
钼铁渣			1.4 ~ 1.5	块度小于 300mm
钒铁渣（贫渣）	—	3.05		粉化前 300℃

炉渣名称	密度/t·m⁻³ 液体	密度/t·m⁻³ 固体	堆密度/t·m⁻³	备注
钒铁渣（贫渣）	—	—	0.93	粉化后
钒铁浸出渣	—	—	1.2	含水 15%
钛铁渣	—	4.5	1.54~1.65	块重小于 15kg
硼铁渣	—	—	1.6	
铌铁渣	—	—	1.57	块重小于 15kg

表 9－12　部分矿热炉冶炼产品的炉渣化学成分及渣铁比

炉渣名称	化学成分/% MnO	SiO₂	Cr₂O₃	CaO	MgO	Al₂O₃	FeO	V₂O₅	RO	TiO₂	H₂O	渣铁比/%	备注
硅铁渣		30~35		11~16	1	18~20	3~7	Si 7~10	SiC 20~26			3~5	
硅钙合金渣		12~20		30~45	0.1~0.5	3~5	0.4~0.6	SiC 9~28	Si 12~20			1~2	
高炉锰铁渣	2~8	25~30		33~37	2~7	14~19	1~2					2.6~3.0	
高碳锰铁渣	8~15	25~30		30~42	4~5	7~10	0.4~1.2					1.6~2.5	
锰硅合金渣	5~10	35~40		20~25	1.5~6	10~	0.2~0.6					1.2~1.8	
中低碳锰铁渣	15~20	25~30		30~35	1.4~7	约1.5	0.4~2.5					1.7~3.5	电硅热法
中低碳锰铁渣	49~65	17~23		11~20	4~5		1						转炉法
金属锰渣	8~12	22~25		45~50	1~3	6~9		S 0.2~0.3				3.0~3.5	
电解锰浸出渣	MnSO₄ 15.13	32~75			2.7	13	Fe(OH)₃ 30		(NH₄)₂SO₄ 6.5			5.2~5.8	
高碳铬铁渣		27~30	2.4~3	2.5~3.5	26~46	16~18	0.5~1.2					1~1.5	

炉渣名称	化学成分/%											渣铁比/%	备注
	MnO	SiO₂	Cr₂O₃	CaO	MgO	Al₂O₃	FeO	V₂O₅	RO	TiO₂	H₂O		
炉料级铬铁渣	24~28	5~8	2~4	23~29	25~28							1.3~1.6	中国
炉料级铬铁渣	18~28	3~17	3~8	15~24	27~30		约1.0					1.3~1.6	南非
硅铬合金渣		49.1	1.5~2.0	24.1	0.5~1.0	23.2	2~2.5	SiC 13~15				0.6~0.8	无渣法
中、低微碳铬铁渣		24~27	3~8	49~53	8~13							3.4~3.8	电硅热法
中、低碳铬铁渣		3.0	70~77	19	7.13		2~5					3.2~3.6	转炉法
金属铬浸出渣	Na₂CO₃ 3.5~7	5~10	2~7	23~30	24~30	3.7~8						12~13	
金属铬冶炼渣	Na₂O 3~4	1.5~2.5	11~14	约1	1.5~2.5	72~78							
钨铁渣	20~25	35~50		5~15	0.2~0.5	5~15	3~9					0.5~0.8	
钼铁渣		48~60		6~7	2~4	10~13	13~15					1.2	
钒铁浸出渣	2~4	20~28		0.9~1.7	1.5~2.8	0.8~3	Fe₂O₃ 46~60	1.1~1.4	V 0.025~0.04	7~10	11~15	约10	钒渣
钒铁浸出渣		2~4		0.8~1.8	0.3~0.8	2~4	Fe₂O₃ 57~70	0.12~0.18	V 0.009~0.011			140~150	精矿
钒铁冶炼渣		25~28		约55	约10	8~10	0.35~0.5						
钛铁渣	0.2~0.5	约1		9.5~10.5	0.2~0.5	73~75	约1			13~15		约1.25	
硼铁渣		约1	B₂O₃ 6~10	3~5	10~18	60~65	约3						
磷铁渣		40~43		42~45	约2	4.4	0.5						

9.3.3 固体废弃物的治理与综合利用

矿热炉冶炼生产产生的炉渣的治理，根据不同的渣种，采用不同的方法。目前，锰硅合金渣、高碳锰铁渣、磷铁渣等都采用水淬法。水淬法包括：

（1）炉前水淬法，即采用压力水嘴喷出的高速水束，将熔流冲碎，冷却成粒状。

（2）倒罐水淬法，即用渣罐将熔渣运至水池旁，缓慢倾入中间包，经压力水将熔渣冲碎，冷却成粒状。

凡渣中残留金属较多，可返回冶炼或分选炉渣，一般使其自然冷却成为干渣，如硅铁渣、中碳锰铁渣、硅铬合金渣、钼铁渣、钨铁渣等。

在炉渣中加入稳定剂，可以防止自然粉化，如向中碳锰铁渣中加稳定剂，防止炉渣粉化，以便将块渣返回生产，冶炼硅锰合金。干渣加工处理一般采用手工破碎与拣选；渣盘凝固、机械破碎；渣盘凝固、自然粉化和渣盘凝固、干渣堆放等方法。

硅铁渣和无渣法冶炼的硅铬合金渣含有大量的金属和碳化硅，其数量约达 30%。在锰硅合金或高碳铬铁矿热炉上，返回使用这些炉渣，可显著地降低冶炼电耗和提高元素回收率。某厂将硅铁渣用于冶炼锰硅合金，每使用 1t 硅铁渣可降低电耗约 500kW·h，使锰的回收率提高约 10%。铸造行业常用硅铁渣代替硅铁在化铁炉内和生铁块一起加入，获得了良好的效果。

用矿热炉高碳锰铁渣可以冶炼锰硅合金。当采用熔剂法生产的高碳锰铁渣，其渣中锰含量约 15%，采用无熔剂法熔炼，则生成含锰 25% ~ 40% 的中间渣。为提高锰和硅的回收率，这些锰铁渣通常作为含锰的原料用于生产锰硅合金。

利用锰硅合金渣可以冶炼复合铁合金。某厂用锰硅合金和中碳锰铁渣作含锰原料，配入铬矿冶炼含 Cr 50% ~ 55%、Mn 13% ~ 18%、Si 5% ~ 10% 的锰硅铬型复合铁合金。

利用金属锰渣可以生产复合铁合金。某厂使用金属锰渣以 Si – Cr 合金还原锰，制取 Si – Mn – Cr 型合金。将金属锰熔渣沿水流槽注入炉中，通电加热，然后再将破碎的硅铬合金加入炉内，炼制合金为 Mn 22% ~ 35%、Cr 22% ~ 27%、Si 25% ~ 40%、P 0.02% ~ 0.03%、C 0.03% ~ 0.08%、S 0.005%。锰硅铬型复合铁合金用于冶炼不锈钢时预脱氧，可代替 Mn – Si 和 Cr – Si 合金。

利用锰硅合金渣和钼铁渣作铸石，生产实践表明，铸石的成本比传统的天然原料铸石低 40%，其主要技术特点是耐火度高、耐磨性大、耐腐蚀性好，且有很高的机械强度。

锰系铁合金炉渣水淬后可以作为水泥的掺合料。由于这些铁合金渣中含有较高的 CaO 成分，成为理想的水泥材料。

　　高碳铬铁及锰硅合金生产的干渣可作为铺路用的石块，用于制作矿渣棉原料，制成膨胀珠作轻质混凝土骨料以及作特殊用途的水磨石砖等。

　　利用锰硅合金渣做稻田肥料，证明锰硅合金渣中有一定可溶性硅、锰、镁、钙等植物生长的营养元素，对水稻生长有良好的作用。

9.4　噪声的产生与治理

9.4.1　噪声的产生

　　矿热炉冶炼生产、设备运转等产生了噪声，噪声对环境尤其对声源附近的人员造成危害，必须予以治理。

9.4.2　我国工业企业噪声控制设计标准

　　我国工业企业噪声控制设计标准（GB J87—85），将工业企业厂区内各类地点的噪声 A 声级，按照地点类别的不同，噪声限制值见表 9 - 13；工业企业由厂内声源辐射至厂界的噪声 A 声级，按照毗邻区域类别的不同以及昼夜时间的不同，噪声限制值见表 9 - 13。

表 9 - 13　工业企业厂区内及厂界毗邻区域各类地点噪声标准

地　点　类　别		噪声限制值/dB	
生产车间及作业场所（工人每天连续接触噪声 8h）		90	
高噪声车间设置的值班室、观察室、休息室（室内背景噪声级）	无电话通讯要求时	75	
	有电话通讯要求时	70	
精密装配线、精密加工车间的工作地点、计算机房（正常工作状态）		70	
车间所属办公室、实验室、设计室（室内背景噪声级）		70	
主控制室、集中控制室、通信室、电话总机室、消防值班室（室内背景噪声级）		60	
厂部所属办公室、会议室、设计室、中心实验室（包括试验、化验、计量室）（室内背景噪声级）		60	
医务室、教室、哺乳室、托儿所、工人值班宿舍（室内背景噪声级）		55	
特殊住宅区		45（昼间）	35（夜间）
居民、文教区		50（昼间）	40（夜间）
一类混合区		55（昼间）	45（夜间）

地 点 类 别	噪声限制值/dB	
商业中心区、二类混合区	60（昼间）	50（夜间）
工业集中区	65（昼间）	55（夜间）
交通干线道路两侧	70（昼间）	55（夜间）

注：1. 本表所列的噪声级，均应按现行的国家标准测量确定。

2. 对于工人每天接触噪声不足 8h 的场合，可根据实际接触噪声的时间，按接触时间减半噪声限制值增加 3dB 的原则，确定其噪声限制值。

3. 本表所列的室内背景噪声级是在室内无声源发声的条件下，从室外经由墙、门、窗（门窗启闭状况为常规状况）传入室内的室内平均噪声级。

4. 当工业企业厂外受该厂辐射噪声危害的区域同厂界间存在缓冲地域时（如街道、农田、水面、林带等），表中所列厂界噪声限制值可作为缓冲地域外缘的噪声限制值处理，凡拟作缓冲地域处理时，应充分考虑该地域未来的变化。

9.4.3 矿热炉冶炼企业噪声的治理技术

噪声被公认为一种严重的污染，是环境的"四大"公害之一。

矿热炉冶炼企业的噪声治理可分为三个方面：一是控制声源；二是从传播的途径上控制噪声；三是接收者的防护。

（1）控制声源。控制声源的主要措施有：研制和选择低噪声设备，提高机械加工及装配精度；设备安装时采用减振措施；精心检修，保持设备运转正常；改进生产工艺和操作方法等。

（2）噪声在传播途径上的控制。目前主要采取的措施有：噪声设备的布局要合理，强噪声设备安装在人员活动少或偏僻地方；利用屏障阻止噪声传播，如隔声罩、隔声间等；利用吸声材料吸收噪声，如进气、排气消声器、吸声体等；包扎管道，阻尼减振消声；利用声源的指向性控制噪声，如将风机出口朝上空或朝向"偏僻"地区。

（3）接收者的防护。接收者防护的主要措施是人体戴防噪声耳罩和防噪声耳塞等。

9.5 矿热炉节能减排技术

由于矿热炉冶炼品种多、耗能高、资源消耗大，节能与综合利用尤显重要。我国矿热炉冶炼产品冶炼电耗、主要物料消耗、物料熔炼电能单耗见表 8 – 3 和表 8 – 6。

矿热炉的节能是一项综合性很强的系统技术，主要是节约电能和能源回收利用，因此，应改进原料入炉条件、优化生产设备、探索节能冶炼工艺和加强系统管理等。

9.5.1 精料入炉

原料是矿热炉冶炼的条件，精料入炉对节能的影响极为突出，包含矿石、还原剂、添加剂等的物理化学特性。

矿石原料可采取水洗、精选、整粒、干燥、烧结和球团等办法。如我国锰矿品位日趋下降，据统计，锰矿品位每降1%，硅锰合金单位电耗升高135kW·h，中碳锰铁单位电耗升高125kW·h。所以从节能角度来看，必须提高锰矿品位。对于铬矿炉料的准备，以日本昭和电工的球团预还原法节能效果最为显著，高碳铬铁单位电耗为2200~2400kW·h，每吨节电超过1000kW·h。我国某厂也曾进行了铬矿球团预还原试验，每吨高碳铬铁可节电800~1000kW·h，扣除球团预还原能耗，净节能折合标准煤0.3t左右，与日本的情况基本相等。粉矿压块等也有节电效果，但远不如球团预还原法效果明显。

粒度不仅影响反应速度，也影响炉料的透气性。如粉矿较多的锰矿，应将块矿与粉矿分离开来，粉矿进行烧结处理，一般配用25%左右烧结矿，可使电耗降低5%~10%；冶炼硅铁的硅石粒度在80~120mm时比40~80mm时的电耗高3%~6%。

优选各种不同炭质还原剂，要求固定碳高、灰分低、化学活性要好，如使用冶金焦、蓝炭、石油焦、沥青焦、木炭、木块（木屑）、低灰分煤、半焦等。可以单一使用，也可以采用多种还原剂搭配使用，达到最佳冶炼效果即可。如某厂用冶金焦、蓝炭、烟煤组成混合还原剂冶炼硅铁75，电耗降低447kW·h。美国、挪威、前苏联、日本等国家均取得了明显成果。

9.5.2 革新冶炼工艺

改进矿热炉铁合金生产工艺，节能效果也很显著。如热装法生产精炼合金：冶炼精炼锰（铬）合金时，若把第一步炼成的硅锰（铬）合金液热装入精炼炉，每吨精炼锰（铬）铁可节电800（500）kW·h左右；热装法还可缩短生产周期、增加产量，并能提高金属回收率和产品质量。新泻法炼中碳锰铁，采用有盖旋转矿热炉，用干燥锰矿在炉内预热和热装硅锰合金，每吨产品只耗电200kW·h。

钛精矿、海砂矿等经烘干、煤基或气基预还原得到金属化率达到85%~90%的金属化球团（即DRI），热装入矿热炉熔分，得到铁水和钛渣，电耗从冷装的2300kW·h降至1000kW·h左右，去除烘干、预还原的电耗，节电35%以上。

9.5.3 选择矿热炉合理参数、优化设备、降耗提效

我国矿热炉铁合金工业普遍存在设备落后、效率低、事故频繁等状况。许多矿热炉的电效率较低，有些甚至不到80%，电损失极大。对某些电气设备或部件略加改造，如针对冶炼品种的工艺特性，改变短网布置、缩短短网长度、调整极心圆、设法减少电抗、使用合适的电流密度、减少热停炉等，都能提高电效率。如一台12500kV·A矿热炉热停1h，大约损失电力3MW·h；电极软断一次损失电力20MW·h。因此，应加强设备维护，提高检修质量，尽量减少热停炉。

水冷炉壁技术使炉衬寿命得到较大提高。尽管这种设计将有很多的热量通过炉衬损失，矿热炉的热效率因此有所降低，但导热好的炉衬对产品单位电耗并无大的影响。这一部分的热水可以回收利用。

提高设备的机械化自动化程度，进一步对生产过程和设备实行监控，就能保证生产稳定和提高生产效率。提高管理水平和技术水平是促进节能的另一重要方面。

9.5.4 选择合适的功率补偿方式

矿热炉功率因数随着容量的增大而降低，矿热炉负荷由于其具有正常的工作短路特性，电流波动大、负荷冲击大，一般都进行必要的无功补偿，以提高电力系统的带载能力，净化电网，改善电网电能质量，提高矿热炉电能有效利用率，提产降耗。

由于高压补偿的补偿作用只能使接入点之前的线路、供电系统电网一侧受益，满足供电系统对该负荷线路功率因数方面的要求，而矿热炉变压器绕组、短网、电极的全部二次侧低电压、大电流回路的无功功率得不到补偿，即设备并不能得到矿热炉产品产量提高和电耗、矿耗降低的利益回报。

在矿热炉低压侧针对因短网无功损耗和布置长度不一致导致的三相不平衡问题而实施的无功就地补偿，无论在提高功率因数、吸收谐波，还是在增产、降耗方面，都有着高压补偿无法比拟的优势。

高压补偿解决了供电系统电网功率因数低导致供电部门罚款的问题；低压动态无功功率补偿不仅可以显著减少电压波动，而且还有改善功率因数、减少谐波及使三相负荷平衡等效果。电网电压波动减少，变压器实际出力增加，从而提高矿热炉的生产率。因此，在新建、改建矿热炉时建议选择合适的无功功率补偿装置，以提高用电质量。

9.6 国外矿热炉余热余能利用

最早实现半封闭式矿热炉余热回收利用的是瑞典的美国艾尔克公司瓦岗厂，

该厂于 1959 年、1966 年和 1972 年先后建成 21000kV・A、45000kV・A、75000kV・A 半封闭式矿热炉的回收蒸气工程。1977 年，挪威比约尔夫森公司建成并投产了一套回收余热装置。1978 年和 1979 年，法国和日本也相继建造了半封闭式硅铁炉的烟气净化及余热利用装置，通过余热锅炉回收烟气余热，获得的蒸气直接利用或发电。

德国德马克公司研制的"斯塔尔 – 拉瓦尔"余热锅炉系统是用于回收硅铁炉炉气热量的，它已成功地应用于瑞典瓦岗厂的 75000kV・A 半封闭硅铁炉和挪威比约尔夫森公司的 36000kV・A 硅铁炉上。日本重化学工业公司开发的硅铁 75 半封闭炉的余热利用流程如图 9 – 4 所示。

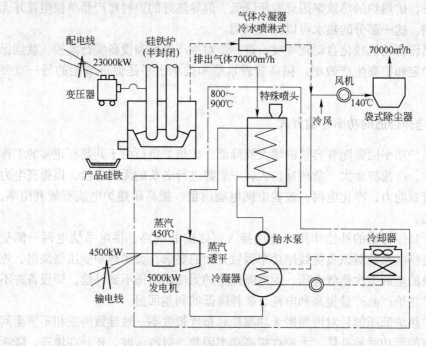

图 9 – 4　日本重化学工业公司开发的
硅铁 75 半封闭炉烟气余热利用流程

国外几个厂家硅铁炉余热利用系统主要技术参数及指标见表 9 – 14。

表 9 – 14　国外几个厂家硅铁炉余热利用系统主要技术参数及指标

项　目	日本重化工和贺川厂	法国敦克尔克 – 格拉夫林厂	瑞典瓦岗厂	挪威比约尔夫森厂
硅铁炉容量/MV・A	23	96	75	36
炉　型	半封闭式	半封闭式	半封闭式	半封闭式

项　目	日本重化工 和贺川厂	法国敦克尔克 - 格拉夫林厂	瑞典瓦岗厂	挪威比约尔 夫森厂
烟气量（标态）/m³·h⁻¹	77000	165000	125000	—
烟气含尘量（标态） /g·m⁻³	8 ~ 9	—	—	—
余热回收设备	余热锅炉	余热锅炉	余热锅炉	余热锅炉
烟气锅炉入口温度/℃	850 ~ 860	850 ~ 900	800 ~ 1000	750 ~ 800
烟气锅炉出口温度/℃	160 ~ 170	240	180	160 ~ 190
锅炉产气量/t·h⁻¹	22	47 ~ 50	35 ~ 40	21 ~ 30
蒸气温度/℃	440	435	400	400
蒸气压力/MPa	5.9	3.5	4.2	400
锅炉清灰方式	喷丸	—	喷丸	声波处理
余热发电设备功率/kW	4500 ~ 5000	12800	5000	—
产品回收电能 /kW·h·t⁻¹	2000	1500	2000	2540

参 考 文 献

[1] 石富，王鹏，孙振斌．矿热炉控制与操作 [M]．北京：冶金工业出版社，2010.

[2] 许传才．铁合金冶炼工艺学 [M]．北京：冶金工业出版社，2007.

[3] 《有色金属炉设计手册》编辑委员会．有色金属炉设计手册 [M]．北京：冶金工业出版社，2000.

[4] 李大成，刘恒，周大利．海绵钛冶金过程工艺及设备计算 [M]．北京：冶金工业出版社，2009.

[5] 杨绍利，盛继孚．钛铁矿熔炼钛渣与生铁技术 [M]．北京：冶金工业出版社，2006.

[6] 郭茂先．工业电炉 [M]．北京：冶金工业出版社，2002.

[7] 戴维，舒莉．铁合金冶金工程 [M]．北京：冶金工业出版社，1999.

[8] 赵乃成，张启轩．铁合金生产实用技术手册 [M]．北京：冶金工业出版社，1998.

[9] 斯特隆斯基 Б М．矿热熔炼炉 [M]．北京：冶金工业出版社，1982.

[10] 季奥米多夫斯基 Д А．有色金属冶炼电炉 [M]．北京：冶金工业出版社，1959.

[11] 方有成．铁合金冶炼新工艺新技术与设备选型及自动化控制实用手册 [M]．北京：当代中国音像出版社，2005.

[12] 王华．冶金热工基础 [M]．长沙：中南大学出版社，2010.

[13] 熊谟远，岳宏亮．电石生产加工与产品开发利用及污染防治整改新技术新工艺实用手册 [M]．北京：化学工业出版社，2005.

冶金工业出版社部分图书推荐

书　名	定价（元）
贵金属生产技术实用手册（上册）	240.00
贵金属生产技术实用手册（下册）	260.00
稀有金属手册（上）	199.00
稀有金属手册（下）	199.00
铝冶炼生产技术手册（上册）	239.00
铝冶炼生产技术手册（下册）	229.00
稀土金属材料	140.00
镁合金制备与加工技术手册	128.00
铜加工技术实用手册	268.00
贵金属合金相图及化合物结构参数	198.00
贵金属珠宝饰品材料学	76.00
现代有色金属提取冶金技术丛书	
稀散金属提取冶金	79.00
萃取冶金	185.00
金银提取冶金	66.00
铂	109.00
现代铝电解	108.00
高纯金属材料	69.00
废铬资源再利用技术	36.00
电镀污泥中有价金属提取技术	58.00
提金技术	48.00
冶金工业节能与余热利用技术指南	58.00
钢铁工业烟尘减排与回收利用技术指南	58.00
冶金工业节水减排与废水回用技术指南	79.00
非高炉炼铁工艺与理论（第2版）	39.00
真空镀膜技术	59.00
金属材料力学性能（本科教材）	29.00
炭素煅烧工（国家职业资格培训教程）	49.00
炭素成型工（国家职业资格培训教程）	42.00